电力电子新技术系列图书

电力电子变压器电磁暂态建模与仿真

许建中　高晨祥　赵成勇　著

机械工业出版社

电力电子变压器（power electronic transformer，PET），也称固态变压器，具有模块连接方式复杂、详细模型节点数量大、开关频率高的特点，其面临电磁暂态离线仿真效率极低、实时仿真规模极小的瓶颈。本书聚焦于 PET 微秒级电磁暂态等效建模理论和仿真技术的难题，主要内容包括：PET 电磁暂态等效建模需求与现状、基于参数转换的 PET 等效建模方法、基于高频链端口解耦的 PET 等效建模方法、PET 等效模型并行加速仿真方法、PET 电磁暂态仿真步长的优化选取、PET 等效模型闭锁及死区工况模拟、PET 简化电磁暂态等效建模方法、考虑开关死区效应的 PET 平均值建模方法以及 PET 电磁暂态实时低耗等效建模方法。

本书适合于从事电力电子系统建模和仿真领域研究的高等院校、科研院所和工程现场的教师、技术人员和研究生阅读。

图书在版编目（CIP）数据

电力电子变压器电磁暂态建模与仿真/许建中，高晨祥，赵成勇著 . —北京：机械工业出版社，2023. 11（2024. 6 重印）

（电力电子新技术系列图书）

ISBN 978-7-111-73415-4

Ⅰ . ①电⋯ Ⅱ . ①许⋯ ②高⋯ ③赵⋯ Ⅲ . ①电力变压器-暂态仿真 Ⅳ . ①TM41

中国国家版本馆 CIP 数据核字（2023）第 118443 号

机械工业出版社（北京市百万庄大街 22 号 邮政编码 100037）
策划编辑：付承桂 责任编辑：付承桂 王 荣
责任校对：潘 蕊 陈立辉 封面设计：马精明
责任印制：张 博
北京雁林吉兆印刷有限公司印刷
2024 年 6 月第 1 版第 2 次印刷
169mm×239mm · 12. 75 印张 · 244 千字
标准书号：ISBN 978-7-111-73415-4
定价：89. 00 元

电话服务 网络服务

客服电话：010-88361066 机 工 官 网：www. cmpbook. com
　　　　　010-88379833 机 工 官 博：weibo. com/cmp1952
　　　　　010-68326294 金 书 网：www. golden-book. com
封底无防伪标均为盗版 机工教育服务网：www. cmpedu. com

第3届
电力电子新技术系列图书
编 辑 委 员 会

电力电子新技术系列图书

序言

1974 年美国学者 W. Newell 提出了电力电子技术学科的定义，电力电子技术是由电气工程、电子科学与技术和控制理论三个学科交叉而形成的。电力电子技术术是依靠电力半导体器件实现电能的高效率利用，以及对电机运动进行控制的一门学科。电力电子技术是现代社会的支撑科学技术，几乎应用于科技、生产、生活各个领域：电气化、汽车、飞机、自来水供水系统、电子技术、无线电与电视、农业机械化、计算机、电话、空调与制冷、高速公路、航天、互联网、成像技术、家电、保健科技、石化、激光与光纤、核能利用、新材料制造等。电力电子技术在推动科学技术和经济的发展中发挥着越来越重要的作用。进入 21 世纪，电力电子技术在节能减排方面发挥着重要的作用，它在新能源和智能电网、直流输电、电动汽车、高速铁路中发挥核心的作用。电力电子技术的应用从用电，已扩展至发电、输电、配电等领域。电力电子技术诞生近半个世纪以来，也给人们的生活带来了巨大的影响。

目前，电力电子技术仍以迅猛的速度发展着，电力半导体器件性能不断提高，并出现了碳化硅、氮化镓等宽禁带电力半导体器件，新的技术和应用不断涌现，其应用范围也在不断扩展。不论在全世界还是在我国，电力电子技术都已造就了一个很大的产业群。与之相应，从事电力电子技术领域的工程技术和科研人员的数量与日俱增。因此，组织出版有关电力电子新技术及其应用的系列图书，以供广大从事电力电子技术的工程师和高等学校教师和研究生在工程实践中使用和参考，促进电力电子技术及应用知识的普及。

在 20 世纪 80 年代，电力电子学会曾和机械工业出版社合作，出版过一套"电力电子技术丛书"，那套丛书对推动电力电子技术的发展起过积极的作用。最近，电力电子学会经过认真考虑，认为有必要以"电力电子新技术系列图书"的名义出版一系列著作。为此，成立了专门的编辑委员会，负责确定书目、组稿和审稿，向机械工业出版社推荐，仍由机械工业出版社出版。

本系列图书有如下特色：

本系列图书属专题论著性质，选题新颖，力求反映电力电子技术的新成就和新经验，以适应我国经济迅速发展的需要。

理论联系实际,以应用技术为主。

本系列图书组稿和评审过程严格,作者都是在电力电子技术第一线工作的专家,且有丰富的写作经验。内容力求深入浅出,条理清晰,语言通俗,文笔流畅,便于阅读学习。

本系列图书编委会中,既有一大批国内资深的电力电子专家,也有不少已崭露头角的青年学者,其组成人员在国内具有较强的代表性。

希望广大读者对本系列图书的编辑、出版和发行给予支持和帮助,并欢迎对其中的问题和错误给予批评指正。

电力电子新技术系列图书

编辑委员会

前 言

PREFACE

电力电子变压器（power electronic transformer，PET）也称固态变压器，是柔性变电站和高频隔离型电能路由器的核心设备，将在直流配电网和风、光、储等新能源并网中发挥电能变换的纽带作用，更好地服务于以新能源为主体的新型电力系统建设。同时，电磁暂态离线与实时仿真可准确描述较大范围时间尺度的系统暂稳态特性，已成为 PET 控制器设计、样机研制及系统特性分析的必要手段，受到国内外学者广泛关注。

PET 具有单模块拓扑复杂、模块连接方式多样、模型节点数量大、开关频率高等特点，受当前 CPU 计算速率及实时仿真硬件条件限制，其详细模型面临电磁暂态"离线仿真效率极低、实时仿真规模极小"的瓶颈，无法满足学术和工程需求。

本研究团队赵成勇教授和许建中教授分别于 2017 年和 2019 年出版专著《模块化多电平换流器直流输电建模技术》和《架空线路柔性直流电网故障分析与处理》，较为系统地阐述了经典的半桥和全桥型模块化多电平换流器（modular multilevel converter，MMC）及多端口 MMC 的通用电磁暂态等效建模方法。在此基础上，本书聚焦于 PET 微秒级电磁暂态离线效率及实时仿真规模提升两大难题，总结了团队近年来相关理论探索与技术实践成果。第 1 章概述了 PET 的发展前景、典型应用及电磁暂态仿真的发展现状。第 2 章作为本书的研究出发点，通过类比 MMC 戴维南等效建模过程，论证了大容量 PET 建模和仿真面临的迫切需求与主要瓶颈。第 3~7 章从 PET 离线加速仿真角度，介绍了基于参数转换和基于高频链端口解耦的等效建模方法及并行加速仿真技术，并给出了仿真步长选取和闭锁、死区工况的模拟方法。第 8、9 章介绍了适用于大规模 PET 系统级仿真的简化电磁暂态等效建模方法和考虑开关死区效应的平均值建模方法。第 10 章在前述 PET 等效建模方法及离线仿真工作的基础上，对实时仿真所需内存、计算时钟、硬件资源等方面进行优化，提出了适用于大容量 PET 实时仿真的低耗等效建模方法。

本书由许建中、高晨祥和赵成勇共同撰写，第 1、2、8、9 章由许建中完成，第 3~5、10 章由高晨祥完成，第 6、7 章由赵成勇完成。全书由许建中统稿。

第4~9章部分内容参考了丁江萍的硕士学位论文以及博士生冯谟可，硕士生郑聪慧、徐婉莹、孙昱昊、王晓婷和王晗玥的研究工作。同时，在本书撰写和校核过程中，还得到了团队博士生夏仕伟、顾卓宁和王嘉骥，硕士生郭临洪、林丹颖、付乐融和苏浩天的大力支持。在此对上述同学表示感谢，他们的工作在很大程度上保证了本书的按时出版。

特别感谢加拿大工程院院士、IEEE Fellow、RTDS 公司副总裁张益博士，RTDS 公司丁辉博士和石祥花博士，国网智能电网研究院有限公司宋洁莹、于弘洋和刘宗烨工程师，英国卡迪夫大学梁军教授，丹麦科技大学李根副教授，加拿大曼尼托巴大学赵桓锋博士，中国科学院电工研究所李子欣研究员和张航博士，哈尔滨工业大学李彬彬教授和韩林洁博士等对本书研究工作的指导与帮助。感谢新能源电力系统国家重点实验室对本书出版工作的支持。同时，在本书撰写过程中，作者参阅了大量国内外书籍及论文，主要的已列入本书各章的参考文献中，在此向这些文献的作者及团队表示衷心的感谢。

本书的研究工作得到了国家自然科学基金面上项目"海上风电场群电磁暂态等效建模与内部特性反演方法"（52277094）和北京市自然科学基金面上项目"高频隔离型模块组合换流器的电磁暂态等效仿真通用建模方法研究"（3222059）的联合资助，在此表示感谢！

PET 建模与仿真方面的研究近年来受到持续关注，国产化电力系统电磁暂态仿真平台的迅速崛起也推动了其发展进程，本书仅反映了团队在 PET 离线及实时仿真方面的主要进展，难免挂一漏万，并且受作者水平和学术视野限制，书中难免存在许多不足甚至错误之处，恳请广大读者批评指正。

作 者

目　录

CONTENTS

第 1 章

绪　　论

1.1　电力电子变压器的发展前景

随着我国"2030 年碳达峰、2060 年碳中和"目标的提出，光伏、风电等新能源技术加速发展，以"清洁、低碳、安全、高效"为目标，以分布式可再生能源为主体，以电力电子设备为纽带，以传感量测、信息通信、分析决策、自动控制等核心技术为支撑，兼具电力输送、实时监视、远程传感、广域通信以及高级信息服务等功能的新型电力系统正逐步建立。

电力电子变压器（power electronic transformer，PET）也称固态变压器（solid state transformer，SST），是新型电力系统的核心设备。它集成了信息技术与电力电子变换技术，具备广泛的接口功能、精确的控制功能、快速的故障切除功能、实时的信息同步功能等，可实现分布式能量的高效传输，为解决传统电网的节点关系严重不对等、节点自治能力差、各节点自由度严重不均衡等问题提供重要的解决方案[1]。

如图 1-1 所示，PET 由主电路结构与实现通信、控保功能的二次系统组成[2]。

其中，PET 主电路结构由 AC/DC 整流器、隔离变压器、DC/AC 逆变器等多级电气设备组合而成，主要具备交、直流侧电压等级变换和电流波形变换、电气隔离、即插即用等功能，可以实现输电网、风光储发电等中、高压负载以及用户侧储能、居民用电等低压负载的灵活控制，是其高效传输电能和灵活调控功率的基础与关键。PET 通信单元的内部采用 I²C（内部集成电路）、UART（通用异步接收发送设备）等串行接口，实现内部一、二次系统之间的信号传递，通过以太网、无线局域网等通信通道，实现与上级控制系统之间的信息交互。控制单元实现端口电压/功率控制、内部电压/功率均衡、信号调制、故障保护等基本控制

1

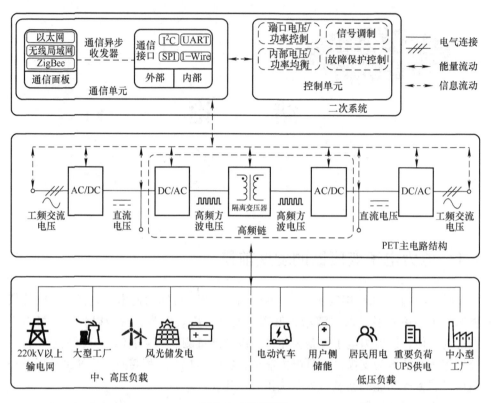

图 1-1　PET 架构

功能。PET 的电路拓扑、器件选型、控制方式的选择，直接制约了其电压等级、功率容量、传输效率、运行成本、占地体积。因此，PET 主电路的设计优化一直以来都是电力电子技术领域的研究热点。

　　随着电力电子器件工艺及开关技术的不断发展，PET 经历了半控、全控、智能化和模块化四个阶段。20 世纪中叶，研究人员提出采用汞弧阀（水银整流器）、晶闸管等半控型器件的高频变压器拓扑，它提高了电流频率，减小了工频变压器体积，因此被视为现代 PET 的雏形[3,4]。20 世纪 70 年代后期，门极关断晶闸管、电力双极型晶体管、电力场效应晶体管等全控型器件的相继涌现以及脉宽调制（pulse width modulation，PWM）技术等新型控制技术的提出，使得 PET 的功率控制和稳定运行能力显著提升，初步具备工程应用的前景[5]。20 世纪 90 年代，大功率绝缘栅双极型晶体管（insulated gate bipolar transistor，IGBT）研制成功，在保证开关频率的同时，具备更高的耐压能力，扩展了 PET 的应用范围，使其逐步向智能化发展[6,7]。21 世纪初，为满足高电压等级配电网以及输电网应用需求，输入串联输出并联（input – series – output – parallel，ISOP）型 PET 拓扑被提出，有效降低了器件的耐压需求，降低了通流损耗，为多类型高压大容量新能源设备的接入提供了可能[8]。

近年来，电力电子开关在器件材料和制作工艺上取得新的重大进展，为 PET 的发展带来了新的机遇。在器件材料方面，基于宽禁带半导体材料的电力电子开关器件制作工艺日益成熟，成本逐步降低，典型材料的特性见表 1-1[9]。相比于硅制器件，基于碳化硅、氮化镓等的 IGBT 能够实现更低的导通电阻和更高的导通电流密度，具备耐高温、耐高压特性[10]，能够有效解决 PET 功率密度、工作温度、工作频率和耐压等问题，为紧凑化、大容量、高功率密度的 PET 样机研制及工程应用带来可能。

表 1-1 典型半导体材料特性

材料	材料类型	禁带宽度/eV	击穿场强/(MV/cm)	电子迁移率/[cm²/(V·s)]	热导率/[W/(cm·K)]
Si	传统半导体	1.12	0.3	1400	1.50
4H-SiC	宽禁带半导体	3.26	3.0	947	4.90
氮化镓		3.39	3.3	1000	2.10
氧化镓	超宽禁带半导体	4.80	8.0	300	0.27
金刚石		5.45	10.0	2200	22.00

在器件制作工艺方面，集成门极换流晶闸管（integrated gate commutated thyristor, IGCT）已经突破了 di/dt 耐受、黑启动、驱动等方面的技术瓶颈，相较于目前工程应用的 IGBT，具备如表 1-2 所示的优势[11]。采用 IGCT 的 PET，能够在保持大容量、高效率的同时，明显降低故障率，因此更易实现轻型化，是未来的主要发展方向之一。

表 1-2 IGCT 较 IGBT 所具备的技术优势

器件类型	IGCT	IGBT	IGCT 优势
芯片结构	整晶圆芯片，元胞结构简单	小尺寸芯片，元胞结构复杂	工艺简单成本低廉
封装形式	简单可靠的整晶圆封装	复杂的多芯片并联封装	
动态耐受	di/dt 通过回路电感控制	di/dt 通过驱动可控	控制回路体积小散热系统体积小
工作损耗	通态损耗低	通态损耗高	
容量特性	耐受电压和电流大	耐受电压和电流较小	可靠性更强
安全特性	管壳防爆和失效短路特性强	管壳防爆和失效短路特性弱	

"双碳"背景下，电力系统面临着更为严峻的安全稳定运行挑战，同时也为 PET 的应用带来新的机遇。具体而言，在供电侧，以风电、光伏为主体的高比例新能源广泛接入电力系统，表现出较强的间歇性、波动性、随机性、低惯性等特

点，对系统功率预测、电力调度、无功补偿、谐波控制的要求更加严格。在用户侧，源网荷储一体化的新型电力市场改变了传统电力系统"源随荷动"的特点，电能传输由单向、线性渐变为双向、非线性，对配电网调度的灵活性需求增加。同时，电力系统面临的多能互补综合能源利用、智能数字化能源调度、电能质量综合优化、用户侧储能接入市场等诸多复杂难题，对配电网独立精确系统的控制、稳定高效的功率传输以及灵活便捷的系统接入等需求日益迫切。PET 具备高频功率控制能力，可以有效满足上述要求，已成为构建新型电力系统的核心装备。

1.2　电力电子变压器的典型应用

1.2.1　拓扑类型

　　PET 拓扑类型多样，本节分别从功率模块拓扑和模块连接方式两个角度展开介绍。为了实现不同能量形态和不同场景的电能变换需求，PET 功率模块拓扑类型复杂多样，具体包括：实现双向功率传输的双有源桥（dual active bridge，DAB）、单向功率传输的单有源桥（single active bridge，SAB）、具有 AC 端口的级联 H 桥（cascaded H - bridge，CHB）型 DAB、以四有源桥（quadruple active bridge，QAB）为典型模块拓扑的多有源桥（multiple active bridge，MAB），以及用于实现特定功能的谐振变换器等。

　　如图 1-2 所示，DAB 是 PET 高频链（high frequency link，HFL）的基本结构，由 H 桥和高频隔离变压器级联构成。通过调节两侧 H 桥触发信号的移相比，可控制电能从超前侧向滞后侧流动[12]。DAB 具有双向通流能力、易实现

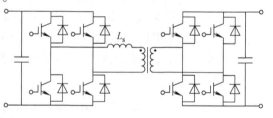

图 1-2　DAB 拓扑结构

软开关、模块化程度高、动态响应快等优点，被公认为最适合中高压大容量 DC/DC 变换的核心电路，是后续 PET 衍生拓扑的基础。

　　为了在特定功率流通场景下降低设备成本，DAB 衍生出如图 1-3 所示的 SAB 拓扑。SAB 二次侧逆变器由二极管组成，虽然牺牲了一定的控制自由度和双向通流能力，但是具备了更高的电压等级和更大的通流

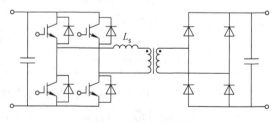

图 1-3　SAB 拓扑结构

容量[13,14]。在海上风电场和光伏电站大功率单向送出等场景下，相较于 DAB，SAB 的成本更低、控制更简单、可靠性更高，具有更大的应用前景。

如图 1-4a、b 所示，CHB – DAB 拓扑在 DAB 模块左侧增加全桥或半桥拓扑，构成类似模块化多电平换流器（modular multilevel converter，MMC）的基本单元[15,16]。

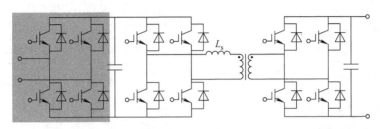

a) CHB–DAB(全桥结构)

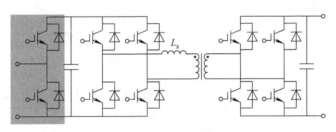

b) CHB–DAB(半桥结构)

图 1-4　CHB – DAB 拓扑结构

相较于 DAB，CHB – DAB 的全桥或半桥拓扑将中高压侧的直流电容与输入端口隔离，不仅避免在故障过程中大量电容快速放电产生的过电流，而且更易实现冗余配置。同时，由于分布电容的存在，CHB 在运行过程中需要动态调节端口电压，保证各分布电容电压一致，减小环流[12]。由于 CHB – DAB 具有模块化设计、电压变化率低、功率器件耐压要求低、冗余设计简单、维护方便等诸多优点，已成为当今 PET 的主流拓扑结构之一。

为了减少隔离变压器的使用，避免冗余的中间电能变换环节，实现更多端口之间电能的直接传输与控制，基于 DAB 结构的 MAB 结构被提出。它的典型结构包括对称与非对称两种拓扑结构，以四有源桥 QAB 为例，如图 1-5a、b 所示。其中，对称结构的 MAB 常被用于不同类型源 – 荷 – 储的直接连接，非对称 MAB 多与 CHB 联合使用，以实现三相 AC/DC 变换[17,18]。非对称 MAB 结构按一次侧绕组的分布规律又可分为相内模式与相间模式，相内模式包含 3 个相单元，相间模式包含 3 相 6 桥臂[19]。

此外，为了降低功率损耗，减小电压或电流波形的过冲现象，PET 通常通过

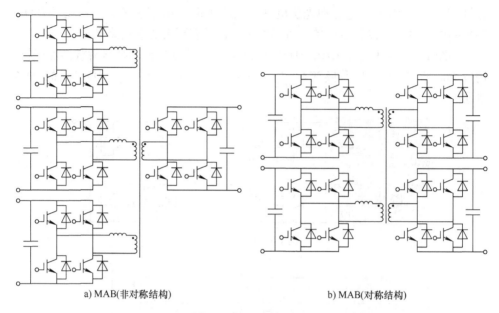

a) MAB(非对称结构)　　　　　　　　　b) MAB(对称结构)

图 1-5　MAB 拓扑结构

引入附加移相，配合如图 1-6 所示的谐振电路拓扑[20,21]，以实现零电压开关
（zero voltage switching，ZVS）和零电流开关（zero current switching，ZCS）。

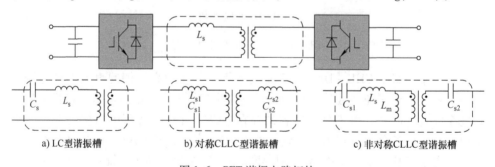

a) LC型谐振槽　　　　b) 对称CLLC型谐振槽　　　　c) 非对称CLLC型谐振槽

图 1-6　PET 谐振电路拓扑

从 PET 模块连接方式角度，为解决换流器容量、电压等级与单个模块器件
耐压、耐流之间的矛盾，常采用的典型拓扑连接方式除 ISOP 外，还包含输入并
联输出并联（input parallel output parallel，IPOP）[22]、输入串联输出串联（input
series output series，ISOS）和输入并联输出串联（input parallel output series，
IPOS），如图 1-7 所示[23]。

　　其中，图 1-7a 为张北小二台柔性变电站（PET 结构）拓扑，其中四有源桥
的三个输入端在三相的上桥臂；图 1-7b 为输出端采用不控整流桥和两种连接方
式嵌套的"功率模块集"示意图；图 1-7c 为功率模块输入端在同一桥臂的示意

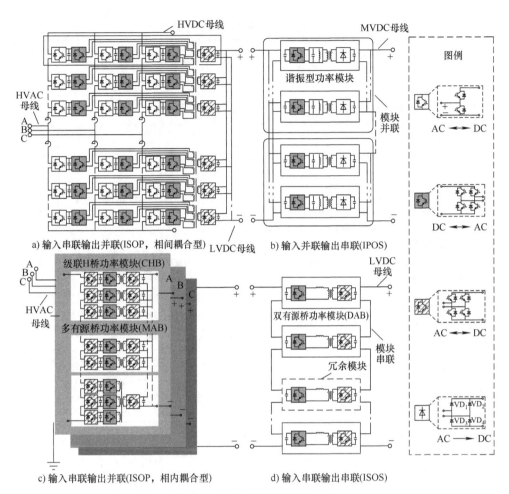

图 1-7 典型 PET 模块连接方式

图，模块拓扑可为"三变一"四有源桥、"二变二"四有源桥或双有源桥等；图 1-7d 为各分图都面临的冗余模块配置示意图。

相比传统工频交流变压器，PET 具有显著优势：①高频隔离变压器的使用，减小了变压器体积；②IGBT 等全控型器件提高了功率控制能力；③多类型功率模块拓扑和模块连接方式，提升了过电压和通流能力；④新型多端口 PET 拓扑，增强了电能变换、功率传输和分布式能源组网的多样化和灵活性。因此，PET 已成为柔性交直流配网电能变换的关键设备，工程应用前景非常广泛。

1.2.2 工程应用与样机研制

近年来，针对 PET 的控制设计、性能优化、样机研发和示范工程建设方兴未艾，主要的样机或工程见表 1-3[24]。

表 1-3　PET 样机与工程统计表

时间	研究单位/ 示范工程	样机/ 工程	主拓扑 类型	主要器件 类型	容量	端口电压	工作 频率
2015	日本 东京大学[25]	样机	DAB	SiC MOSFET	100kW	DC：750V，750V	20kHz
2015	美国北卡罗 来纳州立 大学[26]	样机	Y/△ DAB	SiC IGBT	100kW	DC：22kV，800V	10kHz
2017	湖南大学[27]	样机	CHB－SAB	IGBT	100kW	AC：10kV，400V DC：800V	1kHz
2018	张北交直流 配电网及柔 性变电站[28]	工程	QAB	IGBT	2.5MW	AC：10kV，380V DC：±10kV，750V	—
2018	珠海唐家湾 三端柔性直 流配电网[29]	工程	MAB	SiC MOSFET	2MW	AC：10kV DC：±10kV，±375V	—
2019	广东东莞工 业园柔性直 流配电网[30]	工程	QAB	—	1MW	AC：10kV，380V DC：10kV，±375V	—
2019	江苏同里综 合能源示范 工程[31]	工程	DAB 串并联	IGBT/SiC MOSFET	3MW	AC：10kV，380V DC：±750V，±375V	—
2020	清华大学[32]	样机	MAB	IGBT/SiC MOSFET	2MW	AC：10kV，380V DC：10kV，750V	20kHz
2020	瑞士苏黎世 理工学院[33]	样机	LLC 串联谐振型 DAB	SiC MOSFET	25kW	DC：7kV，400V	48kHz
2021	中国科学院电工 研究所[34]	样机	串联谐振间接 矩阵型 DAB	SiC MOSFET	10kW	AC：330V，220V	20kHz

其中，张北小二台柔性变电站（PET 结构）是世界首个电力电子变压器的工程应用，可满足智能配电网灵活组网、多元负荷及新能源接入等需求，其实景图如图 1-8 所示。

项目一期方案如图 1-9 所示，采用四端口 PET，各端口容量分别为 5MVA/5MW/5MW/2.5MVA，10kV 交流端口与云计算 110kV 变电站 10kV 母线相连，±10kV 直流端口通过架空绝缘线路与 0.75kV/10kV 光伏直流升压站的高压侧相连，750V 直流和 380V 交流端口用于给创新研发展示中心的交直流负荷供电。多种电压等级分布式电源的分层接入，协调互动源、网、荷，充分发挥柔性变电站对电网柔性互联的支撑作用。

总体而言，PET 的样机与工程示范呈现电压等级、容量不断提高，功率端口与拓扑结构日渐灵活，开关器件与高频变压器工作频率不断上升的趋势。

图1-8　张北小二台柔性变电站实景图

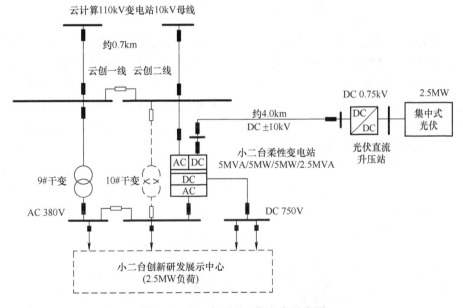

图1-9　小二台项目一期方案示意图

1.2.3　风光储并网系统应用

在"双碳"背景下，风电和光伏等新能源发电装机占我国总装机容量的比例持续提升。"十三五"期间，新能源发电装机年均增长 32%[35]，截至 2020 年年底，我国新能源发电装机占总装机容量的 24.32%，其中风电装机占 12.80%，光伏装机占 11.53%，电力装机容量占比如图 1-10a 所示[36]。同时，新能源发电量占比持续提升。2020 年我国新能源发电量占总发电量的 9.36%，其中风电占 6.00%、光伏占 3.36%，发电量占比如图 1-10b 所示[36,37]。

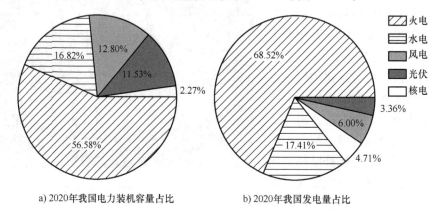

a) 2020年我国电力装机容量占比   b) 2020年我国发电量占比

图 1-10　2020 年新能源发电发展情况

随着新能源发电在电力系统中的快速发展，电网结构日益复杂，电压等级繁多。传统电力变压器不具备故障隔离功能，当负荷变化较大或发生故障时，对电网冲击较大。同时，相比传统电力变压器，PET 在体积、重量、效率、功率控制等方面具有显著优势，正逐步成为新能源并网发电电能变换的关键设备[38,39]。本节将简要介绍风电、光伏两种新能源及储能的并网场景中 PET 的典型应用。

1. 系统示意图及 PET 功能

（1）风电并网系统　风电并网系统拓扑如图 1-11 所示，包含发电单元、升压变换器、汇集系统、风场侧变换器、输电线路和网侧变换器多个环节。其中，发电单元包括双馈型陆上风电机组和直驱型海上风电机组，其经变换器和汇集馈线接入母线，而汇集馈线和母线即构成汇集系统。

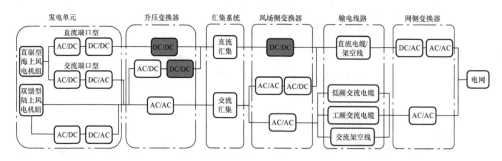

图 1-11　风电并网系统拓扑示意图

在风电并网过程中，PET 可参与直流并联汇集之前的直流升压变换环节，以及风场侧变换环节，已在图 1-11 和图 1-12 中标灰显示。直流汇集系统分为串联汇集和并联汇集两种[40,41]。串联汇集方式输出直流电压由所有风电机组串联得到，通常不依赖升压变换器，结构简单，但在风场规模较大时难以实现；并联汇集方式通常必须配备升压变换器，但可靠性相对较高，其结构示意图如图1-12所示。

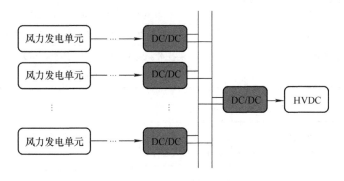

图1-12 风电直流并联汇集方式示意图

HVDC—高压直流输电

（2）光伏并网系统 光伏并网系统拓扑示意图如图1-13所示，一般由光伏阵列和并网逆变器构成。其中，光伏并网逆变器主要用于控制光伏阵列模块维持最大功率点运行并且向电网注入正弦电流，其可靠性、运行效率以及制作成本对整个光伏发电系统至关重要，按照能量变换的级数，可以分为单级式拓扑和两级式拓扑。

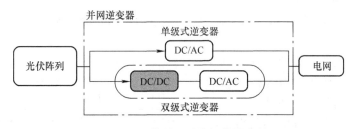

图1-13 光伏并网系统拓扑示意图

在图1-13中，PET常用于双级式逆变器的第一级DC/DC变换器中，已标灰显示，用以将光伏阵列输出的较低直流电压升压并且逆变为并网所需的较高的交流电压。

（3）储能并网系统 当前主流的储能技术见表1-4，其中抽水蓄能以发电站形式并网，热储能以光热电站并网或并入制冷系统辅助调峰。表中其余储能方式均可与各类电力电子变换器形成储能换流器或功率变换系统，通过并入交、直流母线发挥调节作用，其并网系统拓扑如图1-14所示。

表1-4　当前主流的储能技术

储能技术类型	主要储能方式
机械类储能	抽水蓄能、飞轮储能、压缩空气储能
电气类储能	超导磁储能、超级电容储能
电化学储能	锂离子电池、高温钠系电池、铅碳电池
热储能	光热转换技术、显热储热技术、潜热储热技术、储冷技术
化学储能	氢储能

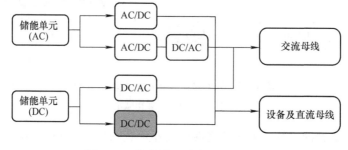

图1-14　储能并网系统拓扑示意图

在储能并网拓扑中，PET通常用于直流储能单元出口，实现电压调节、辅助维持电压稳定以及降低谐波等功能。

2. PET典型应用拓扑

由前文可知，PET常作为DC/DC变换器用于风光储并网系统，常用经典拓扑如下。

（1）风电并网系统　在风电并网系统中，PET常用拓扑包括1.2.1节所述的SAB拓扑，以及在SAB基础上改变谐振电路而衍生出的LCC谐振换流器和LLC谐振变换器，其对应谐振电路如图1-15所

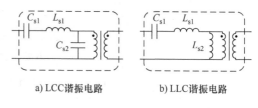

a) LCC谐振电路　　b) LLC谐振电路

图1-15　典型谐振电路拓扑

示。上海交通大学谢宝昌副教授提出将SAB以IPOS连接方式作为风场高压汇集母线前的DC/DC变换器[42]，浙江大学江道灼教授团队比较了LCC和LLC谐振变换器的性能，并提出使用LLC谐振变换器以IPOP连接作为升压变换器[43]。

（2）光伏并网系统　在光伏并网系统中，常用的PET主要为DAB、SAB、MAB以及在SAB基础上改变谐振电路而衍生出的LCC谐振换流器和LLC谐振变换器。华北电力大学王毅老师将DAB应用到光伏直流汇集系统[44]，华中科技大学张步涵教授团队则将SAB应用到光伏接入微网[45]。许继集团的最新直流配网

方案中包含了由 IPOS 型 LLC 谐振 DC/DC 变换器为主要拓扑的单支路光伏型直流变压器和多支路光伏型直流变压器,以及由 MAB 连接的多端口光伏型直流变压器。

(3)储能并网系统　在储能并网拓扑中,DAB 为常用 PET 拓扑,典型应用如北京交通大学郑琼林教授团队提出的基于 MMC 的超级电容储能系统,即采用了 DAB 形式的 PET 将储能模块与 MMC 半桥子模块连接[46]。

上述的各类 PET 拓扑优缺点见表 1-5[47-49]。

表 1-5　风光储系统典型 PET 拓扑特点

典型拓扑名称	主要优点	主要缺点
DAB	动态响应快,模块化程度高,具有双向通流能力	效率受多个因素影响,相对较低
SAB	电压等级、通流容量和可靠性较高,成本降低	控制自由度和双向通流能力受限
LCC 谐振变换器	具有良好的电压增益特性和抵抗负载开、短路能力	调频时难以稳定输出电压,且要求电容值较大,成本相对较高
LLC 谐振变换器	可利用零电压和零电流开关降低开关损耗,易实现软开关	输出电压纹波较大,控制电路设计复杂,暂态响应较慢

因具备隔离故障、高频开关特性等优点,PET 已在新能源发电并网系统场景中取得了广泛应用,展现出良好的技术经济性能[50]。当下 PET 的功能已远远多于传统工频变压器,而相比集成工频变压器等的综合电能管理装置,PET 又展现了相近乃至更高的功率密度,但经济性和运行效率尚存在限制;提高 PET 中变压器的频率可以减小其体积,但同时也为散热及绝缘提出要求,且达到 20kHz 以上后进一步提高频率对提高功率密度效果不佳;随着功率半导体器件等电力电子技术的快速发展,未来 PET 的功率电路紧凑设计技术,如主电路进一步紧凑化,以及绝缘、冷却设计等取得突破,进而可以承载更加完善的功能,其原本功能丰富和高频开关特性等优点进一步突出,从而在构建以新能源为主体的新型电力系统中发挥更关键作用[51]。

1.3　电磁暂态仿真的发展现状

1.3.1　仿真技术现状

电力系统是由一次输配电网络和二次控保装置构成的超大规模非线性系统,在实际运行过程中,存在多种类型的复杂工况。为保证电力系统的安全稳定运行，需要進行實際電網運行機理的探索、電網故障的模擬預測、控保策略的優化設計等工作，但是，基於實際物理模型難以重複進行諸如短路故障、高低壓穿越等破壞性試驗，也較難實現對系統全貌的精準把控。對此，根據原始系統特性構建的電力系統仿真，可以把複雜系統的運行放在實驗室內進行，具有良好的可控性、無破壞性、經濟性等優點，對電力系統的發展起到至關重要的作用，已成為工程設計和系統分析的重要工具。

如圖 1-16 所示，電力系統過程涵蓋電磁暫態、機電暫態、中長期動態三個時間尺度，頻率響應範圍從幾赫茲到數十千赫茲不等，其中包括關注元器件高頻電磁暫態和熱力學特性的納秒級動態；關注諧波、電磁兼容等電力電子開關行為特性的微秒級動態；關注系統啟停、負載投切、故障穿越等功能特性的毫秒級動態；關注電力系統潮流計算和穩態運行的秒級動態。因此，需要不同原理和適用範圍的仿真技術，以描述相應時間尺度下的響應特性和動態過程。

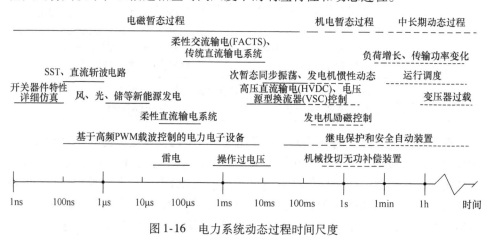

图 1-16 电力系统动态过程时间尺度

隨著新型電力系統建設不斷推進，柔性直流輸電工程數目不斷增加，以風電、光伏為主體的新能源發電規模不斷擴大，電力電子裝備在電力系統中的滲透率逐年上升，電力系統電力電子化趨勢使其動態響應愈發迅速、非線性化。但是，機電暫態仿真無法模擬功率器件的高頻開關過程，機電－電磁混合仿真無法準確描述電磁暫態信號在機電部分的寬頻響應。然而，全電磁暫態仿真可以最大限度保留開關特性和寬頻特性，準確仿真如寬頻振盪、短路電流增加、多回直流換相失敗、送端新能源大量脫網等新型電力系統特有問題。因此，全電磁暫態仿真將成為大規模新型電力系統運行特性分析的主流手段和工具。

根據實際電力系統動態過程響應時間與系統仿真時間的關係，全電磁暫態仿真可以分為離線仿真和實時仿真兩大類。實時仿真，即實時模擬電網各類動態過程，要求能在一個仿真步長內計算完成實際電力系統在該時間內的動態響應。對于器件设计、系统事故分析等场景,由于没有与物理设备交互,一般的离线仿真即可满足需求。对于实际物理控制器的性能测试、控制保护装置的半实物实验(又称为硬件在环试验)必须采用实时仿真。相较于离线仿真中普遍采用的串行计算,实时仿真通常采用并行仿真技术,通过将复杂任务拆分,利用多个计算资源同时解算多个子任务。同时,实时仿真对计算速度和计算资源要求更高,需要对仿真模型、硬件进行更深层次的技术优化。简言之,离线仿真是实时仿真的基础,实时仿真是离线仿真的发展。

如图 1-17 所示,全电磁暂态仿真涵盖计算机、应用数学、电气工程等多个学科,涉及仿真建模技术、数值计算技术、网络解算技术以及诸如云计算、基于 GPU/FPGA 实时仿真、数字孪生等多学科交互产生的新技术。

等效建模技术用于对设备与器件进行高精度仿真建模和模拟,包括准确描述开关特性的二值电阻等效模型(本书称之为详细模型)与 L/C 开关等效模型、采用戴维南/诺顿原理的等效模型、描述装置外特性的受控源模型、采用平均化思想处理开关过程的平均值模型等。电网络分析技术主要是通过电路原理对电网络进行描述,构建解算方程,包括节点分析法、状态空间方程等方法。数值计算技术用于在保证数值稳定的同时,对网络进行快速精确解算,包括传统的梯形积分法、后退欧拉法、高阶龙格 – 库塔法及其他衍生算法。

近年来,电力电子设备拓扑愈发复杂,导致大规模电磁暂态仿真求解速度无法满足研究需求。目前,全电磁暂态仿真技术的研究聚焦于如何在保证仿真精度的同时尽可能提高仿真速度或降低硬件资源。并行仿真技术可以对电力系统并行化,能够有效利用硬件算力,大幅提高仿真速度,是当前仿真领域的研究热点之一。并行仿真技术包括网络优化技术和仿真硬件开发技术。网络优化技术通过将电网络整体拆分,形成多层可并行计算的子网络,降低矩阵阶数,提高网络解算速度。硬件开发技术从物理底层角度出发,利用图形处理单元(graphics processing unit,GPU)、现场可编程门阵列(field – programmable gate array,FPGA)进行大规模简单线性计算,利用中央处理单元(central processing unit,CPU)进行复杂非线性计算,实现硬件资源动态平衡和实时交互,提升计算资源的利用效率。

随着计算机技术的发展,基于超算的电力系统仿真技术、基于云计算的仿真生态技术、数字孪生、超实时仿真演算与决策等新兴仿真技术也逐步出现在研究人员的视野之内,成为未来电力系统仿真的发展趋势。

1.3.2 仿真平台现状

目前,国外主流的电力系统仿真平台包括:用于离线仿真的 PSCAD/EMT-DC、MATLAB/Simulink;用于实时仿真 RTDS、RT – LAB;聚焦于系统级特性的

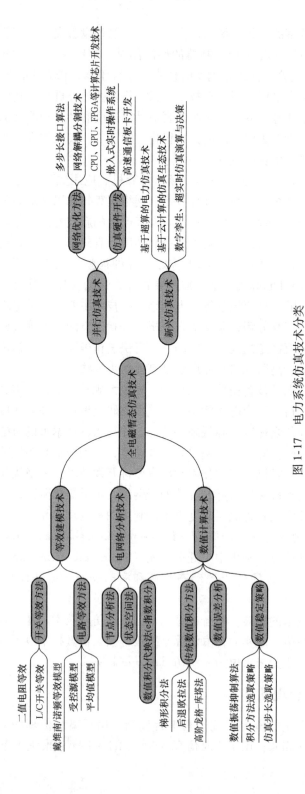

图 1-17 电力系统仿真技术分类

PLECS、PSIM 等。近年来国内研究单位不断追求进步，开发了许多自研的电力电子电磁暂态仿真平台，包括：中国电力科学研究院有限公司开发的基于机电混合仿真技术的 ADPSS[52,53]、清华大学赵争鸣教授团队自主研发的基于离散状态事件驱动技术的 DSIM[54]、清华大学沈沉教授团队开发的基于云计算技术的 CloudPSS[55]。上述国产平台均在采用自主仿真内核，拥有完整的软件底层控制权限，可以灵活地实现软硬件互联，便于进行硬件在环仿真试验。

随着国内电网的快速发展，电磁暂态仿真规模和复杂度大幅提高，主流仿真平台在仿真大规模电力电子电网方面的适用性逐渐降低，面临着特高压柔性直流输电、新型配电网等技术中的关键设备模型更新缓慢，平台内核老旧、易用性不足，自定义功能受限，硬件接口相对缺乏四个方面的问题。针对上述在开发和使用中的不足，国内外电磁暂态仿真平台可以尝试结合实际工程需求建模，更新软件架构，增加相应智能算法的库功能，开放常见编程语言接口，增强各平台交互性[56]。

当前，具备高比例电力电子特征的新型电力系统正处于蓬勃发展期，电网的复杂度大幅度提升，传统的电磁暂态仿真技术越来越难以满足科研和工程需求。电磁暂态仿真技术将依托各类新型技术融合发展，以大规模交直流混联电网的全电磁暂态实时仿真为目标，出现重大突破与革新，进而实现电磁暂态仿真的新形态。

在我国建设新型电力系统的时代背景下，应当把握这一机遇，推动工程建设与仿真平台协同发展，非常有望开发出能够与国外同类型仿真平台竞争的自主产品，突破国外在工业软件方面的封锁，增强我国的综合国力和国际竞争力。

参 考 文 献

[1] 查亚兵，张涛，黄卓，等. 能源互联网关键技术分析 [J]. 中国科学：信息科学，2014，44（6）：702 - 713.

[2] 赵争鸣，冯高辉，袁立强，等. 电能路由器的发展及其关键技术 [J]. 中国电机工程学报，2017，37（13）：3823 - 3834.

[3] NORDENBERG H. A review of the influence of recent material and technique development on transformer design [J]. IRE Transactions on Component Parts, 1959, 6（3）：201 - 209.

[4] MCMURRAY M. The thyristor electronic transformer: A power converter using a high - frequency link [J]. IEEE Transactions on Industry and General Applications, 1971, IGA - 7（4）：451 - 457.

[5] REISCHL P. Proof of principle of the solid - state transformer: The AC/AC switch mode regulator [R]. 1995.

[6] KANG M, ENJETI P N, PITEL I J. Analysis and design of electronic transformers for electric power distribution system [J]. IEEE Transactions on Power Electronics, 1999, 14（6）：

1133 – 1141.

[7] VAN WYK J D. Power electronic converters for motion control [J]. Proceedings of the IEEE, 1994, 82 (8): 1164 – 1193.

[8] FAN H F, LI H. High – frequency transformer isolated bidirectional DC – DC converter modules with high efficiency over wide load range for 20kVA solid – state transformer [J]. IEEE Transactions on Power Electronics, 2011, 26 (12): 3599 – 3608.

[9] 柏松, 李士颜, 杨晓磊, 等. 高压大功率碳化硅电力电子器件研制进展 [J]. 科技导报, 2021, 39 (14): 56 – 62.

[10] 赵彪, 宋强, 刘文华, 等. 用于柔性直流配电的高频链直流固态变压器 [J]. 中国电机工程学报, 2014, 34 (25): 4295 – 4303.

[11] 曾嵘, 赵彪, 余占清, 等. IGCT 在直流电网中的应用展望 [J]. 中国电机工程学报, 2018, 38 (15): 4307 – 4317.

[12] 赵彪, 安峰, 宋强, 等. 双有源桥式直流变压器发展与应用 [J]. 中国电机工程学报, 2021, 41 (1): 288 – 298.

[13] 孟繁煦, 李武华, 何湘宁, 等. 单向有源桥 (SAB) DC – DC 变换器典型拓扑研究 [J]. 电工技术, 2019 (8): 115 – 117.

[14] MAX L, LUNDBERG S. System efficiency of a DC/DC converter – based wind farm [J]. Wind Energy, 2008, 11 (1): 109 – 120.

[15] 庞博, 侯丹, 李天瑞. 中压多端口电力电子变压器技术研究 [J]. 高压电器, 2019, 55 (9): 1 – 9.

[16] 张哲, 许崇福, 王弋飞, 等. 多电平直流链电力电子变压器控制策略研究 [J]. 电力工程技术, 2020, 39 (4): 9 – 15.

[17] COSTA L F, HOFFMANN F, BUTICCHI G, et al. Comparative analysis of multiple active bridge converters configurations in modular smart transformer [J]. IEEE Transactions on Industrial Electronics, 2019, 66 (1): 191 – 202.

[18] FALCONES S, AYYANAR R, MAO X. A DC – DC multiport – converter – based solid – state transformer integrating distributed generation and storage [J]. IEEE Transactions on Power Electronics, 2013, 28 (5): 2192 – 2203.

[19] 张科科, 齐磊, 崔翔, 等. 多绕组中频变压器宽频建模方法 [J]. 电网技术, 2019, 43 (2): 582 – 590.

[20] 李海平. 双向全桥 LLC 谐振 DC – DC 变换器的研究 [D]. 西安: 西安理工大学, 2019.

[21] 张嘉翔. CLLC 谐振隔离型双向 DC/DC 变换器的设计与控制方法研究 [D]. 西安: 西安理工大学, 2019.

[22] CHEN W, RUAN X B, YAN H, et al. DC/DC conversion systems consisting of multiple converter modules: Stability, control, and experimental verifications [J]. IEEE Transactions on Power Electronics, 2009, 24 (6): 1463 – 1474.

[23] 许建中, 高晨祥, 丁江萍, 等. 高频隔离型电力电子变压器电磁暂态加速仿真方法与展望 [J]. 中国电机工程学报, 2021, 41 (10): 3466 – 3479.

[24] 孙凯，卢世蕾，易哲嫄，等. 面向电力电子变压器应用的大容量高频变压器技术综述 [J].
中国电机工程学报，2021，41（24）：8531 - 8546.

[25] AKAGI H, YAMAGISHI T, TAN N M L, et al. Power - loss breakdown of a 750 - V 100 - kW
20 - kHz bidirectional isolated DC - DC converter using SiC - MOSFET/SBD dual modules [J].
IEEE Transactions on Industry Applications, 2015, 51（1）：420 - 428.

[26] TRIPATHI A K, MAINALI K, PATEL D C, et al. Design considerations of a 15 - kV SiC IG-
BT - based medium - voltage high - frequency isolated DC - DC converter [J]. IEEE Transac-
tions on Industry Applications, 2015, 51（4）：3284 - 3294.

[27] 涂春鸣，兰征，肖凡，等. 模块化电力电子变压器的设计与实现 [J]. 电工电能新技
术，2017，36（5）：42 - 50.

[28] 周京华，吴杰伟，陈亚爱，等. 张北阿里云数据中心柔性直流输配电系统 [J]. 电气
应用，2019，38（1）：54 - 58.

[29] 郑建平，陈建福，刘尧，等. 基于柔性直流配电网的城市能源互联网 [J]. 南方电网
技术，2021，15（1）：25 - 32.

[30] 姚晓君，齐保振，管笠，等. 以交直流混联电网为核心的区域能源互联网研究与实践 [J].
电力与能源，2020，41（4）：488 - 491.

[31] 李凯，赵争鸣，袁立强，等. 面向交直流混合配电系统的多端口电力电子变压器研究综
述 [J]. 高电压技术，2021，47（4）：1233 - 1250.

[32] 文武松，赵争鸣，莫昕，等. 基于高频汇集母线的电能路由器能量自循环系统及功率协
同控制策略 [J]. 电工技术学报，2020，35（11）：2328 - 2338.

[33] GUILLOD T, ROTHMUND D, KOLAR J W. Active magnetizing current splitting ZVS modulation
of a 7kV/400V DC transformer [J]. IEEE Transactions on Power Electronics, 2020, 35（2）：
1293 - 1305.

[34] 胡钰杰，李子欣，罗龙，等. 串联谐振间接矩阵型电力电子变压器高频电流特性分析及
开关频率设计 [J]. 电工技术学报，2022，37（6）：1442 - 1454.

[35] 王伟胜. 我国新能源消纳面临的挑战与思考 [J]. 电力设备管理，2021（1）：22 - 23.

[36] 国家发展和改革委，国家能源局. 能源发展"十三五"规划 [R]. 2016.

[37] 国家统计局. 中华人民共和国 2020 年国民经济和社会发展统计公报 [R]. 2020.

[38] 王雪辰. 中国能源大数据报告（2021）：电力篇 [R]. 2021.

[39] 陈永杰，赵奇，唐日强. 电力电子技术在变压器设计中的应用与分析 [J]. 智能城市，
2017，3（11）：30 - 31.

[40] 闫人滏. 风电汇集系统站域保护原理及实现 [D]. 北京：华北电力大学，2018.

[41] 尹瑞. 新型海上风电场拓扑及其关键技术研究 [D]. 杭州：浙江大学，2017.

[42] 王焜. 基于 IPOS - SAB 隔离型 DC/DC 变换器的模块化定子永磁风力发电机设计及控制
研究 [D]. 上海：上海交通大学，2019.

[43] 尹瑞，江道灼，唐伟佳，等. 基于模块化隔离型 DC/DC 变换器的海上直流风电场并网
方案 [J]. 电力系统自动化，2016，40（17）：190 - 196.

[44] 刘浩. DAB 型直流变压器及其在光伏直流汇集系统中的应用研究 [D]. 北京：华北电

力大学，2018.

[45] 黄欣. 电子电力变压器在光伏发电系统中应用研究 ［D］. 武汉：华中科技大学，2012.

[46] 李泽杰. 超级电容储能型模块化多电平换流器研究 ［D］. 北京：北京交通大学，2020.

[47] 李威星. 半桥 LLC 谐振 DC - DC 变换器的研究 ［D］. 北京：北京交通大学，2019.

[48] 杨瑞. LCC 谐振变换器的解析建模与分析 ［D］. 武汉：华中科技大学，2014.

[49] 李兵兵. LCC 谐振 DC - DC 变换器研究 ［D］. 成都：西南交通大学，2017.

[50] 王鹤，栾钧翔. 变压器的电力电子化演进及其对电压稳定影响综述 ［J］. 电力系统保护与控制，2020，48 （16）：171 - 187.

[51] 李子欣，高范强，赵聪，等. 电力电子变压器技术研究综述 ［J］. 中国电机工程学报，2018，38 （5）：1274 - 1289.

[52] 王玭，李亚楼，陈绪江，等. 基于 ADPSS 新一代仿真平台的大规模交直流电网数模混合仿真 ［J］. 电网技术，2021. 45 （1）：227 - 234.

[53] 莫振陇. 基于 ADPSS 的电力系统次同步振荡抑制技术研究 ［D］. 南宁：广西大学，2020.

[54] ZHAO Z M, TAN D, SHI B, et al. A breakthrough in design verification of megawatt e-lectronic systems ［J］. IEEE Power Electronics Magazine，2020，7 （3）：36 - 43.

[55] 胡青云，黄应敏，许翠珊，等. 基于深度神经网络的电力电缆故障检测方法研究 ［J］. 电子设计工程，2020，28 （24）：165 - 168.

[56] 冯谟可，王傲群，袁帅，等. 国产化电磁暂态仿真平台发展方向分析及展望 ［J］. 电力系统自动化，2022，46 （10）：64 - 74.

第 2 章

PET 电磁暂态等效建模需求与现状

本章首先从柔性直流输电工程中应用最为广泛的大容量 MMC 出发，介绍其电磁暂态（electromagnetic transient，EMT）戴维南等效模型的建模原理及仿真加速原因，进而类比分析大容量 PET 电磁暂态加速仿真需求及面临的技术瓶颈。其次，结合 PET 加速仿真方面研究现状，说明大容量 PET 离线仿真加速及实时低耗仿真研究的紧迫性。

2.1 典型换流器戴维南等效模型分析

目前国内外获得工程应用的 MMC 拓扑，包括仅由半桥子模块（half bridge sub – module，HBSM）组成的半桥 MMC，仅由全桥子模块（full bridge sub – module，FBSM）组成的全桥 MMC，以及由 HBSM 和 FBSM 按一定比例级联而成的混合 MMC。其中，MMC 三相六桥臂的拓扑如图 2-1 所示，可以充分发挥 HBSM 器件用量小和 FBSM 可负电平输出的优点，并实现交、直流解耦控制，更易实现换流器的轻型化设计，兼具故障电流闭锁清除能力，能在直流故障时实现无闭锁故障穿越。为了满足高压大容量的工程需求，MMC 电平数不断升高，张北四端柔性直流电网工程每端子模块数达 3168 个，昆柳龙三端混合直流工程，其广东、广西站的模块数达 5184 个。大量子模块级联使得 MMC 电磁暂态详细模型的仿真效率极低，曾面临迫切的精确快速仿真需求。由于缺乏有效的电磁暂态加速算法和模型支撑，从 MMC 拓扑问世直到 2010 年，国内外科研人员都通过仿真包含少量子模块的 MMC 详细模型来近似模拟其运行特性。

2011 年，加拿大曼尼托巴大学 Gole 教授团队基于戴维南等效思路，建立了 MMC 电磁暂态等效模型，在保留与详细模型相同的控制保护指令接口和相近的仿真精度前提下，大幅提高了模型计算效率[1]。目前，该模型已在 PSCAD/EMTDC、MATLAB/Simulink 等离线仿真平台和 RTDS、RT – LAB 等实时仿真平台中广泛应用，有效促进了 MMC 研究及柔性直流工程建设的进展。

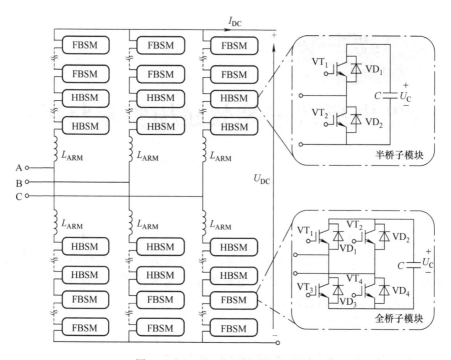

图 2-1　MMC 三相六桥臂的拓扑图

本章将针对 MMC 戴维南等效建模方法原理与仿真加速原因进行深入分析，以期为大容量 PET 电磁暂态仿真提供参考与借鉴。

2.1.1　等效建模原理

柔性直流工程中最常用的半桥 MMC 拓扑，其 HBSM 简化结构包含两个 IG-BT/二极管开关组和储能电容，如图 2-1 所示。MMC 戴维南模型采用二值电阻等效 IGBT/二极管开关组，以小电阻模拟开通状态，以大电阻模拟关断状态。对于电容常采用积分离散的方式将其转变为戴维南等效电路。常用的积分方法主要包括梯形积分法、前向欧拉法和后退欧拉法等。其中，梯形积分法精度较高，但一般仅具有绝对稳定（absolute stability，A 稳定），在非状态变量突变时，可能出现数值振荡的问题；前向欧拉法是一种显式积分方法，形式简单，但稳定性和精度较差；后退欧拉法精度介于二者之间，当仿真步长取值合理时，精度与梯形积分法的区别不大，但由于具有李雅普诺夫稳定（Lyapunov stability，L 稳定），其适用范围更广。不同积分方法稳定域如图 2-2 所示[2]。

对电容 C 列写伏安关系，参考方向如图 2-3 所示，可得

$$i_C = C \frac{\mathrm{d}u_C}{\mathrm{d}t} \tag{2-1}$$

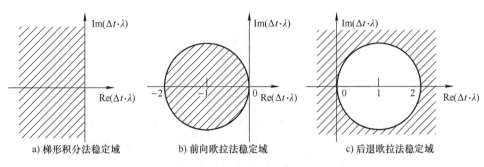

a) 梯形积分法稳定域　　　b) 前向欧拉法稳定域　　　c) 后退欧拉法稳定域

图 2-2　不同积分方法稳定域

采用后退欧拉法对式（2-1）离散化，得

$$u_{\text{C}}(t) = \frac{\Delta t}{C} i_{\text{C}}(t) + u_{\text{C}}(t - \Delta t) = R_{\text{C}} i_{\text{C}}(t) + u_{\text{CEQ}}(t) \tag{2-2}$$

式中，R_{C} 为等效电阻；u_{CEQ} 为等效历史电压源。

故可得 MMC 半桥子模块伴随电路如图 2-3a 所示。其中，R_1 和 R_2 分别为采用二值开关模型后 IGBT 和二极管开关组的等效电阻，通常导通时取 0.01Ω，关断时取 $10^6\Omega$。利用戴维南等效定理对此电路进行简化，可得其戴维南等效电路如图 2-3b 所示，其中 R_{SMEQ} 为子模块戴维南等效电阻，u_{SMEQ} 为子模块戴维南等效电压源，即

$$\begin{cases} R_{\text{SMEQ}}(t) = R_2 \left(1 - \dfrac{R_2}{R_1 + R_2 + R_{\text{C}}} \right) \\ u_{\text{SMEQ}}(t) = \left(\dfrac{R_2}{R_1 + R_2 + R_{\text{C}}} \right) \cdot u_{\text{CEQ}}(t - \Delta T) \end{cases} \tag{2-3}$$

在此基础上，将各子模块等效电路进行串联，可得 MMC 桥臂戴维南等效电路如图 2-4所示。

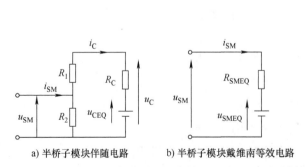

a) 半桥子模块伴随电路　　　b) 半桥子模块戴维南等效电路

图 2-3　MMC 半桥子模块等效电路

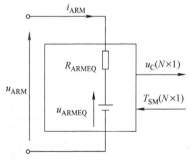

图 2-4　MMC 单个桥臂的戴维南
等效电路

其中

$$\begin{cases} R_{\mathrm{ARMEQ}}(t) = \displaystyle\sum_{k=1}^{N} R_{\mathrm{SMEQ}\_k}(t) \\ u_{\mathrm{ARMEQ}}(t) = \displaystyle\sum_{k=1}^{N} u_{\mathrm{SMEQ}\_k}(t) \end{cases} \quad (2\text{-}4)$$

式中，R_{SMEQ_k} 和 u_{SMEQ_k} 分别表示第 k 个子模块的戴维南等效电阻和等效电压源。因此，MMC 桥臂等效电路取决于各子模块导通状态和瞬时电压信息。

在获得 MMC 桥臂等效电路后，6 个桥臂同时调用该电路，可建立 MMC 的等效模型，与外电路联立，即可进行单个仿真步长的电磁暂态求解。在每个步长求解结束后，需要对各子模块电容电压进行更新，即

$$\begin{cases} u_{\mathrm{CEQ}}(t - \Delta t) = u_{\mathrm{C}}(t - \Delta t) \\ u_{\mathrm{C}}(t) = u_{\mathrm{C}}(t - \Delta t) + \Delta u_{\mathrm{C}}(t) \\ \Delta u_{\mathrm{C}}(t) = i_{\mathrm{C}}(t) R_{\mathrm{C}} \end{cases} \quad (2\text{-}5)$$

全桥 MMC 的戴维南等效方法与半桥 MMC 类似，仅需对子模块等效电路获取过程做相应调整。全桥 MMC 采用 FBSM，其等效电路参数如图 2-5 和式 (2-6) 所示。

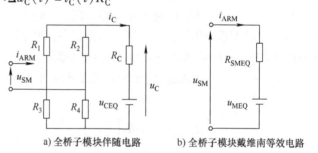

a) 全桥子模块伴随电路   b) 全桥子模块戴维南等效电路

图 2-5　MMC 全桥子模块戴维南等效电路

$$\begin{cases} R_{\mathrm{SMEQ}}(t) = \dfrac{E + DR_{\mathrm{C}}}{A + BR_{\mathrm{C}}} \\ u_{\mathrm{SMEQ}}(t) = \dfrac{Cu_{\mathrm{CEQ}}(t)}{A + BR_{\mathrm{C}}} \end{cases} \quad (2\text{-}6)$$

式中

$$\begin{cases} A = R_1 R_2 + R_1 R_4 + R_2 R_3 + R_3 R_4 \\ B = R_1 + R_2 + R_3 + R_4 \\ C = R_2 R_3 - R_1 R_4 \\ D = R_1 R_3 + R_1 R_4 + R_2 R_3 + R_2 R_4 \\ E = R_1 R_2 R_3 + R_1 R_2 R_4 + R_1 R_3 R_4 + R_2 R_3 R_4 \end{cases} \quad (2\text{-}7)$$

MMC 戴维南等效模型主要程序见附录 A。在不同电平数下，对比测试半桥型 MMC 详细模型（half bridge_detailed model，HB_DM）和半桥等效模型（half bridge_ equivalent model，HB_EM）、全桥型 MMC 详细模型（full bridge_detailed model，FB_DM）和全桥等效模型（full bridge_ equivalent model，FB_EM）的仿真用时，测试结果见表 2-1。其中，HB 加速比为 HB_DM 与 HB_EM 仿真用时之比，FB 加速比为 FB_DM 与 FB_EM 仿真用时之比。

表 2-1　半桥及全桥 MMC 戴维南等效模型加速效果测试

电平数	HB_DM 仿真用时/s	HB_EM 仿真用时/s	FB_DM 仿真用时/s	FB_EM 仿真用时/s	HB 加速比	FB 加速比
121	4295.2	9.9	7265.5	13.7	433.9	530.3
261	52914.6	13.4	139648.1	21.1	3948.9	6618.4
501	247698.8	22.4	362690.9	27.3	11058.0	13285.4

由表 2-1 可知，模块数越多，MMC 戴维南等效模型的加速效果越好。并且，全桥型 MMC 的加速效果比半桥型 MMC 更显著，这是由于插值导致全桥 MMC 的详细模型比半桥 MMC 详细模型的计算负荷大得多，而二者等效模型的计算用时差异较小。

2.1.2　加速原因分析

PSCAD/EMTDC 电磁暂态（EMT）解算的本质，在于对节点电压方程或系统状态方程的循环求解，当仿真包含电力电子器件的网络时，过程更为复杂，以典型商业仿真软件 PSCAD/EMTDC 为例，其 EMT 解算过程如图 2-6 所示[3]。

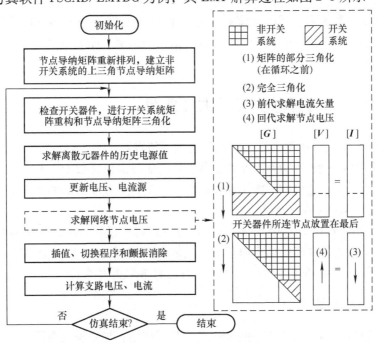

图 2-6　PSCAD 的 EMT 解算流程

系统节点导纳方程 $GV = I$，节点电压 V 的求解涉及对节点导纳矩阵 G 的求逆运算。为简化求逆过程，需要做如下操作：首先，节点导纳矩阵 G 被重新排列，使得包含开关的节点被排列在末尾；其次，程序初始时，对无开关相连节点进行矩阵的初始三角化；然后，在每一步解算过程中完成对开关相连节点的矩阵分解；最后，通过前代、回代过程求解系统节点电压。这一过程的计算复杂度为 $O(N^2) \sim O(N^3)$，其中 N 为 G 的阶数，即节点数，开关器件越多，每个步长需重构的节点导纳矩阵阶数越高，复杂度越接近 $O(N^3)$。因此，随着节点数与开关器件的增加，系统仿真用时将指数增加。同时，当仿真步长减小时，仿真用时也会随之线性增加。

MMC 戴维南等效算法的本质是根据既定的主电路拓扑连接方式与开关信号特征，对图 2-6 中开关系统进行处理，通过等效电路的计算，替换原来的开关系统矩阵三角化过程。同时，大幅降低矩阵阶数，减少前代、回代过程的运算量。如 2.1.1 节所示，原始包含 $2N+1$ 和 $3N+1$ 个节点的半桥 MMC 和全桥 MMC 桥臂的详细模型，均被等效为仅包含 2 个外端子节点的戴维南等效电路。相比于详细模型，等效模型中额外引入了上述过程，一定程度带来了附加的计算量。但是，由于 EMT 解算节点导纳矩阵规模大幅降低，因此其整体仿真用时呈现随模块数迅速下降的趋势。

同时，与半桥 MMC 相比，全桥 MMC 在相同模块数下，戴维南等效过程消除的内部节点数更多。因此，该算法对于 EMT 解算节点导纳矩阵的降阶效果更明显，结合全桥 MMC 详细模型插值更频繁这一因素，全桥 MMC 等效模型的仿真加速效果更加显著。

2.2　PET 电磁暂态仿真需求及瓶颈

与 MMC 相比，PET 的详细模型具有如下特点：

1）如图 1-7 所示，单个 PET 功率模块内部通常包含数十个节点，并且随着 PET 在中高压交直流电网中的不断发展应用，通过多模块级联的单元组合技术将进一步扩大 PET 的节点规模。

2）为精确模拟 $1 \sim 20kHz$ 高频开关切换的暂态过程，满足功率移相控制的精度需求，PET 仿真步长通常取开关周期的 1/20 以下，即 $1 \sim 5\mu s$，甚至更低。

上述特点将对 PET 系统的离线及实时仿真带来更大挑战。

2.2.1　离线加速仿真

节点数量大和仿真步长小两个特点的共同作用，加之模块内部开关器件数量众多，PET 详细模型仿真用时已与 MMC 相近。表 2-2 给出了包含 20 个 DAB 模块的 PET 与 121 电平单端三相 MMC 详细模型的节点数及仿真用时对比，仿真 1s 对应的电磁暂态仿真用时约为 30min（采用仿真机配置：AMD A8 – 7100 Radeon R5，1.80 GHz）。因此，虽然工程中 PET 的模块数与节点数尚未达到 MMC 的水平，但是二者的仿真用时已具有可比性。

表 2-2　PET 与 MMC 仿真用时对比

拓扑类型	模块类型	模块数	开关频率	仿真时长	仿真步长	节点数	仿真用时
PET	DAB	20	20kHz	1s	1μs	103	29min
MMC	HBSM	120×6=720	200Hz	1s	20μs	1454	31min

因此，PET 详细离线模型仿真效率极低，无法满足精确快速仿真需求。亟须研究适用于大容量 PET 电磁暂态离线仿真的高效精确建模方法。然而，PET 离线加速仿真模型的构建过程中，将面临以下难题：

1）PET 的功率模块结构复杂，通常包含多个 H 桥和电容、电感、高频变压器等，节点导纳矩阵的阶数较高，模型降阶处理较为困难。

2）PET 模块连接方式多样，各功率模块的端口相互耦合，无法针对单侧端口进行单独处理，增加了换流器等效模型的求取难度。

3）PET 运行过程中存在启动、部分/完全解闭锁、故障、备用等多种运行工况，涉及二极管的插值过程，需要进行单独处理。

4）PET 离线加速仿真方法还需要综合考虑算法精度、收敛性和稳定性的问题。

2.2.2　实时低耗仿真

开关器件的二值电阻模型，会引起节点导纳矩阵的时变，给电力网络的 EMT 解算过程带来大量的计算负荷，无法直接适用于实时仿真中。现有基于该模型的实时仿真，常通过对节点导纳矩阵逆矩阵的预存储，降低实时过程的计算量。所需存储数据个数为 $P = N^2 \cdot 2^M$，其中 N 为节点数，N^2 表示单个模态节点导纳逆矩阵所需存储量，M 为开关器件个数，2^M 为开关组合方式数，即模态数。内存需求量 P 将随着 N 和 M 指数增加，较难实现基于二值电阻开关模型的大容量 PET 实时仿真详细模型的构建。

为解决开关切换引起的矩阵时变问题，1994 年 Pejovic 教授提出了 L/C 恒导纳模型（简称 L/C 模型），以小电感等效导通状态、小电容等效关断状态，并保证 $G_L = G_C$，因此具有节点导纳矩阵不随开关状态改变的优良特性[4]。同时，考虑到基于多核 CPU 的传统实时仿真无法实现 10μs 以下步长的仿真，在仿真高频切换的电力电子系统时，采用现场可编程门阵列（FPGA）的小步长解算（2μs

以下）是当前的重要解决方案。在 L/C 模型的基础上，目前商用实时仿真软件 RTDS 和 RT - LAB 均开发了基于 FPGA 的高性能 GPC 处理器与 eHS 解算器，可由用户使用分立元器件构建电力电子系统的小步长实时仿真详细模型。

当前，模型在仿真精度与仿真规模方面尚存在不足。一方面，L/C 模型在开关动作后，器件的关断电流与导通电压无法立即降低到 0，造成虚拟功率损耗，影响仿真精度。并且，开关动作越频繁，仿真步长越大，虚拟功率损耗越严重。为保证仿真精度需求，实时仿真系统通常要求比离线仿真模型更小的仿真步长。另一方面，EMT 解算过程需要利用 FPGA 中的硬件资源，进行预存储的节点导纳矩阵逆矩阵和电流列向量的乘法与加法运算，算法复杂度为 $O(N^2)$，仿真规模受限于 FPGA 的硬件资源。

由于 PET 高开关频率与小仿真步长的特点，实时仿真步长通常取 1μs 以下。以 OPAL - RT 公司的 eHS 解算器为例，在 Virtex6 XC6VLX240T 板卡下，每个 eHS 模块中所允许的开关管数量不能超过 24 个，所有元器件总数（不含电阻）不能大于 63 个，3 个 DAB 模块的 800ns 实时仿真模型即需 1 台 OP5600 和 1 台 OP7000。

PET 详细实时仿真模型由于高存储占用、高硬件资源消耗的特点，无法满足较大规模系统硬件在环测试需求。因此，亟须研究大容量 PET 的电磁暂态实时低耗仿真方法，也即低内存占用、低硬件资源消耗、低计算时钟需求的仿真方法，该过程的潜在难点如下：

1）PET 节点导纳矩阵的阶数高，开关器件多，通过较小的内存占用实现 EMT 解算过程的优化较为困难。

2）PET 模块结构复杂，在等效电路生成以及电力网络求解过程的计算量较大，为降低对硬件资源的需求，需要通过算法优化大幅减少乘法及加法运算次数，难度较高。

3）在当前硬件技术限制下，实现小步长仿真需要大幅减少每个步长的计算时钟，除硬件资源外，还要求实时仿真算法具有高度的并行性。

2.3 PET 建模和仿真研究现状

现有 PET 离线加速仿真及实时低耗仿真的方法分类如图 2-7 所示，本节将分别对各类模型的基本原理、特点及适用范围进行梳理。

2.3.1 离线加速仿真

当前 PET 的离线加速仿真研究已较为成熟，主要分为仿真算法和底层架构两个方面，均取得了较为明显的加速效果。

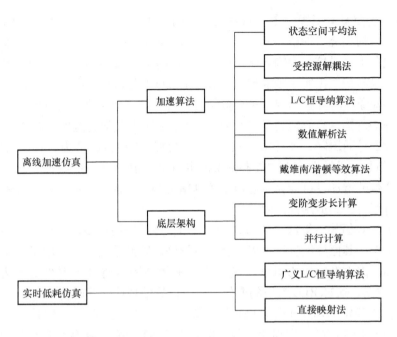

图 2-7　 PET 仿真方法分类图

1. PET 离线加速仿真算法

（1）状态空间平均法　状态空间平均法分为经典状态空间平均法和广义状态空间平均法。

经典状态空间平均法是一种忽略换流器内部开关特性，通过连续的时域平均，建立描述系统外特性特征的简化建模方法。北卡罗来纳州立大学赵铁夫教授团队等基于该方法，以保证简化前后单周期模块功率稳态值恒定为前提，对 DAB 变换器高频变压器一次/二次电流进行平均化处理，实现模型的简化降阶[5-7]。中国科学院电工所李子欣研究员团队进一步考虑变压器损耗，建立了更为精确的简化模型[8,9]。但是，由于变压器电流周期平均值为 0，经典状态空间平均法不能反映系统的动态特性，只适用于系统级模型的稳态分析。

广义状态空间平均法是经典状态空间平均法的高阶延展，考虑傅里叶级数的高阶项，可将系统方程转化为一组由傅里叶系数表示的线性时不变微分方程。密苏里科技大学 Kimball 教授团队基于该方法，实现了 DAB 的全阶连续时间平均模型[10]。在此基础上，引入更通用的控制策略对模型进行修正，消除了因傅里叶级数截断而产生的稳态误差[11]。相比经典的状态空间平均法，该方法通过提高所考虑傅里叶的项数提高了对系统暂态特性的模拟精度。但是，傅里叶项数的增加会导致模型状态变量数的迅速增加，使得模型的计算复杂度无法满足快速性的需求，仿真效率与仿真精度矛盾突出。

（2）受控源解耦法 受控源解耦方法的本质是利用电感、电容等储能元件电流、电压的不突变性质，实现节点导纳方程或状态方程的降阶，使原来大型网络划分成若干由受控源为输入输出端口的小型子网，是细粒度划分的重要手段之一。中国科学院电工所李子欣研究员团队以 DAB 电容端口电压、高频变压器电流为解耦对象，将受控源与开关函数结合，既利用完成了细粒度划分，也避免了导纳矩阵的重构，有效提高了仿真效率[12,13]。清华大学赵彪副教授进一步考虑开关器件的导通压降，使得模型具备反映器件通态损耗的能力，提高了模型精度[14]。但是，受控源模型中控制变量的测量与赋值存在一个步长的延时，随着受控源个数的增加，可能会引起模型仿真精度和稳定性的降低，在仿真较为严重的暂态过程时，其适用性受限。

（3）L/C 恒导纳算法 如 2.2.2 节所示，L/C 开关模型是一种广泛采用的实时仿真模型，其恒导纳特性可以避免节点导纳矩阵的重构，也有助于离线仿真效率的提高。南方电网电力科学研究院许树楷教高团队将开关器件等效为 RL 和 RC 串联支路，通过 RLC 参数的取值，保证恒导纳特性，同时使用 L 稳定的指数积分代替 A 稳定的梯形积分以提高仿真算法精度与稳定性[15]。但是，该模型仍无法避免 L/C 模型的虚拟损耗问题，也需要较为复杂的参数优化选取过程。

（4）数值解析法 在仿真包含不控整流桥的 SAB 拓扑时，由于二极管开关状态判断问题，面临较大的仿真困难。对此，国网河北省电力有限公司的尹瑞工程师通过对 LLC 谐振型 SAB 进行运行模态划分，分别建立各状态数学解析模型，以四阶龙格 - 库塔（Runge - Kutta）算法进行积分离散，以受控电压源表征对外特性[16]。该数值解析方法 PET 拓扑的依赖性较强，且模态划分与数值解析过程复杂，算法的通用性有待提高。

（5）戴维南/诺顿等效算法 戴维南/诺顿等效算法是一种经典的精确等效建模方法，根据每个离散仿真步长内端口电压、电流关系，将内部节点的影响以等效电压/电流源和等效电阻的形式体现，减小 EMT 解算的规模，可有效提高仿真效率。但是目前基于该方法的 PET 加速仿真研究相对较少。清华大学赵争鸣教授团队基于电容电压不突变性质，对级联模块进行电容解耦，并局部使用戴维南等效的思想对 H 桥进行了处理，使得电路拓扑不随开关状态改变，同时降低了仿真计算量，仿真效率大幅提高[17]。

2. PET 离线加速仿真架构

PET 加速仿真架构指通过底层计算架构的优化实现对 PET 离线模型的提速。当前研究包括变阶变步长计算和并行计算两大类别。

（1）变阶变步长计算 PET 是典型的由电感、电容、变压器等储能元器件组成的连续系统与 IGBT 等开关器件决定的离散事件混合而成的混杂动力系统。在传统的定阶定步长仿真架构下，高仿真效率要求尽可能大的仿真步长和尽可能低的算法阶数，而高仿真精度的要求恰与其相反，仿真效率与仿真精度之间的矛盾突出。另一方面，开关器件的动作只能发生在仿真步长整数倍处，当仿真包含二极管等不控元器件时，需要引入额外的插值功能提高仿真精度[3]。

对此，清华大学赵争鸣教授团队提出一种变阶变步长的计算架构——离散状态驱动。该架构舍弃了传统的时间离散思想，以开关器件切换引起的系统状态转变为节点，离散整个仿真过程，动态调整仿真步长，以实现对离散事件的准确定位；同时，根据仿真步长的变化，动态调整积分算法的阶数，使仿真误差保持在给定范围，以保证对连续过程的精确拟合[18]。并基于该架构，建立了多端口 PET 精确仿真模型，实现了对详细模型仿真效率的极大提高[19-21]。

（2）并行计算　随着多核 CPU、图形处理单元（GPU）等并行技术的出现，并行计算架构已逐步成为提高仿真效率甚至实现实时仿真的重要手段。按照其并行对象的不同，主要可分为主电路分网并行和计算负荷分配并行两大类别。

主电路分网并行是在一次系统解耦基础上，通过多计算内核实现各子网独立解算，然后通过子网交互实现全网变量更新。基于贝杰龙（Bergeron）传输线模型自然分网的解耦并行策略是其中典型代表，已被广泛应用于直流电网的 EMT 仿真中，但常规 PET 拓扑中无传输线单元，无法直接使用该解耦并行方法[22-24]。延迟插入法（latency insertion method，LIM）采用中心积分对电感电容进行处理，通过半步延时实现了支路级别的细粒度并行，为实现大规模电力系统并行计算提供了思路[25,26]。在此基础上，华北电力大学姚蜀军副教授进一步克服了 LIM 方法在数值稳定性与精度方面的不足，通过矩阵分裂技术，进行系统状态变量的分组，再以半隐式延迟的积分策略实现变量组间的时间解耦，构建了可用于交直流电网分网并行的半隐式延迟解耦并行仿真架构，并实现了其在 CHB 型 PET 拓扑的高效并行解算应用[27,28]。

计算负荷分配并行是将原有具有并行性的程序通过底层编译指令，分配到不同的计算内核中，通过通信和同步控制，实现程序的并行执行。其中，OpenMP 是广泛使用的经典方案之一，但尚未被应用于 PET 的 EMT 仿真中。在 MMC 戴维南等效模型中，其各子模块戴维南等效电路求解程序相同，具有高度并行性，加拿大蒙特利尔大学 Mahseredjian 教授团队利用这一特性，将各模块求解子函数分配到不同的内核中并行执行，实现了对串行等效模型的二次仿真加速[29]。

2.3.2　实时低耗仿真

目前针对 PET 实时低耗仿真方法的研究相对较少，尚不能支撑大规模系统控制器硬件在环仿真测试。除 2.2.2 节所提基于 RT-LAB 中 eHS 解算器的详细实时仿真模型外，还包含以下研究进展。

1. 广义 L/C 恒导纳算法

使用 L/C 模型等效器件的开关状态，节点导纳矩阵恒定，在实时仿真中具有显著优势，可有效减少计算复杂度与对存储内存的需求，已被广泛应用于多种电力电子设备的实时仿真模型开发中，如 MMC[30]、电压源型逆变器[31]、两电平换流器和三电平换流器[32]等。但是，如 2.2.2 节所述，L/C 模型的切换会产生瞬态振荡，造成较为显著的虚拟功率损耗，影响仿真精度[33]。同时，L/C 参数取值的不合理，会进一步造成虚拟损耗的增加，甚至产生较为严重的数值振荡[34]，因此 L/C 模型常伴随较为复杂的参数优化过程。现已有较多文献针对这些问题开展研究。中国电力科学研究院周孝信院士团队直观计算切换过程的损耗，并将其以附加补偿电流源的形式引入到 L/C 模型中，有效减小了切换过程的瞬态误差[33]。清华大学沈沉教授团队建立了 L/C 模型切换过程能量损失函数精确评估方法，通过多目标优化算法，实现了 L 和 C 最优参数的配置[34]。上述模型与算法的构建虽未针对 PET 开展，但为 PET 实时低耗仿真模型的建立提供了重要参考价值。

在此基础上，上海交通大学汪可友教授团队通过对 L/C 模型稳态和暂态特性的分析，以暂态误差最快衰减为目标，得到了具有最优阻尼特性的广义 L/C 模型[35]。为降低实时仿真计算延时，进一步引入了紧凑型 EMT 解算策略，完成了 3 个 DAB 模块的 250ns（38 个时钟）小步长实时仿真及其硬件在环测试[36]。相比于常规 L/C 模型，该模型在仿真精度方面得到极大提高，且参数获取过程与外电路无关，较为简洁。但是，该模型对仿真资源的需求仍相对较高，仿真规模问题尚未得到很好解决。

2. 直接映射法

当开关器件使用二值电阻模型，会引起节点导纳矩阵的时变，需要在每个步长进行矩阵重构与求逆，无法直接用于实时仿真过程。但是，二值电阻模型可从根本上消除 L/C 模型虚拟功率损耗引起的暂态误差，是一种良好的系统级模型。

加拿大蒙特利尔大学 Mahseredjian 教授团队以开关器件二值电阻模型为基础，将单个 LLC 谐振变换器节点导纳矩阵按开关器件的组合，划分为 16 种模态，并分别对每种模态下节点导纳逆矩阵进行了预存储。然后，通过开关信号决定的模态函数与对应存储内存的直接映射，解决了节点导纳矩阵时变问题[37]。在此基础上，构建了单个 LLC 谐振变换器的 25ns（5 个时钟）实时仿真模型。

如 2.2.2 节分析，当模块数增加或模块拓扑复杂化后，该方法所需存储内存急剧增加，同时，计算资源需求随模块数线性递增，仍面临仿真规模受限问题。与离线仿真模型类似，MMC 实时仿真模型也曾面临与 PET 实时仿真模型类似的规模受限问题，加拿大曼尼托巴大学 Gole 教授团队所提的 MMC 戴维南等效算法现已成为解决这一问题的重要途径，被广泛应用于 RTDS 与 RT – LAB 等仿真平台中[38-40]。当前，MMC 实时仿真模型仿真规模已达 501 电平以上，在大规模系统仿真中展现出良好的暂稳态性能。但是由于缺少离线等效模型支撑，基于该方法的 PET 实时仿真方法研究尚处于空白。

2.4　本章小结

当前针对大容量 PET 的离线加速算法及其 OpenMP 底层并行解算架构的研究尚存在不足，PET 实时仿真模型的仿真规模受限问题尚待解决。类比具有相似模块化结构的 MMC 拓扑，基于广义戴维南/诺顿等效原理的 PET 离线等效算法及实时仿真方法，有望成为解决 PET 仿真困境的重要手段。

本书针对电力电子变压器电磁暂态离线加速仿真及实时仿真开展研究，所提离线等效算法，可以为不断涌现的多类型 PET 拓扑电磁暂态分析提供理论算法与模型支撑，提高主电路参数设计效率，促进其在柔性直流配网中的应用。同时，为其他复杂电力电子设备的高效精确建模提供算法参考，有效促进大规模交直流电网高效精确电磁暂态仿真的实现。

所提实时仿真方法，为大容量 PET 系统控制器硬件在环测试提供模型支撑，提高样机研制与工程设计的效率。所提仿真算法与目前正在发展中的国产化实时仿真平台集成，可以增强国产化平台在柔性直流输配电系统建模和仿真中的竞争力，对解决大规模电力电子系统实时仿真"卡脖子"问题做出重要贡献。

参 考 文 献

[1] GNANARATHNA U N, GOLE A M, JAYASINGHE R P. Efficient modeling of modular multi-level HVDC converters (MMC) on electromagnetic transient simulation programs [J]. IEEE Transactions on Power Delivery, 2011, 26 (1): 316 – 324.

[2] 李庆扬，王能超，易大义. 数值分析 [M]. 5 版. 北京：清华大学出版社，2008：280 – 297.

[3] WATSON N, ARRILLAGA J. Power systems electromagnetic transients' simulation [M]. London：Institution of Engineering and Technology，2003.

[4] PEJOVIC P, MAKSIMOVIC D. A method for fast time – domain simulation of networks with switches [J]. IEEE Transactions on Power electronics, 1994, 9 (4): 449 – 456.

[5] ZHAO T F, ZENG J, BHATTACHARYA S, et al. An average model of solid – state transformer for dynamic system simulation [C]. 2009 IEEE Power & Energy Society General Meeting, 2009：1 – 8.

[6] SHAO S, CHEN L L, SHAN Z Y, et al. Modeling and advanced control of dual – active – bridge DC – DC converters：A review [J]. IEEE Transactions on Power electronics, 2022, 37 (2): 1524 – 1547.

[7] OUYANG S D, LIU J J, WANG X J, et al. The average model of a three – phase three – stage power electronic transform [C]. The 2014 International Power Electronics Conference, 2014: 2815 – 2820.

[8] ZHANG K, SHAN Z Y, JATSKEVICH J. Large – and small – signal average – value modeling of dual – active – bridge DC – DC converter considering power losses [J]. IEEE Transactions on Power electronics, 2017, 32 (3): 1964 – 1974.

[9] LI Z X, QU P, WANG P, et al. DC terminal dynamic model of dual active bridge series reso- nant converters [C]. 2014 IEEE Conference and Expo Transportation Electrification Asia – Pa- cific (ITEC Asia – Pacific), 2014: 1 – 5.

[10] QIN H S, KIMBALL J W. Generalized average modeling of dual active bridge DC – DC convert- er [J]. IEEE Transactions on Power electronics, 2012, 27 (4): 2078 – 2084.

[11] MUELLER J A, KIMBALL J W. An improved generalized average model of DC – DC dual active bridge converters [J]. IEEE Transactions on Power electronics, 2018, 33 (11): 9975 – 9988.

[12] XU F, LI Z X, GAO F Q, et al. A fast simulation model of cascaded H bridge – power elec- tronic transformer [C]. IECON 2019 – 45th Annual Conference of the IEEE Industrial Elec- tronics Society, 2019: 6755 – 6760.

[13] SUN Z D, LI Y H, LI Z X, et al. An accelerated simulation model for the isolation stage of the smart energy router system [C]. 2015 18th International Conference on Electrical Machines and Systems (ICEMS), 2015: 1537 – 1540.

[14] 安峰, 崔彬, 白睿航, 等. 高压大容量直流变压器模块化离散解耦等效建模方法 [J]. 电力系统自动化, 2021, 45 (7): 79 – 86.

[15] GONG W M, ZHU Z, XU S K, et al. Modeling and electromagnetic transient (EMT) simula- tion of a dual active bridge DC – DC converter [C]. 2019 10th International Conference on Power Electronics and ECCE Asia (ICPE 2019 – ECCE Asia), 2019: 2199 – 2204.

[16] YIN R, SHI M, HU W P, et al. An accelerated model of modular isolated DC/DC converter used in offshore DC wind farm [J]. IEEE Transactions on Power electronics, 2019, 34 (4): 3150 – 3163.

[17] 易姝娴, 袁立强, 李凯, 等. 面向区域电能路由器的高效仿真建模方法 [J]. 清华大学学报 (自然科学版), 2019, 59 (10): 796 – 806.

[18] ZHU Y C, ZHAO Z M, SHI B C, et al. Discrete state event – driven framework with a flexible adaptive algorithm for simulation of power electronic systems [J]. IEEE Transactions on Power electronics, 2019, 34 (12): 11692 – 11705.

[19] SHI B C, ZHAO Z M, ZHU Y C, et al. Discrete state event – driven approach for high – power converter simulations [C]. 2019 IEEE Energy Conversion Congress and Exposition (ECCE), 2019: 4627 – 4631.

[20] 施博辰, 赵争鸣, 朱义诚, 等. 离散状态事件驱动仿真方法在高压大容量电力电子变换系统中的应用 [J]. 高电压技术, 2019, 45 (7): 2053 – 2061.

[21] 施博辰, 赵争鸣, 朱义诚, 等. 电力电子混杂系统多时间尺度离散状态事件驱动仿真方

法 [J]. 中国电机工程学报, 2021, 41 (9): 2980 - 2990.

[22] FALCAO D M, KASZKUREWICZ E, ALMEIDA H L S. Application of parallel processing techniques to the simulation of power system electromagnetic transients [J]. IEEE Transactions on Power Systems: 1993, 8 (1): 90 - 96.

[23] 徐政, 李宁璨, 肖晃庆, 等. 大规模交直流电力系统并行计算数字仿真综述 [J]. 电力建设, 2016, 37 (2): 1 - 9.

[24] 穆清, 李亚楼, 周孝信. 基于传输线分网的并行多速率电磁暂态仿真算法 [J]. 电力系统自动化, 2014, 38 (7): 47 - 52.

[25] SCHUTT - AINE J E. Latency insertion method (LIM) for the fast transient simulation of large networks [J]. IEEE Transactions on Circuits and Systems I: Fundamental Theory and Applications, 2001, 48 (1): 81 - 89.

[26] MILTON M, BENIGNI A. Latency insertion method based real - time simulation of power electronic systems [J]. IEEE Transactions on Power electronics, 2018, 33 (8): 7166 - 7177.

[27] 姚蜀军, 庞博涵, 吴国旸, 等. 半隐式延迟解耦电磁暂态并行仿真方法 (一): 原理及交流分网与并行 [J]. 中国电机工程学报, 2022, 42 (7): 2486 - 2497.

[28] 许明旺, 庞博涵, 曾子文, 等. 半隐式延迟解耦电磁暂态并行仿真方法 (三): 级联 H 桥型电力电子变压器解耦与仿真 [J/OL]. 中国电机工程学报: 1 - 12 [2023 - 04 - 29]. DOI: 10.13334/j.0258 - 8013.pcess.210067.

[29] STEPANOV A, MAHSEREDJIAN J, SAAD H, et al. Parallelization of MMC detailed equivalent model [J]. Electric Power Systems Research, 2021, 195: 350 - 355.

[30] OU K J, MAGUIRE T, WARKENTIN B, et al. Research and application of small time - step simulation for MMC VSC - HVDC in RTDS [C]. 2014 International Conference on Power System Technology, 2014: 877 - 882.

[31] DAGBAGI M, HEMDANI A, IDKHAJINE L, et al. ADC - based embedded real - time simulator of a power converter implemented in a low - cost FPGA: application to a fault - tolerant control of a grid - connected voltage - source rectifier [J]. IEEE Transactions on Industrial Electronics, 2016, 63 (2): 1179 - 1190.

[32] MATAR M, IRAVANI R. FPGA implementation of the power electronic converter model for real - time simulation of electromagnetic transients [J]. IEEE Transactions on Power Delivery, 2010, 25 (2): 852 - 860.

[33] MU Q, LIANG J, ZHOU X X, et al. Improved ADC model of voltage - source converters in DC grids [J]. IEEE Transactions on Power Electronics, 2014, 29 (11): 5738 - 5748.

[34] SONG Y K, CHEN L J, CHEN Y, et al. A general parameter configuration algorithm for associate discrete circuit switch model [C]. 2014 International Conference on Power System Technology, 2014: 956 - 961.

[35] WANG K Y, XU J, LI G J, et al. A generalized associated discrete circuit model of power converters in real - time simulation [J]. IEEE Transactions on Power Electronics, 2019, 34 (3): 2220 - 2233.

[36] XU J, WANG K Y, WU P, et al. FPGA – based submicrosecond – level real – time simulation of solid – state transformer with a switching frequency of 50 kHz [J]. IEEE Journal of Emerging and Selected Topics in Power Electronics, 2021, 9 (4): 4212 – 4224.

[37] CHALANGAR H, OULD – BACHIR T, SHESHYEKANI K, et al. A direct mapped method for accurate modeling and real – time simulation of high switching frequency resonant converters [J]. IEEE Transactions on Industrial Electronics, 2021, 68 (7): 6348 – 6357.

[38] OU K J, RAO H, CAI Z X, et al. MMC – HVDC simulation and testing based on real – time digital simulator and physical control system [J]. IEEE Journal of Emerging and Selected Topics in Power Electronics, 2014, 2 (4): 1109 – 1116.

[39] WANG Y, LIU C R, LIU H Y, et al. Real – time simulation model and experimental test bench for modular multilevel converter [C]. 2018 2nd IEEE Conference on Energy Internet and Energy System Integration (EI2), 2018.

[40] OULD – BACHIR T, SAAD H, DENNETIERE S, et al. CPU/FPGA – based real – time simulation of a two – terminal MMC – HVDC system [J]. IEEE Transactions on Power Delivery, 2017, 32 (2): 647 – 655.

第 3 章

基于参数转换的 PET 等效建模方法

本章将以典型的 DAB 拓扑为例，针对 DAB 模块级联而成的 PET，提出基于参数转换思想的 PET 等效建模方法，并讨论该方法对其他类型 PET 的适用性。

3.1 变压器模型的建立

PET 的工作频率通常在几千到几万赫兹，为满足设备级仿真分析需求，高频隔离变压器的宽频模型被广泛采用[1-2]。然而，由于绕组和磁心之间的电容效应、磁滞效应、频变效应等非线性特性，变压器宽频模型包含大量寄生电容，且电感值随频率变化，不适于大规模 PET 的系统级仿真。当变压器频率较低（20kHz 以下）时，可近似忽略寄生参数的影响，并且考虑到变压器设计时通常会预留足够的饱和余量，正常工况下磁心工作在线性区[2]。因此，针对系统级仿真场景，可采用较为经典的低频变压器模型进行分析。

本节将着重介绍 DAB 中双绕组变压器与 MAB 中多绕组变压器等效模型的形成过程。

3.1.1 双绕组变压器模型

经典的双绕组变压器 T 形等效电路如图 3-1a 所示。其中，u_{T1}、u_{T2} 分别表示变压器一次、二次电压，i_{T1}、i_{T2} 分别表示变压器一、二次侧注入电流，L_T 为辅助电感，L_1 和 L_2 分别为一、二次侧漏电感，L_m 为励磁电感（以上参数均按变比归算到一次侧），下标"T1"代表一次侧、"T2"代表二次侧。理想变压器用于实现一、二次侧端口的电气隔离和变比功能。

对图 3-1a 所示的变压器 T 形电路列写伏安关系表达式，可得

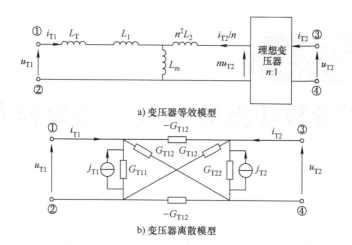

a) 变压器等效模型

b) 变压器离散模型

图 3-1　变压器模型图

$$\begin{bmatrix} u_{T1}(t) \\ u_{T2}(t) \end{bmatrix} = \begin{bmatrix} L_T + L_1 + L_m & L_m/n \\ L_m/n & L_2 + L_m/n^2 \end{bmatrix} \cdot \begin{bmatrix} \dfrac{di_{T1}(t)}{dt} \\ \dfrac{di_{T2}(t)}{dt} \end{bmatrix} \tag{3-1}$$

采用梯形积分法将式（3-1）离散化处理，如下式所示：

$$\begin{bmatrix} i_{T1}(t) \\ i_{T2}(t) \end{bmatrix} = \frac{\Delta t}{2} \cdot \begin{bmatrix} L_T + L_1 + L_m & L_m/n \\ L_m/n & L_2 + L_m/n^2 \end{bmatrix}^{-1} \cdot \left\{ \begin{bmatrix} u_{T1}(t) \\ u_{T2}(t) \end{bmatrix} + \begin{bmatrix} u_{T1}(t-\Delta t) \\ u_{T2}(t-\Delta t) \end{bmatrix} \right\} + \begin{bmatrix} i_{T1}(t-\Delta t) \\ i_{T2}(t-\Delta t) \end{bmatrix}$$

$$\tag{3-2}$$

定义

$$\boldsymbol{G}_T = \begin{bmatrix} G_{T11} & G_{T12} \\ G_{T12} & G_{T22} \end{bmatrix} = \frac{\Delta t}{2} \cdot \begin{bmatrix} L_T + L_1 + L_m & L_m/n \\ L_m/n & L_2 + L_m/n^2 \end{bmatrix}^{-1} \tag{3-3}$$

因此，式（3-2）可简化为

$$\begin{bmatrix} i_{T1}(t) \\ i_{T2}(t) \end{bmatrix} = \boldsymbol{G}_T \cdot \begin{bmatrix} u_{T1}(t) \\ u_{T2}(t) \end{bmatrix} - \begin{bmatrix} j_{T1}(t) \\ j_{T2}(t) \end{bmatrix} \tag{3-4}$$

式中

$$\begin{bmatrix} j_{T1}(t) \\ j_{T2}(t) \end{bmatrix} = -\boldsymbol{G}_T \cdot \begin{bmatrix} u_{T1}(t-\Delta t) \\ u_{T2}(t-\Delta t) \end{bmatrix} - \begin{bmatrix} i_{T1}(t-\Delta t) \\ i_{T2}(t-\Delta t) \end{bmatrix} \tag{3-5}$$

G_{T11} 和 G_{T22} 代表自导纳，G_{T12} 代表互导纳，当仿真步长、积分方法以及变压器参数确定时，它们均为常数。j_{T1} 和 j_{T2} 为历史电流值，在当前时刻的前一个步长 EMT 解算后求得。

因此，可得如图 3-1b 所示的变压器离散模型，其表现为一个双端口电路形式，变压器一、二次侧的耦合关系以 4 个互导纳形式体现，历史电流源反映端口历史电气信息。该模型在建立过程中没有进行简化与约等，可精确模拟变压器 T 形等效电路的内部和外部电气特性。

3.1.2　多绕组变压器模型

多绕组变压器中各绕组通常共用磁通，以环形对称结构的四绕组变压器为例[1]，如图 3-2a 所示。

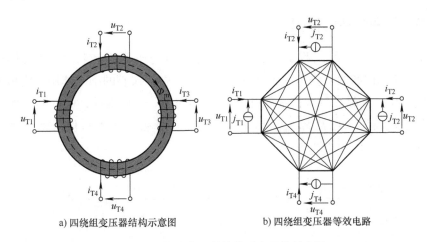

a) 四绕组变压器结构示意图　　　　b) 四绕组变压器等效电路

图 3-2　四绕组变压器结构示意及等效电路

任意两个端口均可看作一个二端口变压器，等效电路与 3.1.1 节相同，包含 2 个端口等效电流源、2 条端口自导纳支路和 4 条端口间的互导纳支路。

4 个端口两两组合，共有 $C_4^2 = 6$ 种方式，即四绕组变压器可看作 6 个双绕组变压器的叠加。首先，依据 3.1.1 节的推导过程，分别建立 6 个拆分后的双绕组变压器等效电路，然后，将各端口电流源和自导纳支路合并，即可获得四绕组变压器等效电路如图 3-2b 所示。其中，共包含 $4 \times 6 = 24$ 条互导纳支路、4 条自导纳支路和 4 个端口等效电流源。

所得四绕组变压器电压电流方程如下：

$$\begin{bmatrix} i_{T1}(t) \\ i_{T2}(t) \\ i_{T3}(t) \\ i_{T4}(t) \end{bmatrix} = \begin{bmatrix} G_{T11} & G_{T12} & G_{T13} & G_{T14} \\ G_{T12} & G_{T22} & G_{T23} & G_{T24} \\ G_{T13} & G_{T23} & G_{T33} & G_{T34} \\ G_{T14} & G_{T24} & G_{T34} & G_{T44} \end{bmatrix} \begin{bmatrix} u_{T1}(t) \\ u_{T2}(t) \\ u_{T3}(t) \\ u_{T4}(t) \end{bmatrix} - \begin{bmatrix} j_{T1}(t) \\ j_{T2}(t) \\ j_{T3}(t) \\ j_{T4}(t) \end{bmatrix} \qquad (3\text{-}6)$$

记为

$$\boldsymbol{i}_T(t) = \boldsymbol{G}_T \boldsymbol{u}_T(t) - \boldsymbol{j}_T(t) \qquad (3\text{-}7)$$

式中

$$\begin{cases} \boldsymbol{G}_{\mathrm{T}} = \dfrac{\Delta t}{2} \cdot \boldsymbol{L}^{-1} \\ \boldsymbol{j}_{\mathrm{T}}(t) = -\boldsymbol{G}_{\mathrm{T}} \boldsymbol{u}_{\mathrm{T}}(t-\Delta t) - \boldsymbol{i}_{\mathrm{T}}(t-\Delta t) \end{cases} \tag{3-8}$$

$\boldsymbol{L}$ 为变压器的电感参数矩阵,其获取方法可参考文献 [3]。相比于双绕组变压器,四绕组变压器 $\boldsymbol{G}_{\mathrm{T}}$ 的获取更加烦琐。然而,该参数不随时间变化,只需在程序最开始计算一次。

3.1.3 饱和特性的模拟

为了提高模型的工程适用性,本节将介绍变压器饱和特性的模拟方法。图3-3为考虑饱和的双绕组变压器等效模型,其中,铁心的励磁作用由模拟饱和特性的补偿电流源 i_{m} 和线性励磁电感 L_{m} 共同体现。通过推导,可以将 i_{m} 等效为两个端口附加注入电流源 $i_{\mathrm{m}1}$ 和 $i_{\mathrm{m}2}$,以建立双绕组变压器数值等效模型,如图3-3b所示。

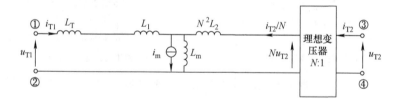

a) 考虑饱和双绕组变压器T形等效电路

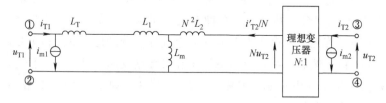

b) 考虑饱和双绕组变压器数值等效电路

图3-3 考虑饱和特性的双绕组变压器等效模型

对于多绕组变压器,仍可通过附加注入电流源的形式实现饱和特性的模拟。利用 $B-H$ 磁化曲线表征铁磁材料的饱和特性,可建立磁通-电压-电流三者之间的数学关系,再将附加电流源注入各端口的等效电流源中,从而实现变压器饱和特性的精确模拟[4]。

3.2 基于参数转换的 DAB 型 PET 等效参数获取

本节以 DAB 为例，介绍基于参数转换方法的等效参数获取过程。基于 DAB 的 PET 拓扑如图 3-4 所示，包含 DC/AC、AC/AC 与 AC/DC 三级链路，DAB 模块间采用 ISOP 方式连接，其传输功率受一、二次侧移相角的控制，高频变压器用以实现电气隔离与功率传递。

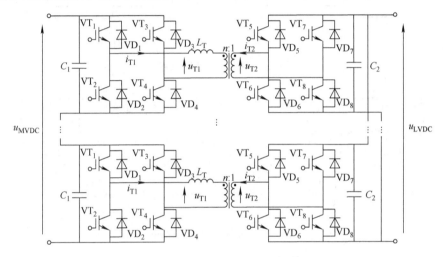

图 3-4 基于 DAB 的 PET 拓扑

其中，n 为变压器变比，L_T 为辅助电感，u_{T1}、u_{T2}、i_{T1}、i_{T2} 分别为高频变压器一次、二次电压电流，u_{MVDC} 和 u_{LVDC} 分别为中压直流母线和低压直流母线电压。

为防止电容短路直通故障，DAB 模块的 H 桥满足同桥臂互补。按照是否存在 H 桥内部移相，其控制方式可分为单移相和多重移相两大类。以单移相和双移相为例，其控制原理图如图 3-5 所示。

其中，T_S 为周期，D 为单移相控制的移相比，D_1 和 D_2 分别为双移相控制的内外移相比，$T_1 \sim T_8$ 分别为 $VT_1 \sim VT_8$ 的信号。

3.2.1 DAB 伴随电路构建

图 3-4 中，针对单个 DAB，IGBT - 二极管开关组可采用二值电阻等效，电感电容采用后退欧拉法离散化，隔离变压器采用 3.1.1 节中的等效模型，所得 DAB 伴随电路如图 3-6 所示[5-7]，其中各参数如式（3-5）所示。图 3-6 中，下标 H 和 L 分别表示高压侧和低压侧。

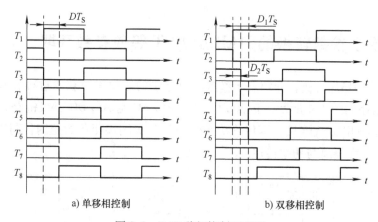

a) 单移相控制   b) 双移相控制

图 3-5　DAB 移相控制原理图

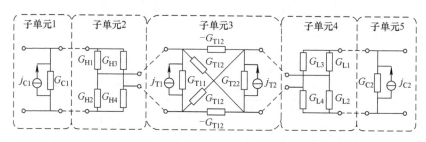

图 3-6　DAB 模块伴随电路

$$
\begin{cases}
G_{Ci}=\dfrac{C_i}{\Delta t}, i=1,2 \\[2mm]
j_{Ci}(t)=G_{Ci}\cdot \boldsymbol{u}_{Ci}(t-\Delta t), i=1,2 \\[2mm]
\boldsymbol{G}_{T}=\begin{bmatrix} G_{T11} & G_{T12} \\ G_{T12} & G_{T22} \end{bmatrix} \\[4mm]
\quad =\Delta t\begin{bmatrix} L_T+L_1+L_m & L_m/N \\ L_m/N & L_2+L_m/N^2 \end{bmatrix}^{-1} \\[4mm]
j_{Ti}(t)=i_{Ti}(t-\Delta t), i=1,2
\end{cases}
\tag{3-9}
$$

式中，Δt 为仿真步长；G_{Ci} 与 j_{Ci} 分别为电容等效导纳与等效历史电流源；G_{T11}、G_{T22}、G_{T12} 和 j_{Ti} 分别为变压器端口的输入导纳、转移导纳以及端口等效历史电流源。

3.2.2　Y 参数矩阵获取

将图 3-6 中伴随电路的历史电流源开路，获得其无源二端口网络，求取 DAB 端口 Y 参数矩阵。

1. 级联电路等效参数获取原理

将图 3-6 所示伴随电路划分为 5 个子单元，均为双端口网络，设各子单元第二类传输参数（T 参数）端口方程为

$$\begin{bmatrix} u_2^i \\ -i_2^i \end{bmatrix} = \boldsymbol{T}^i \begin{bmatrix} u_1^i \\ i_1^i \end{bmatrix} \tag{3-10}$$

式中，$i = 1, 2, \cdots, 5$，为子单元编号；u_1^i、i_1^i、u_2^i、i_2^i 分别为第 i 个子单元左侧端口和右侧端口的电压、电流（取流进端口电流为正），并且有

$$\begin{bmatrix} u_1^{i+1} \\ i_1^{i+1} \end{bmatrix} = \begin{bmatrix} u_2^i \\ -i_2^i \end{bmatrix} \tag{3-11}$$

因此，DAB 对外等效 T 参数矩阵可直接由每个子单元 T 参数矩阵的累乘获得，即

$$\begin{bmatrix} u_{\text{OUT}} \\ -i_{\text{OUT}} \end{bmatrix} = \begin{bmatrix} u_2^5 \\ -i_2^5 \end{bmatrix} = \prod_{i=5}^{1} T^i \begin{bmatrix} u_1^1 \\ i_1^1 \end{bmatrix} = \boldsymbol{T}_{\text{tot}} \begin{bmatrix} u_{\text{IN}} \\ i_{\text{IN}} \end{bmatrix} \tag{3-12}$$

式中，u_{IN}、i_{IN}、u_{OUT}、i_{OUT} 分别为 DAB 模块输入侧与输出侧的电压、电流。

由双端口网络参数的定义，开路阻抗参数矩阵（Z 参数矩阵）、Y 参数矩阵、H 参数矩阵和 T 参数矩阵的转换关系见表 3-1。

表 3-1　二端口网络参数转化表

目标参数	原始参数			
	Z 参数	Y 参数	T 参数	H 参数
Z 参数	$\begin{bmatrix} Z_{11} & Z_{12} \\ Z_{21} & Z_{22} \end{bmatrix}$	$\begin{bmatrix} \dfrac{Y_{22}}{\Delta Y} & -\dfrac{Y_{12}}{\Delta Y} \\ -\dfrac{Y_{21}}{\Delta Y} & \dfrac{Y_{11}}{\Delta Y} \end{bmatrix}$	$\begin{bmatrix} -\dfrac{T_{22}}{T_{21}} & -\dfrac{1}{T_{21}} \\ -\dfrac{\Delta T}{T_{21}} & -\dfrac{T_{11}}{T_{21}} \end{bmatrix}$	$\begin{bmatrix} \dfrac{\Delta H}{H_{22}} & \dfrac{H_{12}}{H_{22}} \\ -\dfrac{H_{21}}{H_{22}} & \dfrac{1}{H_{22}} \end{bmatrix}$
Y 参数	$\begin{bmatrix} \dfrac{Z_{22}}{\Delta Z} & -\dfrac{Z_{12}}{\Delta Z} \\ -\dfrac{Z_{21}}{\Delta Z} & \dfrac{Z_{11}}{\Delta Z} \end{bmatrix}$	$\begin{bmatrix} Y_{11} & Y_{12} \\ Y_{21} & Y_{22} \end{bmatrix}$	$\begin{bmatrix} -\dfrac{T_{11}}{T_{12}} & \dfrac{1}{T_{12}} \\ \dfrac{\Delta T}{T_{12}} & -\dfrac{T_{22}}{T_{12}} \end{bmatrix}$	$\begin{bmatrix} \dfrac{1}{H_{11}} & -\dfrac{H_{12}}{H_{11}} \\ \dfrac{H_{21}}{H_{11}} & \dfrac{\Delta H}{H_{11}} \end{bmatrix}$
T 参数	$\begin{bmatrix} \dfrac{Z_{22}}{Z_{12}} & -\dfrac{\Delta Z}{Z_{12}} \\ -\dfrac{1}{Z_{12}} & \dfrac{Z_{11}}{Z_{12}} \end{bmatrix}$	$\begin{bmatrix} -\dfrac{Y_{11}}{Y_{12}} & \dfrac{1}{Y_{12}} \\ \dfrac{\Delta Y}{Y_{12}} & -\dfrac{Y_{22}}{Y_{12}} \end{bmatrix}$	$\begin{bmatrix} T_{11} & T_{12} \\ T_{21} & T_{22} \end{bmatrix}$	$\begin{bmatrix} \dfrac{1}{H_{12}} & -\dfrac{H_{11}}{H_{12}} \\ -\dfrac{H_{22}}{H_{12}} & \dfrac{\Delta H}{H_{12}} \end{bmatrix}$
H 参数	$\begin{bmatrix} \dfrac{\Delta Z}{Z_{22}} & \dfrac{Z_{12}}{Z_{22}} \\ -\dfrac{Z_{21}}{Z_{22}} & \dfrac{1}{Z_{22}} \end{bmatrix}$	$\begin{bmatrix} \dfrac{1}{Y_{11}} & -\dfrac{Y_{12}}{Y_{11}} \\ \dfrac{Y_{21}}{Y_{11}} & \dfrac{\Delta Y}{Y_{11}} \end{bmatrix}$	$\begin{bmatrix} -\dfrac{T_{12}}{T_{11}} & \dfrac{1}{T_{11}} \\ -\dfrac{\Delta T}{T_{11}} & -\dfrac{T_{21}}{T_{11}} \end{bmatrix}$	$\begin{bmatrix} H_{11} & H_{12} \\ H_{21} & H_{22} \end{bmatrix}$

注：$\Delta Z = Z_{11}Z_{22} - Z_{12}Z_{21}$，$\Delta Y = Y_{11}Y_{22} - Y_{12}Y_{21}$，$\Delta T = T_{11}T_{22} - T_{12}T_{21}$，$\Delta H = H_{11}H_{22} - H_{12}H_{21}$。

因此，只要获得各子单元任意一类参数的参数矩阵，即可通过参数转换获得其 T 参数矩阵，进而通过累乘获得 DAB 的 T 参数矩阵。

2. 子单元 T 参数矩阵获取

（1）子单元 1　子单元 1 为单并联支路，其 Z 参数矩阵为

$$
\boldsymbol{Z}^1 = \begin{bmatrix} \dfrac{1}{G_{C1}} & \dfrac{1}{G_{C1}} \\ \dfrac{1}{G_{C1}} & \dfrac{1}{G_{C1}} \end{bmatrix} \tag{3-13}
$$

其模值为 0，无 Y 参数矩阵，T 参数矩阵表达式为

$$
\boldsymbol{T}^1 = \begin{bmatrix} 1 & 0 \\ -G_{C1} & 1 \end{bmatrix} \tag{3-14}
$$

（2）子单元 2　在非闭锁状态下，DAB 中两个 H 桥同桥臂开关状态互补。Y 参数矩阵各元素定义为

$$
Y_{ij} = \left. \frac{i_i}{v_j} \right|_{v_k=0,\,k\neq j} \tag{3-15}
$$

DAB 两侧 H 桥对称，为便于表征，设 T_{H1} 和 T_{H3} 为图 3-4 所示 DAB 的 1 号和 3 号 IGBT 的触发信号，T_{L1} 和 T_{L3} 为 5 号和 7 号 IGBT 的触发信号。所以，当 $T_{H1} \neq T_{H3}$ 时，子单元 2 的 Y 参数矩阵可表示为

$$
\boldsymbol{Y}^2 = \begin{bmatrix} \dfrac{G_{ON}+G_{OFF}}{2} & K_H \cdot \dfrac{G_{OFF}-G_{ON}}{2} \\ K_H \cdot \dfrac{G_{OFF}-G_{ON}}{2} & \dfrac{G_{ON}+G_{OFF}}{2} \end{bmatrix} \tag{3-16}
$$

式中，G_{ON} 和 G_{OFF} 为二值导纳值（导通时取 $G_{ON}=100S$，关断时 $G_{OFF}=10^{-6}S$）；K_H 为由 T_{H1} 控制的符号函数，有

$$
K_H = \begin{cases} 1, & T_{H1}=1,\text{且 } T_{H1} \neq T_{H3} \\ -1, & T_{H1}=0,\text{且 } T_{H1} \neq T_{H3} \end{cases} \tag{3-17}
$$

由表 3-1 可得，其对应 T 参数矩阵为

$$
\boldsymbol{T}^2 = K_H \begin{bmatrix} \dfrac{G_{ON}+G_{OFF}}{G_{ON}-G_{OFF}} & \dfrac{2}{G_{OFF}-G_{ON}} \\ \dfrac{2G_{ON}G_{OFF}}{G_{OFF}-G_{ON}} & \dfrac{G_{ON}+G_{OFF}}{G_{ON}-G_{OFF}} \end{bmatrix} = K_H \boldsymbol{T}^H \tag{3-18}
$$

式中，$\boldsymbol{T}^H$ 为 H 桥对应的常数矩阵。

当 $T_{H1}=T_{H3}$ 时，

$$Y^2 = \begin{bmatrix} \dfrac{2G_{ON}G_{OFF}}{G_{ON} + G_{OFF}} & 0 \\[3mm] 0 & \dfrac{G_{ON} + G_{OFF}}{2} \end{bmatrix} \tag{3-19}$$

由于 $Y_{12} = 0$，其 T 参数矩阵不存在，无法直接通过 T 参数矩阵累乘获得 DAB 等效参数，该情况将在 3.2.2 节中的第 4 点做单独分析。

（3）子单元 3　变压器及其辅助电感经离散后转化为伴随网络，其等效 Y 参数矩阵如式（3-3）所示，由表 3-1 可知，其 T 参数矩阵为

$$T^3 = \begin{bmatrix} -\dfrac{G_{T11}}{G_{T12}} & \dfrac{1}{G_{T12}} \\[3mm] \dfrac{\Delta G_T}{G_{T12}} & -\dfrac{G_{T22}}{G_{T12}} \end{bmatrix} \tag{3-20}$$

式中，$\Delta G_T = G_{T11}G_{T22} - G_{T12}G_{T21}$。

（4）子单元 4 与子单元 5　子单元 4 和 2 对称，类比式（3-15）~式（3-19）可知，当 $T_{L1} \neq T_{L3}$ 时

$$T^4 = K_L \begin{bmatrix} \dfrac{G_{ON} + G_{OFF}}{G_{ON} - G_{OFF}} & \dfrac{2}{G_{OFF} - G_{ON}} \\[3mm] \dfrac{2G_{ON}G_{OFF}}{G_{OFF} - G_{ON}} & \dfrac{G_{ON} + G_{OFF}}{G_{ON} - G_{OFF}} \end{bmatrix} = K_L T^H \tag{3-21}$$

当 $T_{L1} = T_{L3}$ 时

$$Y^4 = \begin{bmatrix} \dfrac{G_{ON} + G_{OFF}}{2} & 0 \\[3mm] 0 & \dfrac{2G_{ON}G_{OFF}}{G_{ON} + G_{OFF}} \end{bmatrix} \tag{3-22}$$

子单元 5 和 1 相同，因此

$$T^5 = \begin{bmatrix} 1 & 0 \\ -G_{C2} & 1 \end{bmatrix} \tag{3-23}$$

3. 单移相模式 DAB 模块 Y 参数矩阵求取

当 DAB 模块采用单移相控制时，$T_{H1} \neq T_{H3}$ 且 $T_{L1} \neq T_{L3}$，子单元 1~5 的 T 参数矩阵均存在，此时由式（3-12）可知 DAB 模块 T 参数矩阵为

$$T_{tot} = \prod_{i=5}^{1} T_i = K_H K_L (T_5 T_C^H T_3 T_C^H T_1) = K_H K_L T^{DAB} = K_{HL} \begin{bmatrix} T_{11}^{DAB} & T_{12}^{DAB} \\ T_{21}^{DAB} & T_{22}^{DAB} \end{bmatrix}$$

$$\tag{3-24}$$

式中，T^{DAB} 为 DAB 模块的常数矩阵，仅由主电路参数决定，与控制信号无关；

K_{HL} 为符号函数，即

$$K_{HL} = \begin{cases} 1, & T_{H1} = T_{H4} = T_{L1} = T_{L4} \\ -1, & T_{H1} = T_{H4} \neq T_{L1} = T_{L4} \end{cases} \quad (3\text{-}25)$$

为方便等效电路的构建，可进一步将 DAB 模块 T 参数矩阵转化为 Y 参数矩阵。由网络的互易性可知，$|\boldsymbol{T}_{tot}| = |\boldsymbol{T}^{DAB}| = 1$，因此

$$\boldsymbol{Y}^{DAB} = \begin{bmatrix} Y_{11}^{DAB} & Y_{12}^{DAB} \\ Y_{12}^{DAB} & Y_{22}^{DAB} \end{bmatrix} = \begin{bmatrix} -\dfrac{T_{11}^{DAB}}{T_{12}^{DAB}} & K_{HL} \cdot \dfrac{1}{T_{12}^{DAB}} \\[4mm] K_{HL} \cdot \dfrac{1}{T_{12}^{DAB}} & -\dfrac{T_{22}^{DAB}}{T_{12}^{DAB}} \end{bmatrix} \quad (3\text{-}26)$$

4. 多移相模式 DAB 的 Y 参数矩阵求取

当 DAB 采用多移相控制时，存在 $T_{H1} = T_{H3}$ 或 $T_{L1} = T_{L3}$ 的情况。此时，由式（3-19）可知，H 桥两个端口彼此独立，即表现为两个单端口电路，显然有 $Y_{12}^{DAB} = Y_{21}^{DAB} = 0$。其端口输入导纳分以下三种情况。

（1）$T_{H1} = T_{H3}$ 且 $T_{L1} = T_{L3}$ 子单元 3 经两侧 H 桥与外电路解耦，DAB 两个端口输入导纳仅与子单元 1、2 和 4、5 有关，由式（3-19）、式（3-22）与电容支路可知

$$\begin{cases} Y_{11}^{DAB} = G_{C1} + \dfrac{2G_{ON}G_{OFF}}{G_{ON} + G_{OFF}} \\[4mm] Y_{22}^{DAB} = G_{C2} + \dfrac{2G_{ON}G_{OFF}}{G_{ON} + G_{OFF}} \end{cases} \quad (3\text{-}27)$$

（2）$T_{H1} = T_{H3}$ 且 $T_{L1} \neq T_{L3}$ DAB 高压侧经子单元 2 与 3 解耦，Y_{11}^{DAB} 与情况（1）相同。

由式（3-15）所示的 Y 参数定义式可知，低压侧输入导纳 Y_{22}^{DAB} 为高压侧短路时低压侧电流与电压的比值。此时，子单元 1 被短路，子单元 2 对低压端口的影响仅以其 2 端口输入导纳 Y_{22}^2 形式体现。对比式（3-16）与式（3-19）可知，控制信号的改变不会影响 H 桥交流端口（即 2 号端口）的输入导纳 Y_{22}，因此可直接使用式（3-26）的计算结果，即

$$Y_{22}^{DAB} = -\dfrac{T_{22}^{DAB}}{T_{12}^{DAB}} \quad (3\text{-}28)$$

式中，T_{12}^{DAB} 和 T_{22}^{DAB} 由式（3-24）获得。

（3）$T_{H1} \neq T_{H3}$ 且 $T_{L1} = T_{L3}$ 由对称性可知，此时 DAB 端口自导纳为

$$\begin{cases} Y_{11}^{\mathrm{DAB}} = -\dfrac{T_{11}^{\mathrm{DAB}}}{T_{12}^{\mathrm{DAB}}} \\[4mm] Y_{22}^{\mathrm{DAB}} = G_{\mathrm{C2}} + \dfrac{2G_{\mathrm{ON}}G_{\mathrm{OFF}}}{G_{\mathrm{ON}} + G_{\mathrm{OFF}}} \end{cases} \tag{3-29}$$

将式（3-25）~式（3-29）合并，可得 DAB 的 Y 参数矩阵中各元素值计算式为

$$\begin{cases} Y_{11}^{\mathrm{DAB}} = K_{\mathrm{DAB}}^{1} \cdot \left(-\dfrac{T_{11}^{\mathrm{DAB}}}{T_{12}^{\mathrm{DAB}}} \right) + \overline{K_{\mathrm{DAB}}^{1}} \cdot \left(G_{\mathrm{C1}} + \dfrac{2G_{\mathrm{ON}}G_{\mathrm{OFF}}}{G_{\mathrm{ON}} + G_{\mathrm{OFF}}} \right) \\[4mm] Y_{12}^{\mathrm{DAB}} = Y_{21}^{\mathrm{DAB}} = K_{\mathrm{DAB}}^{2} \cdot \dfrac{1}{T_{12}^{\mathrm{DAB}}} \\[4mm] Y_{22}^{\mathrm{DAB}} = K_{\mathrm{DAB}}^{3} \cdot \left(-\dfrac{T_{22}^{\mathrm{DAB}}}{T_{12}^{\mathrm{DAB}}} \right) + \overline{K_{\mathrm{DAB}}^{3}} \cdot \left(G_{\mathrm{C2}} + \dfrac{2G_{\mathrm{ON}}G_{\mathrm{OFF}}}{G_{\mathrm{ON}} + G_{\mathrm{OFF}}} \right) \end{cases} \tag{3-30}$$

式中，K_{DAB}^{1}、K_{DAB}^{2}、K_{DAB}^{3} 为符号函数，如式（3-31）所示，其余参数均为常数，可由式（3-24）获得。

$$\begin{cases} K_{\mathrm{DAB}}^{1} = \begin{cases} 1, & T_{\mathrm{H1}} \neq T_{\mathrm{H3}} \\ 0, & T_{\mathrm{H1}} = T_{\mathrm{H3}} \end{cases} \\[5mm] K_{\mathrm{DAB}}^{2} = \begin{cases} 0, & T_{\mathrm{H1}} = T_{\mathrm{H3}} \text{ 或 } T_{\mathrm{L1}} = T_{\mathrm{L3}} \\ 1, & T_{\mathrm{H1}} = T_{\mathrm{L1}} \text{ 且 } T_{\mathrm{H1}} \neq T_{\mathrm{H3}}, T_{\mathrm{L1}} = T_{\mathrm{L3}} \\ -1, & T_{\mathrm{H1}} = T_{\mathrm{L1}} \text{ 且 } T_{\mathrm{H1}} \neq T_{\mathrm{H3}}, T_{\mathrm{L1}} \neq T_{\mathrm{L3}} \end{cases} \\[7mm] K_{\mathrm{DAB}}^{3} = \begin{cases} 1, & T_{\mathrm{L1}} \neq T_{\mathrm{L3}} \\ 0, & T_{\mathrm{L1}} = T_{\mathrm{L3}} \end{cases} \end{cases} \tag{3-31}$$

3.2.3　短路电流列向量获取

图 3-6 所示历史电流源不会改变 DAB 的 Y 参数矩阵，而表现为外端口短路时的端口短路电流列向量 i_{SC1} 与 i_{SC2}（取流入端口为正）。由叠加定理可知，总的短路电流列向量为每个历史电流源单独作用时的效果之和。

仅考虑 j_{C1} 和 j_{C2} 作用时，易得

$$\begin{cases} i_{\mathrm{SC1}} = -j_{\mathrm{C1}} \\ i_{\mathrm{SC2}} = -j_{\mathrm{C2}} \end{cases} \tag{3-32}$$

仅考虑 j_{T1} 和 j_{T2} 作用时，由 3.2.2 节第 4 点可知，外端口短路后，子单元 1 和 2 对子单元 3 的作用表现为 H 桥交流侧输入导纳，如下式所示：

$$Y_{\mathrm{AC}}^{\mathrm{H}} = Y_{22}^{2} = \frac{G_{\mathrm{ON}} + G_{\mathrm{OFF}}}{2} \tag{3-33}$$

同理，子单元4和5对子单元3的作用也为 Y_{AC}^H ，因此等效电路如图3-7所示，其中 i_{T1} 和 i_{T2} 分别为 j_{T1} 和 j_{T2} 提供的变压器一、二次短路电流。

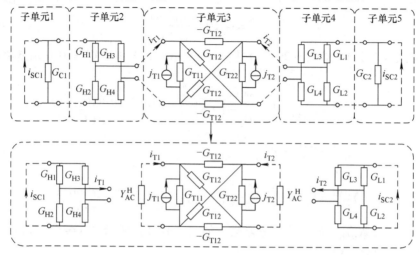

图3-7 DAB端口短路电流分析图

对图3-7中间电路列写KVL方程可得

$$\begin{bmatrix} i_{T1} \\ i_{T2} \end{bmatrix} = -\begin{bmatrix} Y_{AC}^H & 0 \\ 0 & Y_{AC}^H \end{bmatrix}\begin{bmatrix} u_{T1} \\ u_{T2} \end{bmatrix} = \begin{bmatrix} G_{T11} & G_{T12} \\ G_{T12} & G_{T22} \end{bmatrix}\begin{bmatrix} u_{T1} \\ u_{T2} \end{bmatrix} - \begin{bmatrix} j_{T1} \\ j_{T2} \end{bmatrix} \tag{3-34}$$

因此

$$\begin{cases} \begin{bmatrix} u_{T1} \\ u_{T2} \end{bmatrix} = \boldsymbol{M}_1\begin{bmatrix} j_{T1} \\ j_{T2} \end{bmatrix} \\ \begin{bmatrix} i_{T1} \\ i_{T2} \end{bmatrix} = -Y_{AC}^H \cdot \begin{bmatrix} u_{T1} \\ u_{T2} \end{bmatrix} = -Y_{AC}^H \cdot \boldsymbol{M}_1\begin{bmatrix} j_{T1} \\ j_{T2} \end{bmatrix} = \boldsymbol{M}_2\begin{bmatrix} j_{T1} \\ j_{T2} \end{bmatrix} \\ \boldsymbol{M}_1 = \begin{bmatrix} G_{T11} + Y_{AC}^H & G_{T12} \\ G_{T12} & G_{T22} + Y_{AC}^H \end{bmatrix}^{-1} \end{cases} \tag{3-35}$$

式中， $\boldsymbol{M}_1$ 和 $\boldsymbol{M}_2$ 为常数矩阵。

对图3-7左侧电路，取流过4个开关管的电流分别为 $i_{H1} \sim i_{H4}$ （向下为正），列写KVL方程可得

$$\begin{cases} i_{H1}/G_{H1} = -(i_{H1} - i_{T1})/G_{H2} \\ i_{H3}/G_{H3} = -(i_{H3} + i_{T1})/G_{H4} \\ i_{SC1} = i_{H1} + i_{H3} \end{cases} \tag{3-36}$$

解得

$$i_{SC1} = K_{C\_H} \cdot \frac{G_{OFF} - G_{ON}}{G_{ON} + G_{OFF}} \cdot i_{T1} \tag{3-37}$$

式中

$$K_{\text{C\_H}} = \begin{cases} 0, & T_{\text{H1}} = T_{\text{H3}} \\ 1, & T_{\text{H1}} = 1 \text{ 且 } T_{\text{H1}} \neq T_{\text{H3}} \\ -1, & T_{\text{H1}} = 0 \text{ 且 } T_{\text{H1}} \neq T_{\text{H3}} \end{cases} \tag{3-38}$$

对于图 3-7 右侧电路，同理可得

$$\begin{cases} i_{\text{SC2}} = K_{\text{C\_L}} \cdot \dfrac{G_{\text{OFF}} - G_{\text{ON}}}{G_{\text{ON}} + G_{\text{OFF}}} \cdot i_{\text{T2}} \\ K_{\text{C\_L}} = \begin{cases} 0, & T_{\text{L1}} = T_{\text{L3}} \\ 1, & T_{\text{H1}} = 1 \text{ 且 } T_{\text{L1}} \neq T_{\text{L3}} \\ -1, & T_{\text{L1}} = 0 \text{ 且 } T_{\text{L1}} \neq T_{\text{L3}} \end{cases} \end{cases} \tag{3-39}$$

结合式（3-35）、式（3-37）、式（3-39）可得

$$\begin{cases} \begin{bmatrix} i_{\text{SC1}} \\ i_{\text{SC2}} \end{bmatrix} = \begin{bmatrix} K_{\text{C\_H}} & 0 \\ 0 & K_{\text{C\_L}} \end{bmatrix} \cdot \boldsymbol{M}_3 \cdot \begin{bmatrix} j_{\text{T1}} \\ j_{\text{T2}} \end{bmatrix} \\ \boldsymbol{M}_3 = \dfrac{G_{\text{ON}} - G_{\text{OFF}}}{G_{\text{ON}} + G_{\text{OFF}}} \cdot \boldsymbol{M}_2 = \dfrac{G_{\text{OFF}} - G_{\text{ON}}}{G_{\text{ON}} + G_{\text{OFF}}} \cdot Y_{\text{AC}}^{\text{H}} \cdot \boldsymbol{M}_1 = \dfrac{G_{\text{OFF}} - G_{\text{ON}}}{2} \cdot \boldsymbol{M}_1 \end{cases} \tag{3-40}$$

将式（3-32）与式（3-40）合并，可得 DAB 短路电流列向量表达式为

$$\begin{bmatrix} i_{\text{SC1}} \\ i_{\text{SC2}} \end{bmatrix} = -\begin{bmatrix} j_{\text{C1}} \\ j_{\text{C2}} \end{bmatrix} + \begin{bmatrix} K_{\text{C\_H}} & 0 \\ 0 & K_{\text{C\_L}} \end{bmatrix} \cdot \boldsymbol{M}_3 \cdot \begin{bmatrix} j_{\text{T1}} \\ j_{\text{T2}} \end{bmatrix} \tag{3-41}$$

综上，DAB 模块端口等效电路及其方程如式（3-42）和图 3-8 所示。

$$\begin{bmatrix} i_{\text{IN}} \\ i_{\text{OUT}} \end{bmatrix} = \begin{bmatrix} Y_{11}^{\text{DAB}} & Y_{12}^{\text{DAB}} \\ Y_{12}^{\text{DAB}} & Y_{22}^{\text{DAB}} \end{bmatrix} \begin{bmatrix} u_{\text{IN}} \\ u_{\text{OUT}} \end{bmatrix} + \begin{bmatrix} i_{\text{SC1}} \\ i_{\text{SC2}} \end{bmatrix} \tag{3-42}$$

式中，等效参数 Y_{11}^{DAB}、Y_{12}^{DAB}、Y_{22}^{DAB}、i_{SC1} 与 i_{SC2} 可直接由式（3-30）和式（3-41）获得，仅包含符号函数与少量常数。

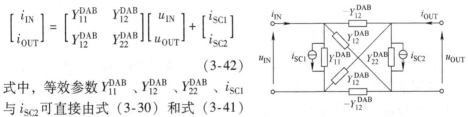

图 3-8　DAB 模块二端口等效模型

3.2.4　PET 二端口等效模型

DAB 模块经 ISOP 级联所得 PET 电路仍为二端口网络，因此，其等效网络仍可用短路导纳参数方程表示。本节将以此为目标，给出基于参数转换的 DAB 型 PET 等效参数获取方法。

在模块级联过程中，考虑到各 DAB 共用输入侧电流 i_{IN} 和输出侧电压 u_{OUT}，即

$$\begin{bmatrix} i_{\text{IN}}^{k} \\ u_{\text{OUT}}^{k} \end{bmatrix} = \begin{bmatrix} i_{\text{IN}}^{\text{PET}} \\ u_{\text{OUT}}^{\text{PET}} \end{bmatrix} \tag{3-43}$$

式中，k 为模块序号，$k \in [1, N]$；$i_{\text{IN}}^{\text{PET}}$ 和 $u_{\text{OUT}}^{\text{PET}}$ 分别为 PET 输入端口电流和输出端口电压。因此，由表 3-1 可将式（3-42）所示各模块短路导纳参数方程转换为以 i_{IN} 和 u_{OUT} 为自变量的混合参数（H 参数）方程，有

$$\begin{bmatrix} u_{\text{IN}} \\ i_{\text{OUT}} \end{bmatrix} = \begin{bmatrix} \dfrac{1}{y_{11}} & -\dfrac{y_{12}}{y_{11}} \\ \dfrac{y_{21}}{y_{11}} & \dfrac{y_{11}y_{22} - y_{12}y_{21}}{y_{11}} \end{bmatrix} \cdot \begin{bmatrix} i_{\text{IN}} \\ u_{\text{OUT}} \end{bmatrix} + \begin{bmatrix} -\dfrac{1}{y_{11}} i_{\text{SC1}} \\ i_{\text{SC2}} - \dfrac{y_{21}}{y_{11}} i_{\text{SC1}} \end{bmatrix} \tag{3-44}$$

记为

$$\begin{bmatrix} u_{\text{IN}} \\ i_{\text{OUT}} \end{bmatrix} = \begin{bmatrix} h_{11} & h_{12} \\ h_{21} & h_{22} \end{bmatrix} \cdot \begin{bmatrix} i_{\text{IN}} \\ u_{\text{OUT}} \end{bmatrix} + \begin{bmatrix} u_{\text{IN\_OC}} \\ i_{\text{OUT\_SC}} \end{bmatrix} = \boldsymbol{H} \cdot \begin{bmatrix} i_{\text{IN}} \\ v_{\text{OUT}} \end{bmatrix} + \begin{bmatrix} u_{\text{IN\_OC}} \\ i_{\text{OUT\_SC}} \end{bmatrix} \tag{3-45}$$

式中，h_{11}、h_{12}、h_{21}、h_{22} 为 DAB 模块混合参数；$\boldsymbol{H}$ 为混合参数矩阵；$u_{\text{IN\_OC}}$ 和 $i_{\text{OUT\_SC}}$ 为输入输出端口的独立源。由式（3-43），可直接通过对 DAB 模块 H 参数方程各元素的求和，获得 DAB 型 PET 的 H 参数方程为

$$\begin{bmatrix} u_{\text{IN}}^{\text{PET}} \\ i_{\text{OUT}}^{\text{PET}} \end{bmatrix} = \begin{bmatrix} \displaystyle\sum_{k=1}^{N} u_{\text{IN}}^{k} \\ \displaystyle\sum_{k=1}^{N} i_{\text{OUT}}^{k} \end{bmatrix} = \sum_{k=1}^{N} \boldsymbol{H}_i \cdot \begin{bmatrix} i_{\text{IN}}^{k} \\ u_{\text{OUT}}^{k} \end{bmatrix} + \begin{bmatrix} \displaystyle\sum_{k=1}^{N} u_{\text{IN\_OC}}^{k} \\ \displaystyle\sum_{k=1}^{N} i_{\text{OUT\_SC}}^{k} \end{bmatrix}$$

$$= \begin{bmatrix} h_{11}^{\text{PET}} & h_{12}^{\text{PET}} \\ h_{21}^{\text{PET}} & h_{22}^{\text{PET}} \end{bmatrix} \begin{bmatrix} i_{\text{IN}}^{\text{PET}} \\ u_{\text{OUT}}^{\text{PET}} \end{bmatrix} + \begin{bmatrix} u_{\text{IN\_OC}}^{\text{PET}} \\ i_{\text{OUT\_SC}}^{\text{PET}} \end{bmatrix} \tag{3-46}$$

式中，N 为 DAB 模块数；$u_{\text{IN}}^{\text{PET}}$、$u_{\text{OUT}}^{\text{PET}}$、$i_{\text{IN}}^{\text{PET}}$、$i_{\text{OUT}}^{\text{PET}}$ 分别为 PET 输入输出端口电压电流。由网络互易性可知，$h_{12}^{\text{PET}} = -h_{21}^{\text{PET}}$。然后，为方便 EMT 解算等效电路形成，进一步将式（3-46）转换为如式（3-47）所示的短路导纳参数方程，对应 PET 二端口等效模型如图 3-9 所示。

$$\begin{bmatrix} i_{\text{IN}}^{\text{SST}} \\ i_{\text{OUT}}^{\text{SST}} \end{bmatrix} = \begin{bmatrix} \dfrac{1}{h_{11}^{\text{PET}}} & -\dfrac{h_{12}^{\text{PET}}}{h_{11}^{\text{PET}}} \\ \dfrac{h_{21}^{\text{PET}}}{h_{11}^{\text{PET}}} & \dfrac{h_{11}^{\text{PET}} h_{22}^{\text{PET}} - h_{12}^{\text{PET}} h_{21}^{\text{PET}}}{h_{11}^{\text{PET}}} \end{bmatrix} \begin{bmatrix} u_{\text{IN}}^{\text{PET}} \\ u_{\text{OUT}}^{\text{PET}} \end{bmatrix} + \begin{bmatrix} -\dfrac{1}{h_{11}^{\text{PET}}} \cdot u_{\text{IN\_OC}}^{\text{PET}} \\ i_{\text{OUT\_SC}}^{\text{PET}} - \dfrac{h_{21}^{\text{PET}}}{h_{11}^{\text{PET}}} \cdot u_{\text{IN\_OC}}^{\text{PET}} \end{bmatrix}$$

$$= \begin{bmatrix} Y_{11}^{\text{PET}} & Y_{12}^{\text{PET}} \\ Y_{12}^{\text{PET}} & Y_{22}^{\text{PET}} \end{bmatrix} \begin{bmatrix} u_{\text{IN}}^{\text{PET}} \\ u_{\text{OUT}}^{\text{PET}} \end{bmatrix} + \begin{bmatrix} i_{\text{SC1}}^{\text{PET}} \\ i_{\text{SC2}}^{\text{PET}} \end{bmatrix}$$

$$\tag{3-47}$$

对于其他 PET 拓扑连接方式，本章所提参数转换方法仍旧适用。只需要根据各模块共用变量选择合适的参数类型，见表 3-2。然后，类似于式（3-43）～式（3-47）的转换过程，即可直接通过参数求和，获得 PET 二端口等效模型的等效参数。

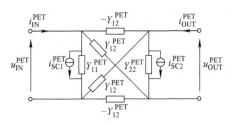

图 3-9　DAB 型 PET 二端口等效模型

表 3-2　不同 PET 拓扑连接方式适用的参数矩阵

拓扑连接方式	共用变量	参数矩阵	换流器参数矩阵表达式
ISOS	i_{IN} 和 i_{OUT}	开路阻抗参数，Z	$\boldsymbol{Z} = \sum_{i=1}^{N} \boldsymbol{Z}_i$
ISOP	i_{IN} 和 u_{OUT}	混合参数，H	$\boldsymbol{H} = \sum_{i=1}^{N} \boldsymbol{H}_i$
IPOS	u_{IN} 和 i_{OUT}	逆混合参数，G	$\boldsymbol{G} = \sum_{i=1}^{N} \boldsymbol{G}_i$
IPOP	u_{IN} 和 u_{OUT}	短路导纳参数，Y	$\boldsymbol{Y} = \sum_{i=1}^{N} \boldsymbol{Y}_i$

3.2.5　内部信息反解更新

将图 3-9 所示 PET 二端口等效模型与外电路结合，进行 EMT 解算之后，可获得其端口电压电流 u_{IN}^{PET}、u_{OUT}^{PET}、i_{IN}^{PET}、i_{OUT}^{PET}。为了进行下一步长的迭代计算，需要利用 PET 端口电气量对各模块内部节点电压进行更新。

首先，计算 DAB 模块外端口节点电压、电流。

由于 DAB 模块按照 ISOP 形式级联，串联侧电流 i_{IN} 和并联侧电压 u_{OUT} 与 PET 端口一致，如式（3-43）所示。其串联侧电压 u_N 和并联侧电流 i_{OUT} 可由式（3-45）计算获得，需要在等效电路计算过程中对各模块 H 参数进行存储。

其次，需要完成 DAB 模块内部电气信息的更新，包含对变压器端口电压的求解。

记 $\boldsymbol{u} = [u_{IN}, u_{OUT}]^T = \boldsymbol{u}_C = [u_{C1}, u_{C2}]^T$，即 DAB 端口电容电压，此时，内部变压器电压可认为由电容电压 u_{C1}、u_{C2} 和变压器历史电流 j_{T1}、j_{T2} 共同作用产生，可根据叠加定理分别分析。

仅考虑 j_{T1} 和 j_{T2} 的作用效果，其等效电路与图 3-7 相同，由式（3-34）和式（3-35）可知

$$\begin{bmatrix} u_{T1} \\ u_{T2} \end{bmatrix} = \boldsymbol{M}_1 \begin{bmatrix} j_{T1} \\ j_{T2} \end{bmatrix} \tag{3-48}$$

仅考虑 u_1、u_2 的作用时，子单元 1、2 和 4、5 可等效为从 H 桥交流端口看入的单端口电路（电容电压恒定）。其诺顿等效电导为独立源置零时的导纳值，由 3.2.2 节中的分析可知，导纳值为 Y_{AC}^H。其戴维南等效电压为 H 桥交流侧电流为 0 时的电压值，等效电路如图 3-10 左下图所示，记为 u_{OC1} 和 u_{OC2}。

$$\begin{bmatrix} u_{OC1} \\ u_{OC2} \end{bmatrix} = \frac{G_{ON} - G_{OFF}}{G_{ON} + G_{OFF}} \cdot \begin{bmatrix} K_{C\_H} & 0 \\ 0 & K_{C\_L} \end{bmatrix} \cdot \begin{bmatrix} u_{C1} \\ u_{C2} \end{bmatrix} = Y_{AC}^H \cdot \begin{bmatrix} i_{OC1} \\ i_{OC2} \end{bmatrix} \quad (3\text{-}49)$$

式中，K_{C_H} 和 K_{C_L} 为符号函数，可由式（3-38）和式（3-39）获得；i_{OC1} 和 i_{OC2} 为诺顿等效电流源。

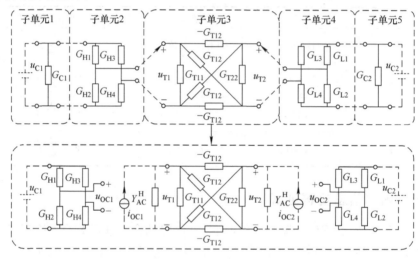

图 3-10 变压器电压分析图

类似式（3-34）和式（3-35），同样有

$$\begin{bmatrix} u_{T1} \\ u_{T2} \end{bmatrix} = M_1 \begin{bmatrix} i_{OC1} \\ i_{OC2} \end{bmatrix} = M_1 \cdot Y_{AC}^H \cdot \begin{bmatrix} u_{OC1} \\ u_{OC2} \end{bmatrix} = -M_3 \begin{bmatrix} K_{C\_H} & 0 \\ 0 & K_{C\_L} \end{bmatrix} \begin{bmatrix} u_{C1} \\ u_{C2} \end{bmatrix} \quad (3\text{-}50)$$

结合式（3-45）和式（3-50），DAB 模块变压器端口电压更新表达式为

$$\begin{bmatrix} u_{T1} \\ u_{T2} \end{bmatrix} = M_1 \begin{bmatrix} j_{T1} \\ j_{T2} \end{bmatrix} - M_3 \begin{bmatrix} K_{C\_H} & 0 \\ 0 & K_{C\_L} \end{bmatrix} \begin{bmatrix} u_{C1} \\ u_{C2} \end{bmatrix} \quad (3\text{-}51)$$

3.3 等效建模方法的适用性扩展

为了实现不同能量形态的电能变换和不同场景的特定需求，PET 功率模块的拓扑类型复杂多样，如图 1-2 ~ 图 1-6 所示。本节将着重分析基于参数转换的等效算法对于 SAB 和 CHB – DAB 功率模块构成 PET 的适用性。针对 MAB，由于参数转换算法的推导较为复杂，不建议采用此方法，其等效建模方法将在后续章节给出。

3.3.1　SAB 型 PET 的等效建模

1. 拓扑结构

SAB 模块拓扑结构如图 3-11 所示，常用于光伏、风电等直流电源的高增益、大规模并网，采用 IPOS 的模块级联方式。

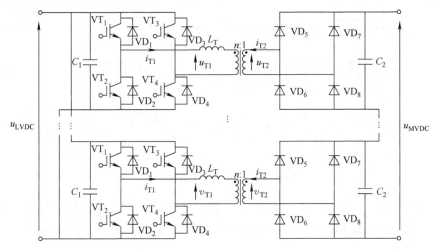

图 3-11　SAB 型 PET 拓扑

相比于 DAB 变换器，SAB 只传输单向功率，因此，输出侧采用不控整流桥，输入侧常用控制方式为变占空比控制，IGBT 触发信号同桥臂互补，VT_1 和 VT_3 的触发信号相差 180°，如图 3-12 所示。通过调节 VT_1 触发信号 T_1 的占空比 d_P，可以实现功率控制。同时，变压器一次电压 u_{T1} 仅由 IGBT 触发信号决定。

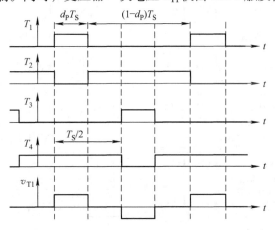

图 3-12　SAB 触发信号图

2. 工作原理

随着占空比 d_P 的变化，SAB 变换器有两种工作模式，分别为连续导通模式（continuous conduction mode，CCM）和非连续导通模式（discontinuous conduction mode，DCM），如图 3-13 所示。

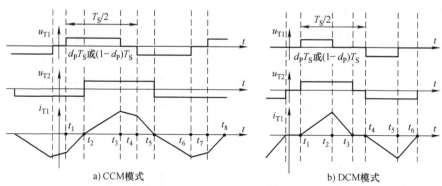

a) CCM模式 b) DCM模式

图 3-13 不同模式工作波形图

其中，i_{T1} 为流过辅助电感的电流，其正负决定了不控整流桥二极管的导通情况。这两种工作模式有明显区别：CCM 模式电感电流连续，DCM 模式电感电流有断续情况。

由于在一个周期内，电感电流波形呈现对称特征，因此，本节分别选取两种模式的半周期进行分析，其不同阶段电流流通路径如图 3-14 所示。

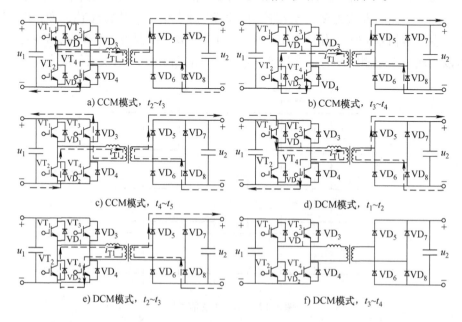

a) CCM模式，$t_2 \sim t_3$ b) CCM模式，$t_3 \sim t_4$

c) CCM模式，$t_4 \sim t_5$ d) DCM模式，$t_1 \sim t_2$

e) DCM模式，$t_2 \sim t_3$ f) DCM模式，$t_3 \sim t_4$

图 3-14 不同阶段电流流通路径图

（1）CCM 模式　针对如图 3-13a 所示 CCM 模式，取 $t_2 \sim t_5$ 时间段进行分析。此时流过电感的电流 $i_{T1} > 0$，所以 VD$_5$ 和 VD$_8$ 始终导通，VD$_6$ 和 VD$_7$ 始终关断，SAB 的输出电压恒为 u_2。

在 $t_2 \sim t_3$ 时间内，触发 VT$_1$ 和 VT$_4$，此时电容经 VT$_1$ 和 VT$_4$ 向电感充电，电流路径如图 3-14a 所示，电感储能增加，电流表达式为

$$i_{T1}(t) = \frac{u_1 - Nu_2}{L_T}(t - t_2) \tag{3-52}$$

在 $t_3 \sim t_4$ 时间内，触发 VT$_2$ 和 VT$_4$，此时电流经 VD$_2$ 和 VT$_4$ 构成回流，路径如图 3-14b 所示，电感储能减小，电流表达式为

$$i_{T1}(t) = i_{T1}(t_3) - \frac{Nu_2}{L_T}(t - t_3) \tag{3-53}$$

在 $t_4 \sim t_5$ 时间内，触发 VT$_2$ 和 VT$_3$，此时电感经 VD$_2$ 和 VD$_3$ 向电容放电，路径如图 3-14c 所示，电感储能减小，电流表达式为

$$i_{T1}(t) = i_{T1}(t_4) - \frac{u_1 + Nu_2}{L_T}(t - t_4) \tag{3-54}$$

（2）DCM 模式　针对如图 3-13b 所示 DCM 模式，取 $t_1 \sim t_4$ 时间段进行分析。在 $t_1 \sim t_3$ 阶段，与 CCM 类似，对于右侧不控整流桥，同样有：VD$_5$ 和 VD$_8$ 导通，VD$_6$ 和 VD$_7$ 关断，变压器二次电压为 u_2。

DCM 模式的 $t_1 \sim t_2$ 和 $t_2 \sim t_3$ 阶段分别于 CCM 模式的 $t_2 \sim t_3$ 和 $t_3 \sim t_4$ 阶段类似，其电流流通路径如图 3-14d、f 所示，电流表达式与式（3-52）和式（3-53）一致。

3. 等效建模原理

在 SAB 等效建模方面，当采用二值电阻进行等效建模处理时，SAB 不控整流桥中二极管的开关状态由流过它的电流决定。在 PSCAD 仿真中，通过对二极管电流过零点所在步长进行插值计算，实现对实际开关过程的精确仿真。插值过程涉及 EMT 解算过程的回溯和节点导纳矩阵重构，一方面，会大幅降低详细模型的仿真效率，另一方面，无法适用于定步长的仿真和实时仿真。因此，本节在 SAB 工作模式及电压电流特性分析基础上，提出了一种不需要插值的基于过零点预计算的 SAB 建模仿真方法[8]。

同时，SAB 通常按照 IPOS 形式级联形成 PET，本节对 3.2 节 PET 等效电路构建过程进行扩展，提出适用于 IPOS 模块级联的等效电路获取方法。

对于 CCM 模式，由图 3-12 和图 3-13a 可知，在一个周期内，t_1 可以通过检测 VT$_1$ 触发脉冲的上升沿获得。由电流波形的对称性可知

$$\begin{cases} i(t_1) = -i(t_4) \\ t_4 - t_1 = T_S/2 \end{cases} \tag{3-55}$$

设 $t_2 - t_1 = XT_S$，且电容电压 u_1 和 u_2 在一个周期内近似恒定，记为 U_1 和

U_2，则根据式（3-52）~式（3-54）可得

$$X \cdot \frac{U_1 + NU_2}{L_T} = \frac{U_1 - NU_2}{L_T}(d_P - X) - \frac{N \cdot U_2}{L_T}\left(\frac{1}{2} - d_P\right) \qquad (3\text{-}56)$$

解得

$$X = \frac{d_P}{2} - \frac{NU_2}{4U_1} \qquad (3\text{-}57)$$

所以电流过零点表达式为

$$\begin{cases} t_2 = t_1 + (t_2 - t_1) = t_1 + \left(\dfrac{d_P}{2} - \dfrac{NU_2}{4U_1}\right)T_S \\ t_5 = t_2 + T_S/2 \end{cases} \qquad (3\text{-}58)$$

同理，对于如图 3-13b 所示 DCM 模式，电流过零点 t_3 和 t_6 表达式为

$$\begin{cases} t_3 = t_1 + \dfrac{U_1}{NU_2}d_P T_S \\ t_6 = t_3 + T_S/2 \end{cases} \qquad (3\text{-}59)$$

由于不同模式电流过零点表达式不同，因此，还需对 SAB 进行工作模式识别。由图 3-13 可知，两种模式的边界条件为：对于 CCM 模式 $t_2 - t_1 = 0$，对于 DCM 模式 $t_4 - t_3 = 0$。令式（3-57）中 $X = 0$，解得临界占空比为

$$d_{P\_lim} = \frac{1}{2} \cdot \frac{NU_2}{U_1} \qquad (3\text{-}60)$$

当 $d_P > d_{P\_lim}$ 时，SAB 工作于 CCM 模式，当 $d_P < d_{P\_lim}$ 时，工作于 DCM 模式。

综上，基于电流过零点预计算的不控整流桥等效过程如图 3-15 所示。

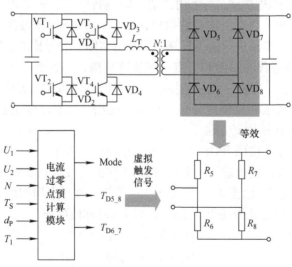

图 3-15　不控整流桥等效过程图

其中，电流过零点预计算模块通过相应的输入，生成不控整流桥二极管的虚拟触发信号 $T_{\text{D5\_8}}$ 和 $T_{\text{D6\_7}}$（0 或 1），与 SAB 变换器的不控整流桥电路结构结合，将对应位置的二极管用二值电阻等效。

该方法同样适用于包含 LC、LLC 等谐振腔的 SAB 拓扑，只需根据相应拓扑建立对应电感电流表达式，分析模式分界条件，求取电流过零点，对式（3-58）~式（3-60）做更新即可。

需要注意的是，上述等效方法仍是一种定步长的仿真方法，即二极管的过零点仍处于仿真步长整数倍处，相比于使用插值的详细模型仿真，仍存在一定误差，且仿真步长越小，误差越小。由于 SAB 的高频特性，其仿真步长一般设置为 $1\sim5\mu s$，固有仿真步长较小，在仿真精度要求较高场合，可通过适当缩小仿真步长的方法，实现对详细模型的准确等效。

通过上述等效建模过程，SAB 模块引入虚拟控制信号，具备了与 DAB 模块相同的全控特性，采用 3.2 节所提等效建模方法对其进行处理，不再

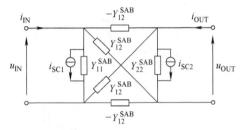

图 3-16　SAB 模块二端口等效电路

重复叙述，其模块等效电路与 DAB 相同，如图 3-16 和式（3-61）所示。

$$\begin{bmatrix} i_{\text{IN}} \\ i_{\text{OUT}} \end{bmatrix} = \begin{bmatrix} Y_{11}^{\text{SAB}} & Y_{12}^{\text{SAB}} \\ Y_{12}^{\text{SAB}} & Y_{22}^{\text{SAB}} \end{bmatrix} \begin{bmatrix} u_{\text{IN}} \\ u_{\text{OUT}} \end{bmatrix} + \begin{bmatrix} i_{\text{SC1}} \\ i_{\text{SC2}} \end{bmatrix} \tag{3-61}$$

SAB 型 PET 采用 IPOS 形式进行模块级联，各模块共用输入侧电压 u_{IN} 和输出侧电流 i_{OUT}，由表 3-1，应使用逆混合参数（G 参数）进行 PET 等效参数计算。

首先，将式（3-61）所示 SAB 的 Y 参数端口方程转化为 G 参数端口方程：

$$\begin{bmatrix} i_{\text{IN}} \\ u_{\text{OUT}} \end{bmatrix} = \begin{bmatrix} \dfrac{\Delta Y}{Y_{22}^{\text{SAB}}} & \dfrac{Y_{12}^{\text{SAB}}}{Y_{22}^{\text{SAB}}} \\[2mm] -\dfrac{Y_{12}^{\text{SAB}}}{Y_{22}^{\text{SAB}}} & \dfrac{1}{Y_{22}^{\text{SAB}}} \end{bmatrix} \begin{bmatrix} u_{\text{IN}} \\ i_{\text{OUT}} \end{bmatrix} + \begin{bmatrix} i_{\text{SC1}} - \dfrac{Y_{12}^{\text{SAB}}}{Y_{22}^{\text{SAB}}} \cdot i_{\text{SC2}} \\[2mm] -\dfrac{1}{Y_{22}^{\text{SAB}}} i_{\text{SC2}} \end{bmatrix}$$

$$= \begin{bmatrix} g_{11} & g_{12} \\ g_{21} & g_{22} \end{bmatrix} \begin{bmatrix} u_{\text{IN}} \\ i_{\text{OUT}} \end{bmatrix} + \begin{bmatrix} i_{\text{IN\_SC}} \\ u_{\text{OUT\_OC}} \end{bmatrix} = \boldsymbol{G} \cdot \begin{bmatrix} u_{\text{IN}} \\ i_{\text{OUT}} \end{bmatrix} + \boldsymbol{S} \tag{3-62}$$

式中，$\Delta Y = Y_{11}^{\text{SAB}} Y_{22}^{\text{SAB}} - Y_{12}^{\text{SAB}} Y_{12}^{\text{SAB}}$。

然后，可直接对各模块参数矩阵 $\boldsymbol{G}$ 和端口电源列向量 $\boldsymbol{S}$ 进行求和，获得 PET 对应 G 参数方程

$$\begin{bmatrix} i_{\mathrm{IN}}^{\mathrm{PET}} \\ u_{\mathrm{OUT}}^{\mathrm{PET}} \end{bmatrix} = \begin{bmatrix} \sum_{k=1}^{N} i_{\mathrm{IN}}^{k} \\ \sum_{k=1}^{N} u_{\mathrm{OUT}}^{k} \end{bmatrix} = \sum_{k=1}^{N} \boldsymbol{G}_i \cdot \begin{bmatrix} u_{\mathrm{IN}}^{k} \\ i_{\mathrm{OUT}}^{k} \end{bmatrix} + \sum_{k=1}^{N} \boldsymbol{S}_i = \begin{bmatrix} g_{11}^{\mathrm{PET}} & g_{12}^{\mathrm{PET}} \\ g_{21}^{\mathrm{PET}} & g_{22}^{\mathrm{PET}} \end{bmatrix} \begin{bmatrix} u_{\mathrm{IN}}^{\mathrm{PET}} \\ i_{\mathrm{OUT}}^{\mathrm{PET}} \end{bmatrix} + \begin{bmatrix} i_{\mathrm{IN\_SC}}^{\mathrm{PET}} \\ u_{\mathrm{OUT\_OC}}^{\mathrm{PET}} \end{bmatrix}$$

$$(3\text{-}63)$$

式中，N 为 DAB 模块数；$u_{\mathrm{IN}}^{\mathrm{PET}}$、$u_{\mathrm{OUT}}^{\mathrm{PET}}$、$i_{\mathrm{IN}}^{\mathrm{PET}}$、$i_{\mathrm{OUT}}^{\mathrm{PET}}$ 分别为 PET 输入输出端口电压电流。然后，为方便 EMT 解算等效电路形成，进一步将式（3-63）转换为如式（3-64）所示的短路导纳参数方程，对应 SAB 型 PET 二端口等效模型与 3.2 节图 3-9 所示 DAB 型 PET 二端口等效模型相同。

$$\begin{bmatrix} i_{\mathrm{IN}}^{\mathrm{PET}} \\ i_{\mathrm{OUT}}^{\mathrm{PET}} \end{bmatrix} = \begin{bmatrix} \dfrac{\Delta G}{g_{22}^{\mathrm{PET}}} & \dfrac{g_{12}^{\mathrm{PET}}}{g_{22}^{\mathrm{PET}}} \\[2mm] \dfrac{g_{12}^{\mathrm{PET}}}{g_{22}^{\mathrm{PET}}} & \dfrac{1}{g_{22}^{\mathrm{PET}}} \end{bmatrix} \begin{bmatrix} u_{\mathrm{IN}}^{\mathrm{PET}} \\ u_{\mathrm{OUT}}^{\mathrm{PET}} \end{bmatrix} + \begin{bmatrix} i_{\mathrm{IN\_SC}}^{\mathrm{PET}} - \dfrac{g_{12}^{\mathrm{PET}}}{g_{22}^{\mathrm{PET}}} \cdot u_{\mathrm{OUT\_OC}}^{\mathrm{PET}} \\[2mm] -\dfrac{1}{g_{22}^{\mathrm{PET}}} \cdot u_{\mathrm{OUT\_OC}}^{\mathrm{PET}} \end{bmatrix}$$

$$= \begin{bmatrix} Y_{11}^{\mathrm{PET}} & Y_{12}^{\mathrm{PET}} \\ Y_{12}^{\mathrm{PET}} & Y_{22}^{\mathrm{PET}} \end{bmatrix} \begin{bmatrix} u_{\mathrm{IN}}^{\mathrm{PET}} \\ u_{\mathrm{OUT}}^{\mathrm{PET}} \end{bmatrix} + \begin{bmatrix} i_{\mathrm{SC1}}^{\mathrm{PET}} \\ i_{\mathrm{SC2}}^{\mathrm{PET}} \end{bmatrix} \qquad (3\text{-}64)$$

式中，$\Delta G = G_{11}^{\mathrm{PET}} G_{22}^{\mathrm{PET}} - G_{12}^{\mathrm{PET}} G_{21}^{\mathrm{PET}}$。

3.3.2 CHB - DAB 型 PET 的等效建模

CHB - DAB 模块在 DAB 左侧增加了半桥或全桥结构，构成 CHB 级，如图 1-4所示。本节以较为复杂的全桥型 CHB - DAB 进行算法推广，拓扑结构如图 3-17 所示。

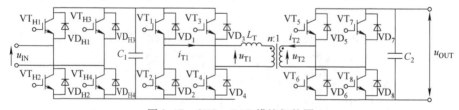

图 3-17　CHB - DAB 模块拓扑图

在启动充电与直流故障下，为保护电力电子元器件及模块内部的电容、高频变压器等设备，CHB - DAB 除正常工作模式外，还包含闭锁过程，具体分为解锁、部分闭锁和全部闭锁三种情况，该过程的模拟在第 7 章详细阐述。由于 CHB - DAB 各模块间采用 ISOP 形式连接方式，与 DAB 完全一致，因此，本节针对 CHB - DAB 的电磁暂态等效建模主要关注于非闭锁工况下模块等效电路的构建过程。

与 DAB 模块类似，CHB - DAB 也满足二端口特性，因此，其等效电路的求解也可转化为对二端口 Y 参数方程 5 个参数的求解。下面使用 3.2 节的参数转换方法获取其等效参数。

1. Y 参数矩阵获取

视 CHB 级的 H 桥为子单元 1，DAB 等效电路为子单元 2。当 DAB 模块转移导纳 $y_{12} = y_{21} \neq 0$ 时，可由表 3-1 得 DAB 模块 T 参数矩阵为

$$T^{\mathrm{DAB}} = \begin{bmatrix} -\dfrac{y_{11}}{y_{12}} & \dfrac{1}{y_{12}} \\ \dfrac{\Delta Y}{y_{12}} & -\dfrac{y_{22}}{y_{12}} \end{bmatrix} \tag{3-65}$$

式中，$\Delta Y = y_{11}y_{22} - y_{12}y_{21}$。

由式（3-21）可知，当 CHB 级 H 桥 $T_{\mathrm{H1}} \neq T_{\mathrm{H3}}$ 时

$$T^1 = K_{\mathrm{H}} \begin{bmatrix} \dfrac{G_{\mathrm{ON}} + G_{\mathrm{OFF}}}{G_{\mathrm{ON}} - G_{\mathrm{OFF}}} & \dfrac{2}{G_{\mathrm{OFF}} - G_{\mathrm{ON}}} \\ \dfrac{2G_{\mathrm{ON}}G_{\mathrm{OFF}}}{G_{\mathrm{OFF}} - G_{\mathrm{ON}}} & \dfrac{G_{\mathrm{ON}} + G_{\mathrm{OFF}}}{G_{\mathrm{ON}} - G_{\mathrm{OFF}}} \end{bmatrix} = K_{\mathrm{H}} T^{\mathrm{H}} \tag{3-66}$$

此时 CHB – DAB 模块 T 参数矩阵为

$$T^{\mathrm{CHB}} = T^{\mathrm{DAB}} T^1 = K_{\mathrm{H}} T^{\mathrm{DAB}} T^{\mathrm{H}} = K_{\mathrm{H}} T^{\mathrm{Const}} \tag{3-67}$$

式中，K_{H} 为符号函数，T^{Const} 为常数矩阵如下：

$$\begin{cases} K_{\mathrm{H}} = \begin{cases} 1, & T_{\mathrm{H1}} = 1, \text{且 } T_{\mathrm{H1}} \neq T_{\mathrm{H3}} \\ -1, & T_{\mathrm{H1}} = 0, \text{且 } T_{\mathrm{H1}} \neq T_{\mathrm{H3}} \end{cases} \\ T^{\mathrm{Const}} = \begin{bmatrix} \dfrac{y_{11}(G_{\mathrm{ON}} + G_{\mathrm{OFF}}) + 2G_{\mathrm{ON}}G_{\mathrm{OFF}}}{y_{12}(G_{\mathrm{OFF}} - G_{\mathrm{ON}})} & -\dfrac{2y_{11} + (G_{\mathrm{ON}} + G_{\mathrm{OFF}})}{y_{12}(G_{\mathrm{OFF}} - G_{\mathrm{ON}})} \\ -\dfrac{\Delta Y(G_{\mathrm{ON}} + G_{\mathrm{OFF}}) + 2y_{22}G_{\mathrm{ON}}G_{\mathrm{OFF}}}{y_{12}(G_{\mathrm{OFF}} - G_{\mathrm{ON}})} & \dfrac{2\Delta Y + y_{22}(G_{\mathrm{ON}} + G_{\mathrm{OFF}})}{y_{12}(G_{\mathrm{OFF}} - G_{\mathrm{ON}})} \end{bmatrix} \end{cases} \tag{3-68}$$

进而，由表 3-1 可得 Y 参数矩阵为

$$Y^{\mathrm{CHB}} = \begin{bmatrix} -\dfrac{T^{\mathrm{Const}}_{11}}{T^{\mathrm{Const}}_{11}} & K_{\mathrm{CHB}} \dfrac{1}{T^{\mathrm{Const}}_{12}} \\ K_{\mathrm{CHB}} \dfrac{1}{T^{\mathrm{Const}}_{12}} & -\dfrac{T^{\mathrm{Const}}_{22}}{T^{\mathrm{Const}}_{12}} \end{bmatrix} = \begin{bmatrix} y^{\mathrm{CHB}}_{11} & y^{\mathrm{CHB}}_{12} \\ y^{\mathrm{CHB}}_{12} & y^{\mathrm{CHB}}_{22} \end{bmatrix}$$

$$= \begin{bmatrix} \dfrac{y_{11}(G_{\mathrm{ON}} + G_{\mathrm{OFF}}) + 2G_{\mathrm{ON}}G_{\mathrm{OFF}}}{2y_{11} + (G_{\mathrm{ON}} + G_{\mathrm{OFF}})} & K_{\mathrm{H}} \cdot \dfrac{y_{12}(G_{\mathrm{ON}} - G_{\mathrm{OFF}})}{2y_{11} + (G_{\mathrm{ON}} + G_{\mathrm{OFF}})} \\ K_{\mathrm{H}} \cdot \dfrac{y_{12}(G_{\mathrm{ON}} - G_{\mathrm{OFF}})}{2y_{11} + (G_{\mathrm{ON}} + G_{\mathrm{OFF}})} & y_{22} - \dfrac{2y_{12}^2}{2y_{11} + (G_{\mathrm{ON}} + G_{\mathrm{OFF}})} \end{bmatrix} \tag{3-69}$$

当 CHB 级 H 桥 $T_{H1} = T_{H3}$ 时，由 3.2 节可知，CHB – DAB 转移阻抗 $y_{12}^{CHB} = 0$，交流端口输入阻抗 $y_{11}^{CHB} = \dfrac{G_{ON} + G_{OFF}}{2}$，且 H 桥直流端口输入阻抗为 $y_{22}^{H\_DC} = \dfrac{2G_{ON}G_{OFF}}{G_{ON} + G_{OFF}}$。

为求此时 CHB – DAB 模块直流端口输入阻抗 y_{22}^{CHB}，由输入阻抗定义，可将 H 桥替换为二端口电路 X，设其 Y 参数矩阵为

$$\boldsymbol{Y}_X = \begin{bmatrix} y_{11}^X & y_{12}^X \\ y_{12}^X & y_{22}^X \end{bmatrix} \tag{3-70}$$

且满足

$$\begin{cases} y_{22}^X = y_{22}^{H\_DC} \\ y_{12}^X \neq 0 \end{cases} \tag{3-71}$$

则此时 X – DAB 电路的直流端口输出阻抗与 CHB – DAB 一致，类似式（3-65）~ 式（3-69）可求

$$y_{22}^{CHB} = y_{22} - \frac{y_{12}^2}{y_{11} + y_{22}^{H\_DC}} = y_{22} - \frac{y_{12}^2(G_{ON} + G_{OFF})}{y_{11}(G_{ON} + G_{OFF}) + 2G_{ON}G_{OFF}} \tag{3-72}$$

当 DAB 模块转移导纳 $y_{12} = 0$ 时，其 T 参数矩阵不存在，此时，CHB – DAB 转移阻抗 $y_{12}^{CHB} = 0$，直流端口输入阻抗为 $y_{22}^{CHB} = y_{22}$，交流端口输入阻抗 y_{11}^{CHB} 的求解不受影响，与式（3-65）~ 式（3-69）一致。

综上，CHB – DAB 模块的等效 Y 参数矩阵表达式为

$$\begin{cases} y_{11}^{CHB} = K_7 \cdot \dfrac{y_{11}(G_{ON} + G_{OFF}) + 2G_{ON}G_{OFF}}{2y_{11} + (G_{ON} + G_{OFF})} + \overline{K_7} \cdot \dfrac{G_{ON} + G_{OFF}}{2} \\ y_{12}^{CHB} = K_6 \cdot \dfrac{y_{12}(G_{ON} - G_{OFF})}{2y_{11} + (G_{ON} + G_{OFF})} \\ y_{22}^{CHB} = y_{22} - K_7 \cdot \dfrac{2y_{12}^2}{2y_{11} + (G_{ON} + G_{OFF})} - \overline{K_7} \cdot \dfrac{y_{12}^2(G_{ON} + G_{OFF})}{y_{11}(G_{ON} + G_{OFF}) + 2G_{ON}G_{OFF}} \end{cases} \tag{3-73}$$

式中，K_6 和 K_7 为符号函数，可由式（3-74）获得。

$$K_6 = \begin{cases} 1, T_{H1} = T_{H4} = 1 \\ 0, T_{H1} = T_{H3} \\ -1, T_{H1} = T_{H4} = 0 \end{cases} ; K_7 = \begin{cases} 1, T_{H1} = T_{H4} \\ 0, T_{H1} = T_{H3} \end{cases} \tag{3-74}$$

2. 端口短路电流列向量获取

将 CHB – DAB 输入输出端口短路，则从 H 桥直流侧看入，其等效电导为

$$G_{\mathrm{eq\_H}} = \frac{K_7 \cdot (G_{\mathrm{ON}} + G_{\mathrm{OFF}})^2 + \overline{K_7} \cdot 4G_{\mathrm{ON}}G_{\mathrm{OFF}}}{2(G_{\mathrm{ON}} + G_{\mathrm{OFF}})} \tag{3-75}$$

从 DAB 输入端口看入，其等效导纳为 y_{11}，因此，CHB – DAB 端口短路电流可由图 3-18 计算。

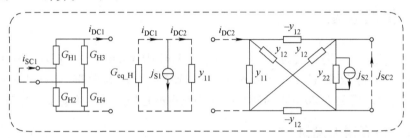

图 3-18　CHB – DAB 端口短路电流计算图

对左侧电路解 KVL 方程可得

$$i_{\mathrm{SC1}} = \frac{K_6(G_{\mathrm{ON}}^2 - G_{\mathrm{OFF}}^2)}{K_7(G_{\mathrm{ON}} + G_{\mathrm{OFF}})^2 + \overline{K_7} \cdot 4G_{\mathrm{ON}}G_{\mathrm{OFF}}} \cdot i_{\mathrm{DC1}} \tag{3-76}$$

对中间电路解 KVL 方程可得

$$\begin{cases} i_{\mathrm{DC1}} = \dfrac{K_7(G_{\mathrm{ON}} + G_{\mathrm{OFF}})^2 + \overline{K_7} \cdot 4G_{\mathrm{ON}}G_{\mathrm{OFF}}}{2y_{11}(G_{\mathrm{ON}} + G_{\mathrm{OFF}}) + K_7(G_{\mathrm{ON}} + G_{\mathrm{OFF}})^2 + \overline{K_7} \cdot 4G_{\mathrm{ON}}G_{\mathrm{OFF}}} \cdot j_{\mathrm{S1}} \\[4mm] i_{\mathrm{DC2}} = -\dfrac{2y_{11}(G_{\mathrm{ON}} + G_{\mathrm{OFF}})}{2y_{11}(G_{\mathrm{ON}} + G_{\mathrm{OFF}}) + K_7(G_{\mathrm{ON}} + G_{\mathrm{OFF}})^2 + \overline{K_7} \cdot 4G_{\mathrm{ON}}G_{\mathrm{OFF}}} \cdot j_{\mathrm{S1}} \end{cases} \tag{3-77}$$

因此

$$i_{\mathrm{SC1}} = \frac{K_6(G_{\mathrm{ON}}^2 - G_{\mathrm{OFF}}^2)}{2y_{11}(G_{\mathrm{ON}} + G_{\mathrm{OFF}}) + K_7(G_{\mathrm{ON}} + G_{\mathrm{OFF}})^2 + \overline{K_7} \cdot 4G_{\mathrm{ON}}G_{\mathrm{OFF}}} \cdot j_{\mathrm{S1}} \tag{3-78}$$

对于 DAB 侧，此时其 Y 参数方程为

$$\begin{bmatrix} i_{\mathrm{DC2}} \\ i_{\mathrm{SC2}} \end{bmatrix} = \begin{bmatrix} y_{11} & y_{12} \\ y_{12} & y_{22} \end{bmatrix} \cdot \begin{bmatrix} u_{\mathrm{IN}} \\ 0 \end{bmatrix} + \begin{bmatrix} 0 \\ j_{\mathrm{S2}} \end{bmatrix} \tag{3-79}$$

解得

$$i_{\mathrm{SC2}} = \frac{y_{12}}{y_{11}} \cdot i_{\mathrm{DC2}} + j_{\mathrm{S2}} \tag{3-80}$$

结合式（3-77）可得

$$i_{\mathrm{SC2}} = j_{\mathrm{S2}} - \frac{2y_{12}(G_{\mathrm{ON}} + G_{\mathrm{OFF}})}{2y_{11}(G_{\mathrm{ON}} + G_{\mathrm{OFF}}) + K_7(G_{\mathrm{ON}} + G_{\mathrm{OFF}})^2 + \overline{K_7} \cdot 4G_{\mathrm{ON}}G_{\mathrm{OFF}}} \cdot j_{\mathrm{S1}} \tag{3-81}$$

式（3-78）与式（3-81）即为 CHB – DAB 短路电流列向量表达式。

综上，通过参数转换实现了 CHB – DAB 模块 Y 参数矩阵和端口短路电流列向量的获取。

3.4 仿真验证

为验证本章所提算法的有效性，本节在 PSCAD V4.6 中分别搭建了基于 DAB 拓扑的 PET 等效模型（equivalent model，EM）与详细模型（detailed model，DM），仿真环境为 1.80 GHz AMD A8 – 7100 8 核心处理器，仿真步长为 5μs。

3.4.1 仿真精度测试

为验证本章所提等效模型在大规模换流器仿真中的效果，本节以 MMC 换流站为高压输入级，以 DAB 型 PET 为中间级，以光伏（photovoltaic，PV）和固定负载为低压输出级，在 PSCAD/EMTDC 中搭建如图 3-19 所示 MMC – PET 系统。

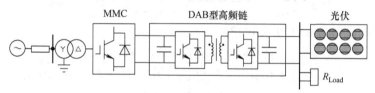

图 3-19 MMC – PET 测试系统示意图

控制方式方面，MMC 换流站采用定直流电压控制，DAB 型 PET 采用定低压直流电压控制，光伏模型采用最大功率跟踪控制。为提高仿真速度，MMC 换流站采用文献［9］所提戴维南等效模型。分别用详细模型与等效模型构建 DAB 型 PET，系统参数见表 3-3。

表 3-3 MMC – PET 系统参数

参数	数值	参数	数值
MMC 换流器子模块数 N_{SM}	10	低压直流电压母线电压 u_{LVDC}/kV	1.5
子模块电容 C_{SM}/mF	10	交流电源电压有效值 U_{ac}/kV	10
DAB 模块数 N_{DAB}	10	等效负荷 R_{load}/Ω	0.9
中压直流母线电压 u_{MVDC}/kV	16	变压器额定容量 S_{tr}/MVA	0.25
变压器杂散电感 L_{tr}/μH	100	变压器变比	1
DAB 输入侧电容 C_{IN}/mF	1	DAB 输出侧电容 C_{OUT}/mF	2

为了测试模型的仿真精度，设置如下系统工况：①$t = 3.5s$ 之前，MMC 充电，高频链闭锁；②$t = 3.5s$ 时，高频链解锁，进入启动过程；③$t = 4s$ 时，PET 系统启动完成，达到稳态；④$t = 5s$ 时，DAB 的输出电压达到 0.8p. u. ；⑤$t = 5.5s$ 时，高压直流母线侧经 0.1Ω 电阻发生双极短路故障，并在 0.003s 后故障

切除；⑥t =6s 时，光伏站替代直流电阻，功率反转。

　　为验证等效模型对系统内外特性的拟合效果，在 1kHz/5μs 下分别测试 MMC – PET 系统的高频变压器一次、二次电压电流以及其传输功率（参考方向取流出 MMC 为正），测试结果如图 3-20 和图 3-21 所示。

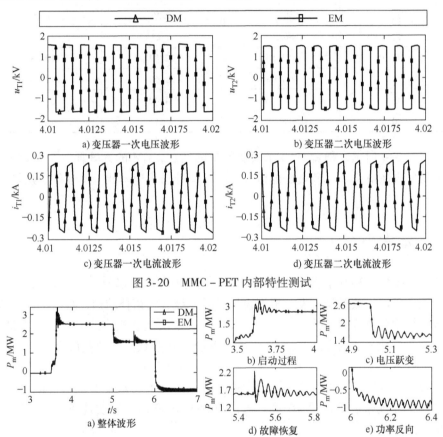

图 3-20　MMC – PET 内部特性测试

图 3-21　MMC – PET 传输功率测试

　　其中，u_{T1}、u_{T2}、i_{T1}、i_{T2} 分别为变压器一次、二次电压电流，图 3-21a 为整体波形，图 3-21b ~ e 分别为启动过程（包括开环和闭环控制）、电压跃变、故障恢复及功率反向过程的局部放大图。各阶段等效模型的平均相对误差为 0.06%，最大相对误差分别为 0.54%、0.40%、0.33%、5.1%。由此可知，在各种工况下，等效模型均可实现对详细模型内外特性的高度拟合。

3.4.2　加速比测试

　　为验证本章所提等效建模方法的仿真效率，本节中搭建模块数分别为 3、5、10、20、50、100 的 2 类 DAB 型 PET 模型，高压侧由直流电压源等效，负荷侧由电阻等效，选取仿真步长为 5μs，系统的仿真时间为 5s，系统参数见表 3-3。测试的仿真用时与加速比（DM 仿真用时/EM 仿真用时）见表 3-4。

表 3-4　仿真效率测试

模块数	DM 仿真用时/s	EM 仿真用时/s	加速比
3	56.27	6.36	8.85
5	86.53	8.24	10.50
10	253.56	12.82	19.78
20	919.08	21.60	42.55
50	6774.18	41.40	163.63
100	23080.35	74.51	309.76

由表 3-4 所示，随着 DAB 子模块数量的增加，DM 的计算耗时呈指数增长，而 EM 呈线性增长。当模块数达到 50 时，EM 的仿真速率比 DM 有 2 个数量级的提升。

3.5　本章小结

本章提出一种基于参数转换的 PET 等效建模方法。以 DAB 型 PET 为例，首先，从变压器等效模型出发，根据模块子单元级联的拓扑结构，给出了利用传输参数特性的模块等效参数获取方法；其次，将模块间连接方式与参数类型结合，以各模块参数累加的方式直接获取 PET 系统等效参数。在此基础上，针对其他类型 PET 拓扑，分析了等效算法的适用性。通过 PSCAD/EMTDC 仿真验证，所提等效建模方法可实现对详细模型的精确拟合，最大误差小于 5%。随着模块数的增加，等效算法优势更加明显。当模块数大于 50 时，可实现对详细模型 2 个数量级的加速。

参 考 文 献

[1] 张科科，齐磊，崔翔，等. 多绕组中频变压器宽频建模方法 [J]. 电网技术，2019，43（2）：582 – 590.

[2] 刘晨. 高压高频变压器宽频建模方法及其应用研究 [D]. 北京：华北电力大学，2017.

[3] 丁江萍. 级联 H 桥型电力电子变压器的电磁暂态高效建模方法 [D]. 北京：华北电力大学，2021.

[4] SALIMI M, GOLE A M, JAYASINGHE R P. Improvement of transformer saturation modeling for electromagnetic transient programs [C]. International Conference on Power Systems Transients（IPST2013），Vancouver，Canada，2013.

[5] GAO C X, FENG M K, DING J P, et al. Accelerated electromagnetic transient（EMT）equiv-

alent model of solid – state transformer ［J］. IEEE Journal of Emerging and Selected Topics in Power Electronics, 2022, 10 (4): 3721 –3732.

［6］高晨祥，孙昱昊，王晗玥，等. 基于二端口网络参数方程的电力电子变压器电磁暂态等效建模方法 ［J/OL］. 电网技术：1 – 13 ［2023 – 04 – 29］. http：//kns. cnki. net/kcms/detail/11. 2410. TM. 20221026. 1341. 002. html.

［7］孙昱昊，许建中. 电力电子变压器电磁暂态并行仿真等效建模方法 ［J/OL］. 电网技术：1 – 14 ［2023 – 04 – 29］. https：//doi. org/10. 13335/j. 1000 – 3673. pst. 2022. 0432.

［8］高晨祥，王晓婷，丁江萍，等. 基于电流过零点预计算的单有源桥变换器等效建模方法 ［J］. 中国电机工程学报，2021，41 (7)：2463 –2474.

［9］XU J Z, DING H, FAN S T, et al. Enhanced high – speed electromagnetic transient simulation of MMC – MTdc grid ［J］. International Journal of Electrical Power & Energy Systems, 2016, 83：7 –14.

第4章
基于高频链端口解耦的 PET 等效建模方法

第 3 章所提基于参数转换的 PET 换流链等效算法，可有效降低对存储与计算资源的需求，但由于涉及的矩阵变换和电路分析较多，当模块拓扑复杂化后，理论推导过程较为烦琐。本章将介绍基于高频链端口解耦的 PET 等效建模方法，利用 Ward 等值思想直接获取单模块等效电路，进而建立相单元的等效模型，实现串并联侧电气量解耦。

4.1 基于 Ward 等值的模块等效电路获取

Ward 等值是一种静态等效，通过将网络节点划分为内部节点与外部节点，进行节点消去，实现网络降阶等效。当其应用于激励恒定的线性时不变系统时，等效是完全严格的，可以保证内部网络及边界节点各种电气量计算的准确性[1]。并且功率模块拓扑越复杂，内部节点数越多，仿真的解算复杂度就越高。本节将采用 Ward 等值获取 PET 功率模块的等效电路模型。为便于理解，本节将首先以双半桥子模块拓扑为例，阐述复杂功率模块的 Ward 等值原理，之后基于该方法，构建 CHB - DAB 型 PET 电磁暂态等效模型。

4.1.1 复杂单端口功率模块

图 2-1 所示为 MMC 拓扑示意图，每个桥臂包含 N 个子模块。除工程中常用的半桥和全桥子模块外，图 4-1 所示的双半桥子模块（double half bridge sub - module，D - HBSM）拓扑，基于 IGBT 并联技术，具备电流应力更小、可实现电容电压自均衡等优良特性，在中低压配网领域中得到广泛关注[2]。本节将以 D - HBSM 为例，介绍 Ward 等值通过内部节点消去获得等效电路的基本原理。具体如下：

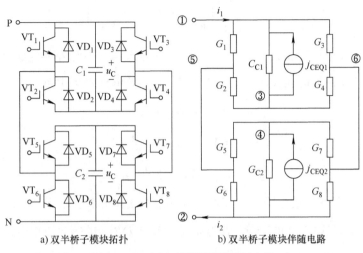

a) 双半桥子模块拓扑　　　　　b) 双半桥子模块伴随电路

图 4-1　双半桥子模块及其伴随电路

在图 4-1 中，规定节点①②为外部节点，节点③④⑤⑥为内部节点，列写节点导纳方程为

$$
\begin{bmatrix}
G_1 + G_3 + G_{C1} & 0 & -G_{C1} & 0 & -G_1 & -G_3 \\
0 & G_6 + G_{C2} + G_8 & 0 & -G_{C2} & -G_6 & -G_8 \\
-G_{C1} & 0 & G_2 + G_4 + G_{C1} & 0 & -G_2 & -G_4 \\
0 & -G_{C2} & 0 & G_5 + G_7 + G_{C2} & -G_5 & -G_7 \\
-G_1 & -G_6 & -G_2 & -G_5 & G_1 + G_2 + G_5 + G_6 & 0 \\
-G_3 & -G_8 & -G_4 & -G_7 & 0 & G_3 + G_4 + G_7 + G_8
\end{bmatrix}
$$

$$
\begin{bmatrix}
u_1 \\ u_2 \\ u_3 \\ u_4 \\ u_5 \\ u_6
\end{bmatrix}
=
\begin{bmatrix}
j_{CEQ1}(t - \Delta T) \\
-j_{CEQ2}(t - \Delta T) \\
-j_{CEQ1}(t - \Delta T) \\
j_{CEQ2}(t - \Delta T) \\
0 \\
0
\end{bmatrix}
+
\begin{bmatrix}
i_1 \\ -i_2 \\ 0 \\ 0 \\ 0 \\ 0
\end{bmatrix}
\tag{4-1}
$$

采用分块矩阵形式列写，如式（4-2）所示

$$\begin{bmatrix} Y_{11} & Y_{12} \\ Y_{21} & Y_{22} \end{bmatrix} \begin{bmatrix} u_{EX} \\ u_{IN} \end{bmatrix} = \begin{bmatrix} j_{EX} \\ j_{IN} \end{bmatrix} + \begin{bmatrix} i_{EX} \\ \mathbf{0} \end{bmatrix} \tag{4-2}$$

为保证模型外特性的一致性，利用 Ward 等值消去不与外部电路连接的内部节点③④⑤⑥，可得到仅含外端子 P_1、N_1 的等效电路表达式为

$$\begin{cases} Y_{EX} \cdot u_{EX} = i_{EX} + j_S \\ Y_{EX} = Y_{11} - Y_{12} \cdot Y_{22}^{-1} \cdot Y_{21} \\ j_S = j_{EX} - Y_{12} \cdot Y_{22}^{-1} \cdot j_{IN} \end{cases} \tag{4-3}$$

式中，Y_{EX} 为等效导纳矩阵，将节点③④⑤⑥的贡献转移到了节点①②上，实现了六阶矩阵向二阶矩阵的降阶。j_S 为体现在节点①②上的等效历史电流源。

Ward 等值消去不会丢失内部节点信息，经过外电路 EMT 解算得到外端子电位后，可利用式（4-4）反解，求得内部节点③④⑤⑥的电压。

$$u_{IN} = Y_{22}^{-1} \cdot (j_{IN} - Y_{21} \cdot u_{EX}) \tag{4-4}$$

由式（4-3）可求得双半桥子模块为单端口电路，故可得功率模块等效电路为单支路，如图 4-2 所示。

双半桥子模块 MMC 等效模型主要程序见附录 B。

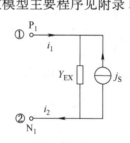

图 4-2　双半桥子模块等效电路

4.1.2　CHB – DAB 功率模块

与 D – HBSM 相比，虽然 CHB – DAB 功率模块含多级电路结构，包含有更多的内部节点，但是同样可以利用 Ward 等值方法进行等效处理。需要注意的是，本节的简化等效仅针对 CHB – DAB 功率模块的非闭锁工况开展，闭锁态部分的仿真将在本书第 7 章进行详细介绍。为简化计算，避免因节点增多导致如式（4-3）和式（4-4）的 Ward 等值过程中出现高阶矩阵运算，本节在外部节点和内部节点基础上，进一步引入边界节点，其本质仍为内部节点。

图 4-3 所示为 CHB – DAB 型 PET 拓扑及功率模块结构，实现了如灰色方框

表示的中压交流（MVAC）端口和低压直流（LVDC）端口之间的功率变换。功率模块包含两级电路：IGBT/二极管开关组（以下简称"开关组"），$S_1 \sim S_4$ 构成实现 AC/DC 变换的 H 桥；电容 C_1、C_2，开关组 $S_5 \sim S_{12}$ 以及高频隔离变压器构成实现 DC/DC 变换的 DAB 变换器。

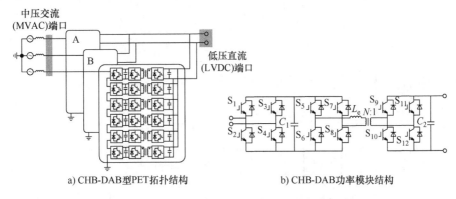

a) CHB-DAB 型 PET 拓扑结构　　　　　b) CHB-DAB 功率模块结构

图 4-3　CHB – DAB 型 PET 拓扑及功率模块结构

根据当前时刻触发信号，每个开关组都等效为导纳为 G_{on} 或 G_{off} 的二值导纳 G_i（$i = 1$，2，$\cdots$，12）。利用梯形积分法对隔离变压器以及电容进行离散化处理，可得 CHB – DAB 功率模块的伴随电路如图 4-4 所示[3]。

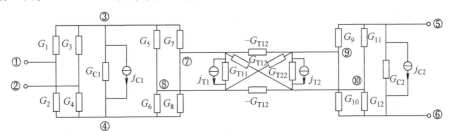

图 4-4　CHB – DAB 功率模块的伴随电路

其中，G_{C1} 和 G_{C2} 为电容 C_1 和 C_2 的诺顿等效电阻，j_{C1} 和 j_{C2} 为诺顿等效历史电流源。

图 4-4 表示的伴随电路共包含 10 个节点。为得到电容 C_1、C_2 端电压的直接耦合关系，规定节点①②为外部节点，③④⑤⑥为边界节点，⑦⑧⑨⑩为内部节点，进行 Ward 等值消去内部节点⑦⑧⑨⑩，可得分块形式的节点电压方程如式（4-5）所示。

$$\begin{bmatrix} \boldsymbol{G}_{11(2\times2)} & \boldsymbol{G}_{12(2\times4)} & \boldsymbol{G}_{13(2\times4)} \\ \boldsymbol{G}_{21(4\times2)} & \boldsymbol{G}_{22(4\times4)} & \boldsymbol{G}_{23(4\times4)} \\ \boldsymbol{G}_{31(4\times2)} & \boldsymbol{G}_{32(4\times4)} & \boldsymbol{G}_{33(4\times4)} \end{bmatrix} \begin{bmatrix} \boldsymbol{u}_{\mathrm{EX}(2\times1)} \\ \boldsymbol{u}_{\mathrm{BD}(4\times1)} \\ \boldsymbol{u}_{\mathrm{IN}(4\times1)} \end{bmatrix} = \begin{bmatrix} \boldsymbol{i}_{\mathrm{EX}(2\times1)} \\ \boldsymbol{i}_{\mathrm{BD}(4\times1)} \\ \boldsymbol{i}_{\mathrm{IN}(4\times1)} \end{bmatrix} \tag{4-5}$$

式中

$$
\begin{cases}
\boldsymbol{u}_{\text{EX}} = \begin{bmatrix} u_1 \\ u_2 \end{bmatrix}, \boldsymbol{u}_{\text{BD}} = \begin{bmatrix} u_3 \\ u_4 \\ u_5 \\ u_6 \end{bmatrix}, \boldsymbol{u}_{\text{IN}} = \begin{bmatrix} u_7 \\ u_8 \\ u_9 \\ u_{10} \end{bmatrix} \\[4mm]
\boldsymbol{i}_{\text{EX}} = \begin{bmatrix} 0 \\ 0 \end{bmatrix}, \boldsymbol{i}_{\text{BD}} = \begin{bmatrix} -j_{\text{C1}} \\ j_{\text{C1}} \\ -j_{\text{C2}} \\ j_{\text{C2}} \end{bmatrix}, \boldsymbol{i}_{\text{IN}} = \begin{bmatrix} -j_{\text{T1}} \\ j_{\text{T1}} \\ -j_{\text{T2}} \\ j_{\text{T2}} \end{bmatrix} \\[4mm]
\boldsymbol{G}_{11} = \begin{bmatrix} G_1 + G_2 & 0 \\ 0 & G_3 + G_4 \end{bmatrix}, \boldsymbol{G}_{12} = \begin{bmatrix} -G_1 & -G_2 & 0 & 0 \\ -G_3 & -G_4 & 0 & 0 \end{bmatrix}, \boldsymbol{G}_{13} = \boldsymbol{0}_{(2\times4)} \\[4mm]
\boldsymbol{G}_{21} = \boldsymbol{G}_{12}^{\text{T}}, \boldsymbol{G}_{22} = \begin{bmatrix} G_1 + G_3 + G_5 + G_7 + G_{\text{C1}} & -G_{\text{C1}} & 0 & 0 \\ -G_{\text{C1}} & G_2 + G_4 + G_6 + G_8 + G_{\text{C1}} & 0 & 0 \\ 0 & 0 & G_9 + G_{11} + G_{\text{C2}} & -G_{\text{C2}} \\ 0 & 0 & -G_{\text{C2}} & G_{10} + G_{12} + G_{\text{C2}} \end{bmatrix} \\[4mm]
\boldsymbol{G}_{23} = \begin{bmatrix} -G_7 & -G_5 & 0 & 0 \\ -G_8 & -G_6 & 0 & 0 \\ 0 & 0 & -G_9 & -G_{11} \\ 0 & 0 & -G_{10} & -G_{12} \end{bmatrix} \\[4mm]
\boldsymbol{G}_{31} = \boldsymbol{G}_{13}^{\text{T}}, \boldsymbol{G}_{32} = \boldsymbol{G}_{23}^{\text{T}}, \boldsymbol{G}_{33} = \begin{bmatrix} G_7 + G_8 + G_{\text{T11}} & -G_{\text{T11}} & G_{\text{T12}} & -G_{\text{T12}} \\ -G_{\text{T11}} & G_5 + G_6 + G_{\text{T11}} & -G_{\text{T12}} & G_{\text{T12}} \\ G_{\text{T12}} & -G_{\text{T12}} & G_9 + G_{10} + G_{\text{T22}} & -G_{\text{T22}} \\ -G_{\text{T12}} & G_{\text{T12}} & -G_{\text{T22}} & G_{11} + G_{12} + G_{\text{T22}} \end{bmatrix}
\end{cases}
$$

$$(4\text{-}6)$$

其中 $u_1 \sim u_6$ 为节点①~⑥的电压。需要注意的是,节点电压和注入电流的值是时变量,这里将函数关系"$u(t)$"简写为"u"。将式(4-6)展开,如式(4-7)所示。

$$
\begin{cases}
\boldsymbol{G}_{11}\boldsymbol{u}_{\text{EX}} + \boldsymbol{G}_{12}\boldsymbol{u}_{\text{BD}} = \boldsymbol{i}_{\text{EX}} & ① \\
\boldsymbol{G}_{21}\boldsymbol{u}_{\text{EX}} + \boldsymbol{G}_{22}\boldsymbol{u}_{\text{BD}} + \boldsymbol{G}_{23}\boldsymbol{u}_{\text{IN}} = \boldsymbol{i}_{\text{BD}} & ② \\
\boldsymbol{G}_{32}\boldsymbol{u}_{\text{BD}} + \boldsymbol{G}_{33}\boldsymbol{u}_{\text{IN}} = \boldsymbol{i}_{\text{IN}} & ③
\end{cases}
$$

$$(4\text{-}7)$$

式中

$$u_{\text{IN}} = G_{33}^{-1}(i_{\text{IN}} - G_{32}u_{\text{BD}}) \tag{4-8}$$

将式（4-8）代入式（4-7）第②式得

$$G_{21}u_{\text{EX}} + (G_{22} - G_{23}G_{33}^{-1}G_{32})u_{\text{BD}} = i_{\text{BD}} - G_{23}G_{33}^{-1}i_{\text{IN}} \tag{4-9}$$

重新将式（4-7）第①式与式（4-9）写成矩阵形式，得到式（4-10），它反映了边界节点的电压和电流关系。可以看出，功率模块的内部节点⑦⑧⑨⑩的贡献通过 Ward 等值以注入电流和等效导纳的形式转移到了边界节点③④⑤⑥，实现了内部节点的消去。

$$\begin{bmatrix} G_{11(2\times2)} & G_{12(2\times4)} \\ G_{21(4\times2)} & G_{22(4\times4)} - G_{23(4\times4)}G_{33(4\times4)}^{-1}G_{32(4\times4)} \end{bmatrix} \begin{bmatrix} u_{\text{EX}(2\times1)} \\ u_{\text{BD}(4\times1)} \end{bmatrix} = \begin{bmatrix} i_{\text{EX}(2\times1)} \\ i_{\text{BD}} - G_{23}G_{33}^{-1}i_{\text{IN}} \end{bmatrix} \tag{4-10}$$

式中，右下角矩阵 $G_{22(4\times4)} - G_{23(4\times4)}G_{33(4\times4)}^{-1}G_{32(4\times4)}$ 和等效注入电流矩阵 $i_{\text{BD}} - G_{23}G_{33}^{-1}i_{\text{IN}}$ 分别具有如式（4-11）和式（4-12）的形式。

$$G_{22(4\times4)} - G_{23(4\times4)}G_{33(4\times4)}^{-1}G_{32(4\times4)} = \begin{bmatrix} G_1 + G_3 + y_1 & -G_{\text{C1}} - y_1 & y_2 & -y_2 \\ -G_{\text{C1}} - y_1 & G_2 + G_4 + y_1 & -y_2 & y_2 \\ y_2 & -y_2 & y_3 & -y_3 \\ -y_2 & y_2 & -y_3 & y_3 \end{bmatrix} \tag{4-11}$$

$$i_{\text{BD}} - G_{23}G_{33}^{-1}i_{\text{IN}} = \begin{bmatrix} -i_{\text{eq\_IN\_1}} \\ i_{\text{eq\_IN\_1}} \\ -i_{\text{eq\_IN\_2}} \\ i_{\text{eq\_IN\_2}} \end{bmatrix} \tag{4-12}$$

上两式中，y_1、y_2、y_3 为内部节点等效到边界节点上的附加导纳；$i_{\text{eq\_IN\_1}}$、$i_{\text{eq\_IN\_2}}$ 为等效注入电流。两个矩阵等效参数计算过程详见附录 C。

4.2　基于高频链端口解耦的 PET 等效模型构建

4.2.1　CHB - DAB 高频链端口解耦模型

为进一步提高 PET 仿真效率，本节对边界节点的高频链端口进行解耦处理，利用两个步长之间高频链端口电容电压不突变的特点，对式（4-10）进行进一步简化[3,4]。CHB - DAB 伴随电路高频链端口解耦图如图 4-5 所示。其中，DAB 级和两侧解耦电路之间通过边界电压、电流信息 i_{C1}、i_{C2}、u_{C1}、u_{C2} 的交互实现互联。

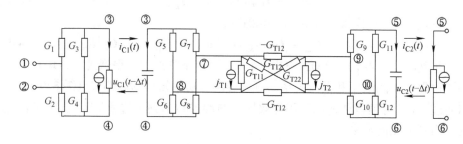

图 4-5   CHB – DAB 伴随电路高频链端口解耦图

由图 4-5 可知，解耦仅针对边界节点③④、⑤⑥处的电容端口，对于变压器节点⑦⑧⑨⑩，已采用内部节点消去处理。

将式（4-11）和式（4-12）代入式（4-9）中，展开得到 t 时刻的代数方程组如下：

$$\begin{cases} -G_1 u_1(t) - G_3 u_2(t) + (G_1 + G_3)u_3(t) - G_{C1}u_4(t) + y_1[u_3(t) - u_4(t)] + y_2[u_5(t) - u_6(t)] = -i_{eq\_IN\_1} \\ -G_2 u_1(t) - G_4 u_2(t) - G_{C1}u_3(t) + (G_2 + G_4)u_4(t) - y_1[u_3(t) - u_4(t)] - y_2[u_5(t) - u_6(t)] = i_{eq\_IN\_1} \\ y_2[u_3(t) - u_4(t)] + y_3[u_5(t) - u_6(t)] = -i_{eq\_IN\_2} \\ -y_2[u_3(t) - u_4(t)] - y_3[u_5(t) - u_6(t)] = i_{eq\_IN\_2} \end{cases}$$

$$(4-13)$$

式中，$u_3(t) - u_4(t)$ 为电容 C_1 两端电压，$u_5(t) - u_6(t)$ 为 C_2 两端电压，分别记为 $u_{C1}(t)$ 和 $u_{C2}(t)$。由于电容电压不突变，用上一时刻的电压 $u_{C1}(t - \Delta t)$ 和 $u_{C2}(t - \Delta t)$ 代替当前时刻电压，移项得到

$$\begin{cases} -G_1 u_1(t) - G_3 u_2(t) + (G_1 + G_3)u_3(t) - G_{C1}u_4(t) + y_1 u_{C1}(t) = -i_{eq\_IN\_1} - y_2 u_{C2}(t - \Delta t) \\ -G_2 u_1(t) - G_4 u_2(t) - G_{C1}u_3(t) + (G_2 + G_4)u_4(t) - y_1 u_{C1}(t) = i_{eq\_IN\_1} + y_2 u_{C2}(t - \Delta t) \\ y_3 u_{C2}(t) = -i_{eq\_IN\_2} - y_2 u_{C1}(t - \Delta t) \\ -y_3 u_{C2}(t) = i_{eq\_IN\_2} + y_2 u_{C1}(t - \Delta t) \end{cases}$$

$$(4-14)$$

式（4-14）表明，原先在 t 时刻具有耦合关系的 $u_{C1}(t)$ 和 $u_{C2}(t)$ 经过历史值替代实现了解耦。高频链两侧电路间的互导纳被转化为各自的等效注入电流，不再具有电气连接关系。因此，在仿真解算时，规避了高阶矩阵求逆过程，大幅降低了计算量。

将式（4-14）重新写回矩阵形式，并与式（4-7）第①式合并，形成式（4-15）的简化形式。

$$
\begin{bmatrix}
G_1 + G_2 & 0 & -G_1 & -G_2 & 0 & 0 \\
0 & G_3 + G_4 & -G_3 & -G_4 & 0 & 0 \\
-G_1 & -G_3 & G_1 + G_3 + y_1 & -G_{C1} - y_1 & 0 & 0 \\
-G_2 & -G_4 & -G_{C1} - y_1 & G_2 + G_4 + y_1 & 0 & 0 \\
0 & 0 & 0 & 0 & y_3 & -y_3 \\
0 & 0 & 0 & 0 & -y_3 & y_3
\end{bmatrix}
$$

$$
\begin{bmatrix}
u_1(t) \\
u_2(t) \\
u_3(t) \\
u_4(t) \\
u_5(t) \\
u_6(t)
\end{bmatrix} =
\begin{bmatrix}
0 \\
0 \\
-i_{eq\_IN\_1} - y_2 u_{C2}(t - \Delta t) \\
i_{eq\_IN\_1} + y_2 u_{C2}(t - \Delta t) \\
-i_{eq\_IN\_2} - y_2 u_{C1}(t - \Delta t) \\
i_{eq\_IN\_2} + y_2 u_{C1}(t - \Delta t)
\end{bmatrix}
\tag{4-15}
$$

进行外特性等效时，需消去不与外部电路连接的所有节点，因此再次使用 Ward 等值将节点③④的贡献转移到节点①②上，进而消去节点③④。对式（4-15）再次进行 Ward 等值，形成等效节点电压方程如下：

$$
\begin{bmatrix}
g_{eq1} & -g_{eq1} & 0 & 0 \\
-g_{eq1} & g_{eq1} & 0 & 0 \\
0 & 0 & g_{eq2} & -g_{eq2} \\
0 & 0 & -g_{eq2} & g_{eq2}
\end{bmatrix}
\begin{bmatrix}
u_1(t) \\
u_2(t) \\
u_5(t) \\
u_6(t)
\end{bmatrix} =
\begin{bmatrix}
-j_{eq12}(t) \\
j_{eq12}(t) \\
-j_{eq56}(t) \\
j_{eq56}(t)
\end{bmatrix}
\tag{4-16}
$$

式（4-16）的电路形式如图 4-6 所示，其中 g_{eq1}、g_{eq2} 分别为两侧电路的诺顿等效导纳，j_{eq12}、j_{eq56} 分别为诺顿等效电流源。

该功率模块高频链端口解耦模型为无电气连接的背靠背电路，在每个仿真步长内，输入侧和输出侧电路的节点电压仅与

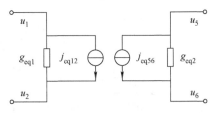

图 4-6　CHB – DAB 高频链端口解耦模型

已知的历史电压值有关，而与对侧电路无关，从而实现了功率模块的高频链端口解耦。

对功率模块的高频链解耦模型解析推导，求出了各中间参数和最终参数的解析表达式，G_{33}^{-1} 的特征值 $z_1 \sim z_5$ 均为常数，可以在仿真开始前计算得到，其他关键参数 g_{eq1}、g_{eq2} 和 y_1、y_2、y_3 由式（4-17）给出，此处不再进行详细推导。这些参数在每种开关状态下均有特定取值，可以在仿真开始时通过预计算存储所有

可能取值，并在仿真过程中根据开关信号所满足的条件提取不同的值，因而可以显著提升计算效率[3]。

$$\begin{cases} g_{eq1} = \begin{cases} \dfrac{G_x}{2}, G_1 = G_3 \\[2mm] \dfrac{2G_{on}G_{off} + G_x y_1}{G_x + 2y_1}, G_1 \neq G_3 \end{cases} \\[6mm] g_{eq2} = y_3 = \dfrac{2(G_{on} + G_{off})}{G_x} + G_{C2} \\[4mm] y_1 = \begin{cases} \dfrac{2G_{on}G_{off}}{G_x} + G_{C1}, G_5 = G_7 \\[2mm] 2z_1 G_{on} G_{off} + (G_{on}^2 + G_{off}^2) z_2, G_5 \neq G_7 \end{cases} \\[6mm] y_2 = \begin{cases} 0, G_5 = G_7, G_{10} = G_{12} \\[1mm] z_3(G_{on} - G_{off})^2, G_7 = G_{10}, G_5 \neq G_7, G_{10} \neq G_{12} \\[1mm] -z_3(G_{on} - G_{off})^2, G_7 \neq G_{10}, G_5 \neq G_7, G_{10} \neq G_{12} \end{cases} \end{cases} \quad (4-17)$$

4.2.2 PET 高频链端口解耦模型

考虑到功率模块在 CHB – DAB 型 PET 中的 ISOP 级联结构，将输入侧等效电路转换为方便串联的戴维南形式[5]，如图 4-7a 所示，得到各相单元的解耦等效模型如图 4-7b 所示。

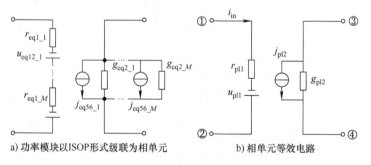

a) 功率模块以ISOP形式级联为相单元 b) 相单元等效电路

图 4-7　相单元解耦等效模型

其中，i_{in} 为输入侧端口电流，r_{eq1_i} 为输入侧各功率模块的等效电阻，g_{eq2_i} 为输出侧等效导纳，u_{eq12_i} 为输入侧各功率模块等效戴维南电压源，j_{eq56_i} 为输出侧等效诺顿电流源，下标 "$\_i$" 表示该值对应第 i 个功率模块，M 为相单元中功率模块的级联数目；r_{pl1} 为相单元输入侧等效总电阻，u_{pl1} 为等效总电压，g_{pl2} 为输出侧等效总导纳，j_{pl2} 为等效总电流源，满足

$$\begin{cases} r_{\text{eq}1\_i} = \dfrac{1}{g_{\text{eq}1\_i}}, u_{\text{eq}12\_i} = \dfrac{j_{\text{eq}12\_i}}{g_{\text{eq}1\_i}} \\ r_{\text{pl}1} = \sum_{i=1}^{M} r_{\text{eq}1\_i}, u_{\text{pl}1} = \sum_{i=1}^{M} u_{\text{eq}12\_i} \\ g_{\text{pl}2} = \sum_{i=1}^{M} g_{\text{eq}2\_i}, j_{\text{pl}2} = \sum_{i=1}^{M} j_{\text{eq}56\_i} \end{cases} \tag{4-18}$$

在每个步长的解算完成后，需要反解功率模块内部各节点电压，从而更新电容和变压器的等效历史电压源。对相单元的各端子编号如图 4-7b 所示，从 EMT 解算器中读取到端子②的电位 $u_{\text{ph}2\_M}$ 后，可以求得各功率模块输入侧的端子电压，最后利用式（4-8）反解内部节点电压。输出侧为并联结构，各功率模块端子电压与相单元端子电压相等，不必进行递推反解。

$$u_{\text{PM}1\_i} = u_{\text{PM}2\_i} + r_{\text{eq}1\_i} i_{\text{in}} - u_{\text{eq}12\_i} = u_{\text{PM}2\_i-1} \tag{4-19}$$

式中，$u_{\text{PM}1\_i}$ 和 $u_{\text{PM}2\_i}$ 分别为第 i 个子模块的①节点和②节点的电压。

综上所述，CHB – DAB 型 PET 的高频链端口解耦等效模型整体求解过程如图 4-8 所示[3,5]。图中，PET 的功率模块（power module，PM）与相单元（phase leg，PL）以英文缩写形式表示。

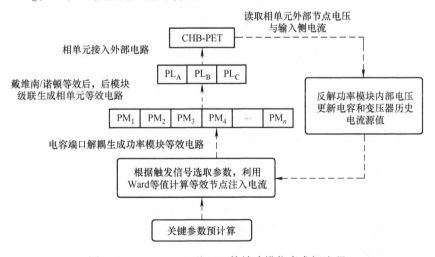

图 4-8　CHB – DAB 型 PET 等效建模仿真求解流程

在仿真开始时，首先根据控制系统的触发信号以及电容的等效历史电压值求得等效导纳和等效注入电流，形成每个功率模块的等效模型。其次，将功率模块级联为相单元，并接入到外部电路中进行 EMT 解算。最后，使用求得的相单元外部节点电压和输入电流反解功率模块内部节点电压，更新电容和高频隔离变压器的历史电流源值。

4.3 仿真验证

为验证所提高频链端口解耦等效模型的仿真效果，在 PSCAD/EMTDC V4.6 中分别搭建了基于分立元器件的 CHB – DAB 型 PET 详细模型（detailed model，DM）和等效模型（equivalent model，EM），测试系统结构如图 4-9 所示[3]，包含中压交流端口和低压直流端口。

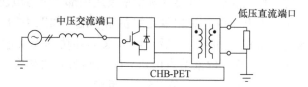

图 4-9 CHB – DAB 型 PET 测试系统

该测试系统的参数见表 4-1。

表 4-1 CHB – DAB 型 PET 测试系统参数

符号	参数	数值
M	相单元功率模块级联个数	3
C_{in}	输入侧电容/μF	4700
C_{out}	输出侧电容/μF	50
u_{in_ref}	输入侧电容电压参考值/kV	3
u_{out_ref}	输出侧电容电压参考值/kV	3
U_{ac}	交流电源电压/kV	8.16
R_{load}	等效负荷/Ω	0.9

4.3.1 仿真精度测试

控制模式方面，功率模块中输入侧 H 桥采用基于载波移相调制的内外环解耦控制，控制模式为定电容电压控制；DAB 部分采用单移相定输出直流电压控制，设置工况如下：

1）0 ~ 0.5s，PET 完全闭锁，输入侧电容充电。

2）0.5 ~ 1.0s，PET 高压侧解锁，进入部分闭锁状态，输出侧电容充电。

3）1.0 ~ 2.5s，PET 完全解锁，系统启动，在 2.3s 时完成启动，进入稳态运行。

4）2.5 ~ 2.6s，输出侧发生极间短路故障，在 2.505s 时系统检测到故障，完全闭锁 PET。

5）2.6s，故障清除，在2.605s时系统进入部分闭锁状态，重新启动。

6）3.0s，系统完全解锁，在4.5s时重新进入稳态运行状态。

7）5.0s，仿真结束。

设置仿真步长为1μs，分别观测CHB－DAB 型 PET 系统中输入侧电容电压、输出侧电容电压以及传输功率。其中输入侧电容电压取 A 相第一个子模块电压，规定功率的参考正方向为输入侧流向输出侧。仿真结果如图4-10～图4-12 所示。

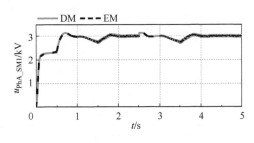

图4-10　输入侧电容电压对比

在启动、故障和故障恢复三个阶段中，EM 与 DM 的输入侧电容电压最大相对误差分别为 1.60%（1.72s）、0.13%（2.51s）以及 1.64%（3.72s），因此 EM 与 DM 曲线重合度很高，可以很好地反映输入侧动态特性。

对于输出侧电容，0～1.0s 闭锁工况下以及 2.5～2.6s 直流故障工况下，其电压均为 0。在 1.0～2.5s 解锁启动过程中，EM 与 DM 的最大相对误差为 0.56%（1.08s）；在 3.0～5.0s 故障恢复过程中，最大相对误差为 1.75%（3.0s），表明 EM 可以很好地反映 DM 输出侧的动态特性。

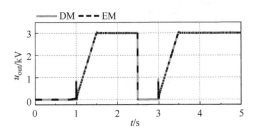

图4-11　输出侧电容电压对比

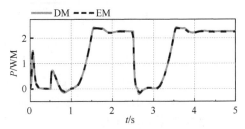

图4-12　传输功率对比

在启动、故障和故障恢复三个阶段中，EM 与 DM 的传输功率最大相对误差分别为 3.52%（1.26s）、0.68%（2.54s）以及 3.71%（3.26s）。由此可知，EM 虽然使用高频链端口电容历史电压替代当前时刻电压，但仍然能够精确地仿真原有电路在各种工况下的特性，具有较高的仿真精度。

4.3.2　加速比测试

为了排除模型中外电路以及作图耗时等外部因素的影响，搭建了 CHB－DAB 型 PET 的单相开环模型，其系统参数见表4-1。对比详细模型，共测试模块数为 3，7，11，21，41 和 61 时的仿真耗时，仿真步长取 1μs，仿真总时长为

0.5s。测试机配置为 Intel® Core™ i7 – 10710U CPU @ 1.10GHz。其结果见表4-2。

表4-2 仿真加速比对比

模块数	DM 仿真用时/s	EM 仿真用时/s	加速比
4	12.34	4.09	3.02
7	35.25	5.94	5.93
11	101.28	8.67	11.68
21	689.91	14.91	46.27
41	2028.36	27.23	74.49
61	6601.73	38.97	169.41

以模块数为横坐标，DM 和 EM 的仿真用时分别为纵坐标，绘制对数坐标下的加速比曲线如图4-13 所示。

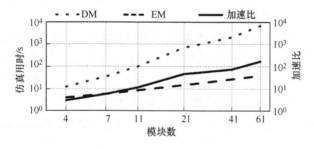

图4-13 仿真用时对比

从图4-13 可知，随着模块数的上升，DM 仿真用时呈指数上升，而 EM 的上升趋势为线性。在模块数较多时，EM 仿真用时相较 DM 有 2 个数量级以上的提升，加速效果非常显著。

4.4 本章小结

本章介绍了基于高频链端口解耦的 PET 等效建模方法，通过 Ward 等值简化功率模块的计算过程，利用两个步长之间高频链端口电容电压不突变的特点，以历史时刻电容电压代替当前时刻值，实现对端口的解耦处理。所提 PET 高频链解耦模型在仿真启动、故障和故障恢复三种工况下，输入、输出侧电容电压与功率的相对误差均在 4% 以内；并且在模块数较多时，有 2 个数量级的加速比提升。所提模型规避了高阶矩阵数值运算，可以兼顾仿真精度和计算效率，不仅物理意义更加明确，对不同模块拓扑的适用性也更强。

参 考 文 献

［1］吴际舜. 电力系统静态安全分析［M］. 上海：上海交通大学出版社，1985.

［2］赵禹辰，徐义良，赵成勇，等. 单端口子模块 MMC 电磁暂态通用等效建模方法［J］. 中国电机工程学报，2018，38（16）：4658 - 4667 + 4971.

［3］冯谟可，高晨祥，丁江萍，等. 级联 H 桥电力电子变压器高频链端口解耦等效模型［J］. 中国电机工程学报，2021，41（9）：2999 - 3012.

［4］FENG M K, GAO C X, XU J Z, et al. A novel decoupled EMT approach and parallel simulation framework for modularized solid - state transformers［J/OL］. IEEE Transactions on Power Electronics：1 - 11［2023 - 04 - 29］. DOI：10. 1109/TPWRD. 2023. 3271027.

［5］FENG M K, GAO C X, DING J P, et al. Hierarchical modeling scheme for high - speed electromagnetic transient simulations of power electronic transformers［J］. IEEE Transactions on Power Electronics，2021，36（9）：9994 - 10004.

第 5 章

PET 等效模型并行加速仿真方法

在前述章节中，基于参数转换和高频链端口解耦的两类 PET 电磁暂态等效模型表现出良好的加速效果。在程序执行过程中，PET 各功率模块等效电路结构完全相同，等效代码具有高度可并行性，但串行求解模式无法充分发挥这一优势；同时，随着模块结构的复杂化，虽然 PET 等效模型相对于详细模型的加速比会上升，但其绝对用时也随之大幅增加。如本书第 1 章和第 2 章所述，并行仿真技术已成为提升仿真效率的有效途径。本章基于多线程并行 OpenMP 技术，分别构建输入端在相间和相内的 MAB 型 PET 的并行等效模型，并对并行算法的影响因素进行分析。

5.1 多线程 OpenMP 工作原理

OpenMP 是一种基于共享内存的多线程并行程序编程接口技术，其架构如图 5-1所示。

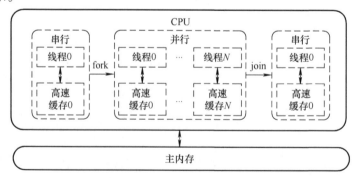

图 5-1　OpenMP 架构

该架构采用"fork – join"模式实现串/并行的切换。在并行开始时刻，动态地将需要执行的任务分配给 N 个 CPU，各 CPU 以不同线程进行并行计算。在并行阶段，各线程彼此独立，共享主内存，通过对共享的内存的读写操作实现数据通信。在并行结束时刻，进行多 CPU 不同线程计算数据的汇总，关闭多余线程，转入串行模式。

OpenMP 技术大幅提高了计算效率与 CPU 资源利用率，相比于其他的并行技术，如消息传递接口（MPI），其主要优势在于编程简单，只需要在原有串行代码基础上，分别添加编译指导语句、并行程序控制及优化的库函数及支持库函数具体执行的环境变量。

图 5-2 为经典的 OpenMP 代码段，其中包含三个主要要素，分别为给编译器提供辨识标注功能的编译指导语句（!$OMP PARALLEL、!$OMP DO 等），进行并行程序控制及优化的库函数（OMP_SET_NUM_THREADS( )等），以及支持库函数具体执行的环境变量（在并行区域内派生线程的数量 N 等）。

库函数	CALL OMP_SET_NUM_THREADS(N)!开启N个线程
编译指导语句(fork)	!$OMP PARALLEL PRIVATE(I) REDUCTION(+:SUMA) !$OMP DO
并行代码段	DO I=1，COUNT 　　SUMA = SUMA+1 END DO
编译指导语句(join)	!$OMP END DO !$OMP END PARALLEL

图 5-2　经典 OpenMP 代码段

需要注意的是，对循环（DO 或 FOR 语句）进行并行操作时，必须保证数据在两次循环之间不存在数据相关性（循环依赖与数据竞争），同时，由于多线程共享内存，应使用 PRIVATE、SHARED 等子句对于并行区段内的变量进行声明，以避免多线程读写过程的交叉紊乱。

5.2　MAB 等效模型构建

相比于 DAB 和 CHB－DAB，MAB 与 CHB－MAB 型 PET 模块拓扑结构更加复杂，单模块内部节点数更多，使得 EMT 解算的节点导纳矩阵阶数大幅提高，仿真效率问题更加突出。本章延用第 4 章 Ward 等值思路，给出 MAB 型 PET 等效模型构建流程。

参考 1.2.1 节拓扑类型的不同连接方式，根据级联 H 桥型四有源桥（CHB：cascaded H－bridge，AQAB：asymmetrical configuration of the QAB converter，CHB－AQAB）输入端口是否属于同一相，可分为相间 CHB－AQAB 和相内 CHB－AQAB，如图 5-3 所示。

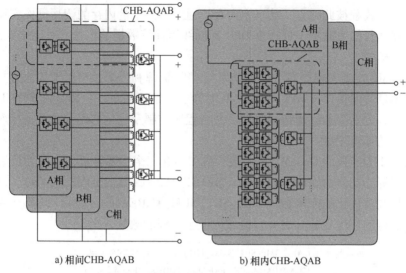

a) 相间CHB-AQAB   b) 相内CHB-AQAB

图 5-3 基于 CHB – AQAB 的 PET 拓扑

5.2.1 相间 CHB – AQAB

相间 CHB – AQAB 的四绕组变压器一次侧三个绕组及其所连 H 桥别位于 ABC 三相中，结合 3.1.2 节多绕组变压器模型的等效电路，并将 H 桥中的 IGBT 用二值电阻等效，对电容进行梯形积分离散，可得相间 CHB – AQAB 伴随电路，如图 5-4 所示。

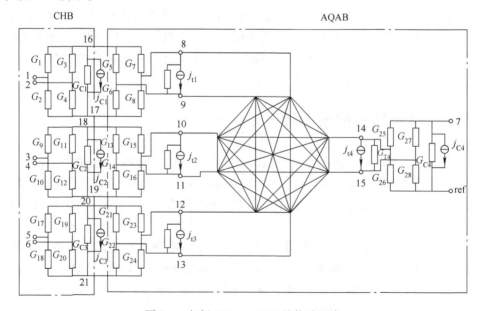

图 5-4 相间 CHB – AQAB 的伴随电路

图中，$G_1 \sim G_{28}$ 是二值电阻器的导纳，$G_{C1} \sim G_{C4}$ 是等效电容电导，$j_{C1} \sim j_{C4}$ 是电容器历史电流源；$j_{t1} \sim j_{t4}$ 是变压器历史电流源。每个等效模型有 21 个节点（不包括参考节点）和 60 个支路（32 个电路等效支路和 28 个变压器等效支路）[1]。

1. 模块内部节点消去

对上述伴随电路列写节点导纳方程，其节点导纳矩阵 $\mathbf{Y}$ 为 21×21 阶矩阵，按照外部节点和内部节点的顺序排列，如图 5-5 所示，其中黑色正方形表示矩阵中的非零元素。

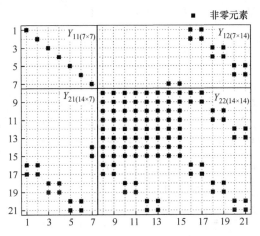

图 5-5　伴随电路节点导纳矩阵 $\mathbf{Y}$ 的结构

注意到伴随电路包含 7 个外部节点（不包括参考节点）和 14 个内部节点，其节点导纳矩阵可以划分为嵌套的子矩阵 $\mathbf{Y}_{11}$、$\mathbf{Y}_{12}$、$\mathbf{Y}_{21}$、$\mathbf{Y}_{22}$。

根据式（5-1）~ 式（5-3），通过 Ward 等值消去子系统内部节点，可得只包含外部节点的节点导纳矩阵为

$$\mathbf{Y}_{\mathrm{eq}} = \mathbf{Y}_{11} - \mathbf{Y}_{12}\mathbf{Y}_{22}^{-1}\mathbf{Y}_{21}$$

$$= \begin{bmatrix} y_{\mathrm{eq}11} & -y_{\mathrm{eq}12} & -y_{\mathrm{eq}13} & -y_{\mathrm{eq}14} & -y_{\mathrm{eq}15} & -y_{\mathrm{eq}16} & -y_{\mathrm{eq}17} \\ -y_{\mathrm{eq}12} & y_{\mathrm{eq}22} & -y_{\mathrm{eq}23} & -y_{\mathrm{eq}24} & -y_{\mathrm{eq}25} & -y_{\mathrm{eq}26} & -y_{\mathrm{eq}27} \\ -y_{\mathrm{eq}13} & -y_{\mathrm{eq}23} & y_{\mathrm{eq}33} & -y_{\mathrm{eq}34} & -y_{\mathrm{eq}35} & -y_{\mathrm{eq}36} & -y_{\mathrm{eq}37} \\ -y_{\mathrm{eq}14} & -y_{\mathrm{eq}24} & -y_{\mathrm{eq}34} & y_{\mathrm{eq}44} & -y_{\mathrm{eq}45} & -y_{\mathrm{eq}46} & -y_{\mathrm{eq}47} \\ -y_{\mathrm{eq}15} & -y_{\mathrm{eq}25} & -y_{\mathrm{eq}35} & -y_{\mathrm{eq}45} & y_{\mathrm{eq}55} & -y_{\mathrm{eq}56} & -y_{\mathrm{eq}57} \\ -y_{\mathrm{eq}16} & -y_{\mathrm{eq}26} & -y_{\mathrm{eq}36} & -y_{\mathrm{eq}46} & -y_{\mathrm{eq}56} & y_{\mathrm{eq}66} & -y_{\mathrm{eq}67} \\ -y_{\mathrm{eq}17} & -y_{\mathrm{eq}27} & -y_{\mathrm{eq}37} & -y_{\mathrm{eq}47} & -y_{\mathrm{eq}57} & -y_{\mathrm{eq}67} & y_{\mathrm{eq}77} \end{bmatrix} \quad (5\text{-}1)$$

$$\mathbf{j}_{\mathrm{eq}} = \mathbf{j}_{\mathrm{EX}} - \mathbf{Y}_{12}\mathbf{Y}_{22}^{-1}\mathbf{j}_{\mathrm{IN}} = \begin{bmatrix} j_{\mathrm{eq}1} & j_{\mathrm{eq}2} & j_{\mathrm{eq}3} & j_{\mathrm{eq}4} & j_{\mathrm{eq}5} & j_{\mathrm{eq}6} & j_{\mathrm{eq}7} \end{bmatrix}^{\mathrm{T}} \quad (5\text{-}2)$$

式中，$y_{\text{eq}ik}$（$i=1$，2，$\cdots$，7，$k=1$，2，$\cdots$，7）为等效电路的节点导纳，考虑 $\boldsymbol{Y}_{\text{eq}}$ 的对称性，本节把左下角的元素修改为灰色；$j_{\text{eq}i}$（$i=1$，2，$\cdots$，7）为参考节点 1 到参考节点 7 的注入电流。

在伴随电路中，外部节点组成 4 个端口。四绕组变压器的电路隔离特性使得各端口的输入和输出电流相等。因此，$\boldsymbol{Y}_{\text{eq}}$ 和 $\boldsymbol{j}_{\text{eq}}$ 也满足如下形式：

$$\boldsymbol{Y}_{\text{eq}} = \begin{bmatrix} g_{11}\begin{bmatrix} 1 & -1 \\ -1 & 1 \end{bmatrix} & g_{12}\begin{bmatrix} 1 & -1 \\ -1 & 1 \end{bmatrix} & g_{13}\begin{bmatrix} 1 & -1 \\ -1 & 1 \end{bmatrix} & g_{14} \\ g_{12}\begin{bmatrix} 1 & -1 \\ -1 & 1 \end{bmatrix} & g_{22}\begin{bmatrix} 1 & -1 \\ -1 & 1 \end{bmatrix} & g_{23}\begin{bmatrix} 1 & -1 \\ -1 & 1 \end{bmatrix} & g_{24} \\ g_{13}\begin{bmatrix} 1 & -1 \\ -1 & 1 \end{bmatrix} & g_{23}\begin{bmatrix} 1 & -1 \\ -1 & 1 \end{bmatrix} & g_{33}\begin{bmatrix} 1 & -1 \\ -1 & 1 \end{bmatrix} & g_{34} \\ g_{14} & g_{24} & g_{34} & g_{44} \end{bmatrix} \quad (5\text{-}3)$$

$$\boldsymbol{j}_{\text{eq}} = \begin{bmatrix} l_1 & -l_1 & l_2 & -l_2 & l_3 & l_4 & -l_4 \end{bmatrix}^{\text{T}} \quad (5\text{-}4)$$

式中，g_{ik}（$i=1$，2，3，4；$k=1$，2，3，4）为端口导纳系数；l_i（$i=1$，2，3，4）为输入端口电流。因为参考节点的行和列被删除，$\boldsymbol{Y}_{\text{eq}}$ 的最后一列仅包含单个值。

由式（5-3）和式（5-4）得到端口方程为

$$\begin{bmatrix} i_{\text{p1}} \\ i_{\text{p2}} \\ i_{\text{p3}} \\ \hdashline i_{\text{p4}} \end{bmatrix} = \left[\begin{array}{ccc:c} g_{11} & g_{12} & g_{13} & g_{14} \\ g_{12} & g_{22} & g_{23} & g_{24} \\ g_{13} & g_{23} & g_{33} & g_{34} \\ \hdashline g_{14} & g_{24} & g_{34} & g_{44} \end{array}\right] \begin{bmatrix} u_{\text{p1}} \\ u_{\text{p2}} \\ u_{\text{p3}} \\ \hdashline u_{\text{p4}} \end{bmatrix} + \begin{bmatrix} l_1 \\ l_2 \\ l_3 \\ \hdashline l_4 \end{bmatrix} \quad (5\text{-}5)$$

式中，$i_{\text{p}i}$ 和 $u_{\text{p}i}$（$i=1$，2，3，4）为端口电流和电压。

用分块矩阵形式重写式（5-5），得到

$$\begin{bmatrix} \boldsymbol{i}_{\text{in}(3\times1)} \\ \boldsymbol{i}_{\text{out}(1\times1)} \end{bmatrix} = \begin{bmatrix} \boldsymbol{g}_{\text{in-in}(3\times3)} & \boldsymbol{g}_{\text{in-out}(3\times1)} \\ \boldsymbol{g}_{\text{out-in}(1\times3)} & \boldsymbol{g}_{\text{out-out}(1\times1)} \end{bmatrix} \begin{bmatrix} \boldsymbol{u}_{\text{in}(3\times1)} \\ \boldsymbol{u}_{\text{out}(1\times1)} \end{bmatrix} + \begin{bmatrix} \boldsymbol{j}_{\text{in}(3\times1)} \\ \boldsymbol{j}_{\text{out}(1\times1)} \end{bmatrix} \quad (5\text{-}6)$$

2. PET 相间等效电路获取

基于表 3-1 所示二端口网络参数转化表，重新排列式（5-6）得到式（5-7）~ 式（5-9）。

$$\begin{bmatrix} \boldsymbol{u}_{\text{in}(3\times1)} \\ \boldsymbol{i}_{\text{out}(1\times1)} \end{bmatrix} = \left[\begin{array}{c:c} \boldsymbol{g}_{\text{in-in}}^{-1} & -\boldsymbol{g}_{\text{in-in}}^{-1}\boldsymbol{y}_{\text{in-out}} \\ \hdashline \boldsymbol{g}_{\text{out-in}}\boldsymbol{g}_{\text{in-in}}^{-1} & \boldsymbol{g}_{\text{out-out}} - \boldsymbol{g}_{\text{out-in}}\boldsymbol{g}_{\text{in-in}}^{-1}\boldsymbol{g}_{\text{in-out}} \end{array}\right] \begin{bmatrix} \boldsymbol{i}_{\text{in}(3\times1)} \\ \boldsymbol{u}_{\text{out}(1\times1)} \end{bmatrix} + $$

$$\begin{bmatrix} -\boldsymbol{g}_{\text{in-in}}^{-1}\boldsymbol{j}_{\text{in}} \\ \hdashline \boldsymbol{j}_{\text{out}} - \boldsymbol{g}_{\text{out-in}}\boldsymbol{g}_{\text{in-in}}^{-1}\boldsymbol{j}_{\text{in}} \end{bmatrix}$$

$$\triangleq \boldsymbol{h}_{(4\times4)} \begin{bmatrix} \boldsymbol{i}_{\text{in}} \\ \boldsymbol{v}_{\text{out}} \end{bmatrix} + \boldsymbol{j}_{\text{h}(4\times1)} \quad (5\text{-}7)$$

$$
\boldsymbol{h} = \left[
\begin{array}{c|c}
\boldsymbol{g}_{\text{in-in}(3\times3)}^{-1} & -\boldsymbol{g}_{\text{in-in}}^{-1}\begin{bmatrix} g_{14} \\ g_{24} \\ g_{34} \end{bmatrix}_{(3\times1)} \\
\hline
\begin{bmatrix} g_{14} & g_{24} & g_{34} \end{bmatrix}\boldsymbol{g}_{\text{in-in}(1\times3)}^{-1} & g_{44} - \begin{bmatrix} g_{14} & g_{24} & g_{34} \end{bmatrix}\boldsymbol{g}_{\text{in-in}}^{-1}\begin{bmatrix} g_{14} \\ g_{24} \\ g_{34} \end{bmatrix}_{(1\times1)}
\end{array}
\right]
$$

$$(5\text{-}8)$$

$$
\boldsymbol{j}_{\text{h}} = \left[
\begin{array}{c}
-\boldsymbol{g}_{\text{in-in}}^{-1}\begin{bmatrix} l_1 \\ l_2 \\ l_3 \end{bmatrix}_{(3\times1)} \\
l_4 - \begin{bmatrix} g_{14} & g_{24} & g_{34} \end{bmatrix}\boldsymbol{g}_{\text{in-in}}^{-1}\begin{bmatrix} l_1 \\ l_2 \\ l_3 \end{bmatrix}_{(1\times1)}
\end{array}
\right],\
\boldsymbol{g}_{\text{in-in}}^{-1} = \begin{bmatrix} g_{11} & g_{12} & g_{13} \\ g_{12} & g_{22} & g_{23} \\ g_{13} & g_{23} & g_{33} \end{bmatrix}^{-1}
$$

$$(5\text{-}9)$$

电源模块的输入端口串联，端口电流相等，输出端口并联，端口电压相等。因此，可以将所有等效电路的 $\boldsymbol{h}$ 和 $\boldsymbol{j}_{\text{h}}$ 相加，得到桥臂输入电压 $\boldsymbol{u}_{\text{inall}}$ 和输入电流 $\boldsymbol{i}_{\text{inall}}$。

$$
\begin{bmatrix} \boldsymbol{u}_{\text{inall}} \\ \boldsymbol{i}_{\text{outall}} \end{bmatrix} = \sum_{k=1}^{N} \boldsymbol{h}_k \begin{bmatrix} \boldsymbol{i}_{\text{in}} \\ \boldsymbol{u}_{\text{out}} \end{bmatrix} + \sum_{k=1}^{N} \boldsymbol{j}_{\text{h}k}
\tag{5-10}
$$

式中，N 为一个桥臂中功率模块的数量。

重新排列式（5-10）得到桥臂的等效电路表达式为

$$
\begin{bmatrix} \boldsymbol{i}_{\text{in}} \\ \boldsymbol{i}_{\text{outall}} \end{bmatrix} = \boldsymbol{Y}_{\text{arm}} \begin{bmatrix} \boldsymbol{u}_{\text{inall}} \\ \boldsymbol{u}_{\text{out}} \end{bmatrix} + \boldsymbol{j}_{\text{arm}}
$$

$$(5\text{-}11)$$

式中，$\boldsymbol{Y}_{\text{arm}}$ 和 $\boldsymbol{j}_{\text{arm}}$ 分别表示每个桥臂的等效导纳矩阵和 4 个端口的等效电流源。

因此，可得相间 CHB - AQAB 等效电路如图 5-6 所示。

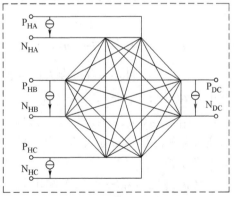

图 5-6　相间 CHB - AQAB 等效电路

CHB - AQAB 内部节点的贡献通过 Ward 等值以注入电流和等效导纳的形式转移到了边界节点，规避了高阶矩阵数值运算。

3. 模块端子节点电压反解

在每个步长的 EMT 解算之后，需要对 PET 内部电压、电流进行迭代更新，以计算下一步长电容、电感和变压器的等效历史电流源值。

由于子模块并联侧节点电压等于母线电压，因此，只需对串联侧节点电压进行求解。对于相间 CHB – AQAB 串联侧，其子模块串联侧电流等于换流器相单元输入端口电流。以图 5-3a 中 A 相桥臂中 4 个子模块为例，每一个子模块有上、下两个端口节点，上一个子模块的下端口节点与下一个子模块的上端口节点相连，因此，各子模块端口电压的求解彼此依赖，需从最后的模块开始进行逐个倒序递推。

4. 模块内部信息反解

由 EMT 求解器获得子模块的端口节点电压后，由 4.1.1 节 Ward 等值方法可得子模块内部节点电压表达式（4-4）。在此过程中，需要使用式（4-4）中节点导纳矩阵参数 $\boldsymbol{Y}_{21}$ 和 $\boldsymbol{Y}_{22}^{-1}$。因此，在正向消去过程中需要存储 $\boldsymbol{Y}_{21}$ 和 $\boldsymbol{Y}_{22}^{-1}$ 的值，进而由节点电压计算内部节点的电气信息。

5.2.2 相内 CHB – AQAB

在 5.2.1 节中，MAB 伴随电路节点数很多，对其整体进行 Ward 等值，计算量较大。与相间 CHB – AQAB 相比，相内 CHB – AQAB 的四绕组变压器一次侧三个绕组及其所连 H 桥位于同一相中。为进一步简化等效求解过程，提高仿真效率，本节在 3.1.2 节四绕组变压器模型基础上，提出一种变压器解耦模型[2]。

将图 3-2 中四绕组变压器端口电流进行梯形离散化积分，端口特性方程表达式为

$$\boldsymbol{i}_\mathrm{T}(t) = \boldsymbol{L}^{-1} \cdot \frac{\Delta T}{2} \cdot \boldsymbol{u}_\mathrm{T}(t) + \boldsymbol{L}^{-1} \cdot \frac{\Delta T}{2} \cdot \boldsymbol{u}_\mathrm{T}(t - \Delta T) + \boldsymbol{i}_\mathrm{T}(t - \Delta T)$$

$$\triangleq \boldsymbol{G}_\mathrm{T} \cdot \boldsymbol{u}_\mathrm{T}(t) + \boldsymbol{j}_\mathrm{T}(t - \Delta T) \tag{5-12}$$

式中，$\boldsymbol{u}_\mathrm{T} = [\,u_{\mathrm{T}1},\ u_{\mathrm{T}2},\ u_{\mathrm{T}3},\ u_{\mathrm{T}4}\,]^\mathrm{T}$，$\boldsymbol{i}_\mathrm{T} = [\,i_{\mathrm{T}1},\ i_{\mathrm{T}2},\ i_{\mathrm{T}3},\ i_{\mathrm{T}4}\,]^\mathrm{T}$；$\boldsymbol{G}_\mathrm{T}$ 为梯形离散化积分得到的等效电导阵；ΔT 为仿真步长。

考虑到变压器一、二次侧电气隔离，应用梯形积分离散方法，使得变压器满足严格的四端口条件，构造如图 5-7 所示的变压器端口解耦模型。电路中各参数可表示为

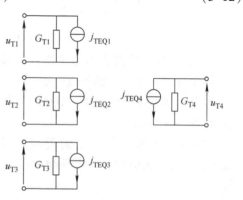

图 5-7 四绕组变压器端口解耦模型

$$\begin{cases} \boldsymbol{G}_{\mathrm{T}i} = \boldsymbol{\lambda}(i,i) \\ \boldsymbol{j}_{\mathrm{TEQ}i} = \boldsymbol{j}_{\mathrm{T\_HIS}\_i}^{\mathrm{D}}(t-\Delta T) \end{cases} \quad i = 1,2,3,4 \tag{5-13}$$

式中，$\boldsymbol{\lambda}$ 为 $\boldsymbol{G}_{\mathrm{T}}$ 生成的对角矩阵；$\boldsymbol{j}_{\mathrm{T\_HIS}\_i}^{\mathrm{D}}(t-\Delta T)$ 为解耦等效历史电流源。

因此，对解耦模型列写 KVL 方程可将式（5-12）改写为

$$\begin{aligned} \boldsymbol{i}_{\mathrm{T}}(t) &= \boldsymbol{\lambda} \cdot \boldsymbol{u}_{\mathrm{T}}(t) + (\boldsymbol{G}_{\mathrm{T}} - \boldsymbol{\lambda}) \cdot \boldsymbol{u}_{\mathrm{T}}(t) + \boldsymbol{i}_{\mathrm{CEQ}}(t-\Delta T) \\ &\approx \boldsymbol{\lambda} \cdot \boldsymbol{u}_{\mathrm{T}}(t) + (\boldsymbol{G}_{\mathrm{T}} - \boldsymbol{\lambda}) \cdot \boldsymbol{u}_{\mathrm{T}}(t-\Delta T) + \boldsymbol{j}_{\mathrm{CEQ}}(t-\Delta T) \\ &\triangleq \boldsymbol{\lambda} \cdot \boldsymbol{u}_{\mathrm{T}}(t) + \boldsymbol{j}_{\mathrm{T\_HIS}\_i}^{\mathrm{D}}(t-\Delta T) \end{aligned} \tag{5-14}$$

该变压器解耦等效算法在梯形积分法基础上，采用 $\boldsymbol{u}_{\mathrm{T}}(t-\Delta T)$ 对 $\boldsymbol{u}_{\mathrm{T}}(t)$ 进行部分代替，使得 $\boldsymbol{j}_{\mathrm{TEQ}}^{\mathrm{D}}(t-\Delta T)$ 为只与上一时刻的状态量有关的已知量，且 $\boldsymbol{i}_{\mathrm{T}}(1,1)$ 仅与 $\boldsymbol{u}_{\mathrm{T}}(1,1)$ 有关，与其他端口电压无关，实现了变压器多个绕组电气量的解耦。

基于四绕组变压器端口解耦模型，所提相内 CHB – AQAB 的伴随电路等效方法主要包含以下 4 个步骤[3]。

1. 模块内部节点消去

由于变压器端口解耦模型的存在，包含 28 个 IGBT/二极管开关组、4 个电容与四绕组变压器的 CHB – AQAB 功率模块被拆分成 4 个独立的单端口子系统，如图 5-8 所示。对每个子系统分别列写节点导纳方程，并采用 Ward 等值获取其等效电路，即通过式（4-2）~式（4-4），将图 5-8 内部节点的贡献转移到了外部节点 1′和 2′上。

根据 4 个子系统外端子等效节点电压方程，首先建立其戴维南等效电路，等效电压与电阻分别为 $u_{k\_\mathrm{EQ}}^{i}$、$R_{k\_\mathrm{EQ}}^{i}$（$i=1, 2, \cdots, N_{\mathrm{PM}}$，$k=1, 2, 3, 4$）。然后，将串联侧 3 个子系统的戴维南等效电路合并，并联侧转化为诺顿等效电路，得到相内 CHB – AQAB 子模块等效电路如图 5-9 所示。

图中，①~④为外端子节点编号；角标"S"表示串联侧，"P"表示并联侧，各参数表达式如下所示：

$$\begin{cases} u_{\mathrm{S\_EQ}}^{i} = \displaystyle\sum_{k=1}^{3} u_{k\_\mathrm{EQ}}^{i}, R_{\mathrm{S\_EQ}}^{i} = \displaystyle\sum_{k=1}^{3} R_{k\_\mathrm{EQ}}^{i} \\ j_{\mathrm{P\_EQ}}^{i} = \dfrac{u_{4\_\mathrm{EQ}}^{i}}{R_{4\_\mathrm{EQ}}^{i}}, G_{\mathrm{P\_EQ}}^{i} = \dfrac{1}{R_{4\_\mathrm{EQ}}^{i}} \end{cases} \tag{5-15}$$

2. PET 相单元等效电路获取

相内 CHB – AQAB 型 PET 各相拓扑结构相同，在相单元等效过程中，由于变压器端口解耦模型的存在，多端口功率模块输入输出侧耦合特性被大幅弱化，可以直观地通过对各模块戴维南/诺顿电路参数求和运算获得 PET 的等效参数，如式（5-16）所示：

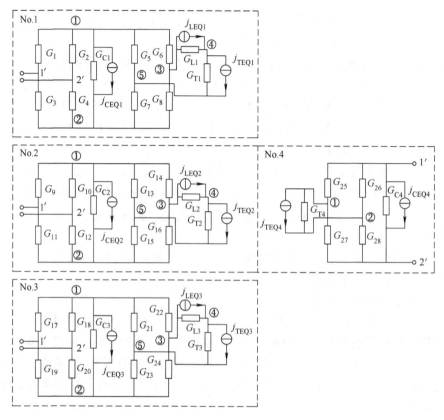

图 5-8 相内 CHB – AQAB 伴随电路

$$\begin{cases} u_{S\_EQ}^{tot} = \sum_{i=1}^{N_{PM}} u_{S\_EQ}^i, R_{S\_EQ}^{tot} = \sum_{i=1}^{N_{PM}} R_{S\_EQ}^i \\ j_{P\_EQ}^{tot} = \sum_{i=1}^{N_{PM}} j_{P\_EQ}^i, G_{P\_EQ}^{tot} = \sum_{i=1}^{N_{PM}} G_{P\_EQ}^i \end{cases}$$

$$(5-16)$$

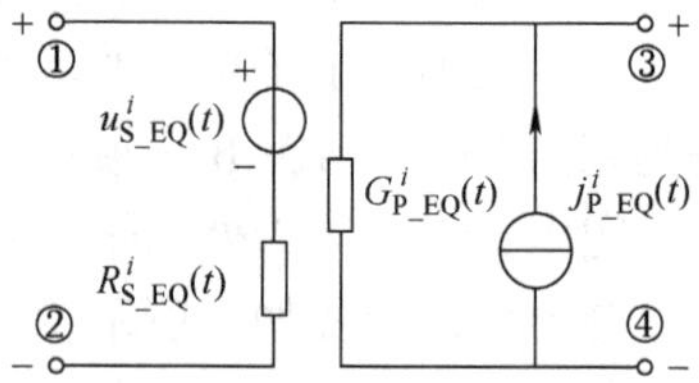

式中，N_{PM} 为单相功率模块个数。

经过上述等效过程，包含（$20N_{PM} + 3$）个

图 5-9 相内 CHB – AQAB
子模块等效电路

节点的相内 CHB – AQAB 型 PET 相单元被等效为仅包含 4 个外端子节点的等效电路，并且其电路结构与单个功率模块相同。

3. 模块端子节点电压反解

与相间 CHB – AQAB 串联侧不同，相内 CHB – AQAB 的串联侧每个模块包含 3 个子系统。第 i 个模块与第（$i+1$）个模块等效电路连接图如图 5-10 所示。

各模块串联侧子系统（1~3）的 1 号节点电压为 2 号节点电压加戴维南等

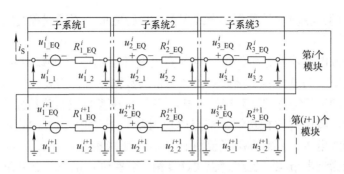

图5-10　相内 CHB‐AQAB 串联侧等效电路连接示意图

效电路端口电压。第 i 个模块子系统 3 的 2 号节点与第 $(i+1)$ 个模块子系统 1 的 1 号节点相同。因此，第 i 个模块子系统 k 的 j 号节点电压表达式 $u_{k\_j}^i$（$i=1$，2，$\cdots$，N_{PM}，$k=1$，2，3，$j=1$，2）为

$$\begin{cases} u_{k\_1}^i = u_{k\_2}^i + u_{k\_EQ}^i + i_S \cdot R_{k\_EQ}^i \\ u_{3\_2}^i = u_{1\_1}^{i+1} \end{cases} \tag{5-17}$$

由图5-8，以 CHB‐AQAB 型 PET 第 N_{PM} 个模块串联侧子系统 3 的 2′节点（即串联侧最后一个节点）为参考零点，则各模块内部节点电压的求解彼此依赖，需从第 N 个模块开始进行逐个倒序递推。

上述变压器端口解耦与 Ward 等值方法的构建同样可沿用到 DAB 与 CHB‐DAB 型 PET 的等效建模中[4-6]，受限于本书篇幅，不做详细叙述。

4. 模块内部信息反解

等效模型的逆向反解过程与5.2.1节一致，应用 PSCAD/EMTDC 对网络进行求解，利用等效电路的外部节点电压来求解内部电气参数，并更新历史项。

5.3　等效模型并行化处理及加速效果分析

5.3.1　并行化处理方法

相间 CHB‐AQAB 与相内 CHB‐AQAB 型 PET 等效，均需通过模块内部节点消去、PET 相单元等效电路获取、模块端子节点电压求解、模块内部信息反解 4 个步骤。

由于 PET 的模块化结构，各模块等效电路结构完全相同。因此，各子模块在进行"模块内部节点消去"和"模块内部信息反解"时，对应子函数彼此独立，等效代码具有高度可并行性，符合 OpenMP 的"无数据相关性"要求。在并行计算过程中，可以直接使用!$OMP DO 和!$OMP END DO 指令对串行代码进

行並行化，同一模塊的計算由一個線程獨立串行完成，不同線程之間不需要進行數據交互。

PET 等效電路獲取過程僅包含對各模塊循環子程序戴維南/諾頓等效電路參數的求和運算。為避免各子函數對求和變量的數據競爭，需要使用 OpenMP 提供的 REDUCTION 子句對式（5-10）和式（5-16）中參數進行規約操作。

在 4 個步驟中的"模塊端子節點電壓反解"過程中，由於模塊並聯側節點電壓等於母線電壓，只需在串聯側進行節點電壓求解，因此，以 PET 最後一個模塊尾節點為參考節點，反解過程在計算第 i 個模塊外端子節點電壓時，需要先獲得第（$i+1$）個模塊的節點電壓，各模塊之間存在數據依賴。

由此，對圖 5-4 和圖 5-8 引入虛擬接地點，分別令相間 CHB – AQAB 子模塊 ABC 三相中的 2、4、6 節點和相內 CHB – AQAB 每個模塊子系統 3 的 2′ 節點接地，強制解除模塊端子節點電壓反解的依賴。這一過程，改變了各節點的絕對電壓值，但不會改變模塊內部任意兩節點之間的電壓差，故不會對"模塊內部電氣信息反解"所求電容和變壓器端口電壓電流產生影響。因此，"模塊端子節點電壓反解"子程序也可以與"模塊內部信息反解"一起放到循環體中，進行並行處理。

結合 PSCAD 求解流程，相內 CHB – AQAB 與相間 CHB – AQAB 型 PET 等效模型並行框架如圖 5-11 所示。同時，由於 PSCAD 在調用 FORTRAN 編譯器時默認關閉了 OpenMP 功能，需要通過鍵入命令行對 .f 文件進行預編譯。

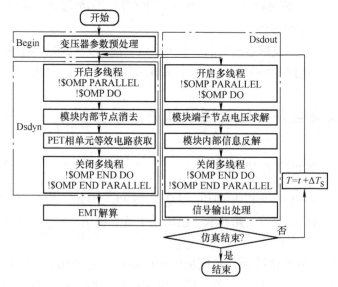

图 5-11　PET 等效模型并行框架

综上，基于 PET 的模块化结构，各子模块对应子函数彼此独立，通过在源代码中添加特定的预处理指令，即可由编译器将程序并行化，所需的同步、互斥、通信等必要功能均由编译器自动完成，无须用户编写。OpenMP 使用简单，随着计算机性能的提高，其并行功能可以提供可观的加速效果。

5.3.2　并行加速效果分析

在实际运行过程中，并行算法的加速效果以并行加速比（parallel speedup factor，PSF）来衡量，即

$$PSF = \frac{T_S}{T_P} \tag{5-18}$$

式中，T_S 为单核串行执行总用时；T_P 为多线程并行执行总用时。

令 EMT 解算及画图控制等必须串行执行过程的用时为 T_0，每个模块的计算用时为 T_{PM}（包含正向消去与反解），则有

$$T_S = T_0 + N_{PM} T_{PM} \tag{5-19}$$

若每个模块采用并行计算，且并行区域派生的线程数为 N_{thre} 时，有

$$T_P = T_0 + \lceil N_{PM}/N_{thre} \rceil \cdot T_{PM} + T_{cost}(N_{thre}) \tag{5-20}$$

式中，$\lceil\ \rceil$ 为向上取整符号，$\lceil N_{PM}/N_{thre} \rceil \cdot T_{PM}$ 表示并行部分多线程计算耗时（以下简称并行耗时），将 N_{PM} 个模块的计算任务分配给 N_{thre} 个线程，当无法等分时，部分线程少分配一个模块的计算任务，空闲线程自动进入等待，并行计算用时由用时最长的线程决定；$T_{cost}(N_{thre})$ 表示与线程数 N_{thre} 呈现正相关的并行开销，包含线程的建立与关闭、彼此通信以及等待过程的用时，由计算机性能与程序并行设计语句共同决定。

因此，并行加速比表达式为

$$PSF = \frac{T_0 + N_{PM} T_{PM}}{T_0 + \lceil N_{PM}/N_{thre} \rceil \cdot T_{PM} + T_{cost}} \tag{5-21}$$

由式（5-21）可知，并行加速比的理论极限为

$$PSF < \frac{T_0 + N_{PM} T_{PM}}{T_0 + \lceil N_{PM}/N_{thre} \rceil \cdot T_{PM}} < \frac{T_0 + N_{PM} T_{PM}}{T_0 + T_{PM}}$$

$$= \frac{T_0/T_{PM} + N_{PM}}{T_0/T_{PM} + 1} < N_{PM} \tag{5-22}$$

当忽略并行开销、EMT 解算及画图等过程的用时，且线程数大于或等于模块数（此时所有模块同时求解，无须等待）时，并行加速比取得理论极限，等于模块数（这种情况实际上不存在）。

同时，式（5-21）还反映了影响并行加速比的 3 个关键因素。

1. 功率模块数 N_{PM}

为更清楚表示 N_{PM} 的影响，改写式（5-21）为

$$\text{PSF} = \frac{T_0/T_{\text{PM}} + N_{\text{PM}}}{T_0/T_{\text{PM}} + T_{\text{cost}}/T_{\text{PM}} + \lceil N_{\text{PM}}/N_{\text{thre}} \rceil} \tag{5-23}$$

若将 PSF 看作连续函数 $f(N_{\text{PM}})$ 上的离散点，并假设 $N_{\text{PM}}/N_{\text{thre}}$ 能够整除，对 $f(N_{\text{PM}})$ 求导可得

$$f'(N_{\text{PM}}) = \frac{N_{\text{thre}}(N_{\text{thre}}k_2 - k_1)}{(N_{\text{thre}}k_2 + N_{\text{PM}})^2} \tag{5-24}$$

式中

$$k_1 = T_0/T_{\text{PM}} \tag{5-25}$$

$$k_2 = T_0/T_{\text{PM}} + T_{\text{cost}}/T_{\text{PM}} \tag{5-26}$$

因为 $N_{\text{thre}}(N_{\text{thre}}k_2 - k_1) > 0$，所以当开启相同的线程 N_{thre} 时，模块数 N_{PM} 越大，并行加速比越大。

2. 线程数 N_{thre}

在模块数一定的情况下，当线程数比较少时，随着线程数的增加，式（5-20）中并行耗时 $\lceil N_{\text{PM}}/N_{\text{thre}} \rceil \cdot T_{\text{PM}}$ 迅速减小，而并行开销 T_{cost} 的增加不明显，并行执行总用时 T_{P} 显著下降，并行加速比明显提高；当线程数增加到较高水平后，并行加速比的增加将逐步减缓。当线程数较高时，有可能出现增开线程带来的并行计算提速无法弥补并行开销带来的损失，并行加速比反而降低。在实际仿真过程中，应根据具体的仿真程序和计算机配置，进行最优并行线程数的选取。

3. 单模块的计算用时 T_{PM}

计算用时 T_{PM} 与单个模块拓扑的复杂程度、等效求解算法的复杂度有关。与模块数 N_{PM} 类似，随着 T_{PM} 的增加，并行加速比将增大。需要注意的是，当 N_{PM} 与 T_{PM} 均较小时，由于并行开销的存在，可能会出现加速比 PSF 小于 1 的情况（并行用时长于串行），此时采用并行方法并不一定保证具有提速效果。

5.4 仿真及实验验证

为验证所提伴随电路的仿真精度和加速效果，本节在 PSCAD 中分别搭建了相间 CHB – AQAB 和相内 CHB – AQAB 的详细模型（detailed model，DM）与等效模型（equivalent model，EM），并构建了以小二台 PET 结构（简称 XET – PET）为原型的缩小尺寸的相间 CHB – AQAB 样机。

5.4.1 相间 CHB – AQAB 仿真验证

相间 CHB – AQAB 参数见表 5-1。其中，CHB 侧采用载波移相脉宽调制（carrier phase shift pulse width modulation，CPS – PWM）控制电容电压。AQAB 侧采用单移相（single phase shift，SPS）控制来维持 LVDC 侧的电容电压。

表 5-1　相间 CHB – AQAB 参数

参数描述	数值	参数描述	数值
每个桥臂 PM 的数量 M_{PM}	4	CHB 侧 PM 电容 $C_{CHB}/\mu F$	1000
交流变压器漏感 X_{ACtrPU} (p. u.)	0.15	MVDC 输出负载 R_{load_CHB}/Ω	500
系统基频 f_{sys}/Hz	50	高频变压器额定容量 S_{tr_hf}/MVA	0.1875
交流电网侧线对线均方根电压 $U_{L-Lrated}/kV$	115	高频变压器漏感 X_{hftrPU} (p. u.)	0.188
阀侧线对线均方根电压 $U_{L-Lvalve}/kV$	10.5	高频变压器 CHB 侧额定电压 U_{tr1}/kV	5
交流变压器额定容量 S_{tr}/MVA	2.5	高频变压器 AQAB 侧额定电压 U_{tr2}/kV	0.75
CHB 侧额定电容电压 $U_{C1Rated}/kV$	5	AQAB 侧 PM 电容 $C_{MAB}/\mu F$	3500
MVDC 额定输出电压 $U_{o1Rated}/kV$	20	额定输出直流电压 $U_{o2Rated}/kV$	0.75
MVDC 额定输出实际功率 P_{oRated}/MW	0.8	LVDC 输出负载 R_{load_MAB}/Ω	0.703

1. 仿真精度测试

仿真系统的运行工况设置如下:

1) 启动: 前 0.3s, PET 闭锁, 给 CHB 侧电容充电。在 0.3 ~ 0.8s 期间, CHB 侧解除闭锁, 触发 CPS – PWM 控制, 然后 CHB 侧电容开始以一定的速率充电。0.8s 后, SPS 控制对 AQAB 侧电容进行充电。系统在 $t = 1.0s$ 时达到稳态。

2) LVDC 故障: $t = 1.5s$ 时发生 LVDC 故障, $t = 1.502s$ 时闭锁。$t = 1.6s$ 时故障恢复, $t = 1.602s$ 时, PET 解除闭锁并重新启动。

3) MVDC 故障: $t = 2.0s$ 时发生 MVDC 故障, $t = 2.002s$ 时 PET 闭锁。$t = 2.1s$ 时, 故障恢复。$t = 2.102s$ 时, PET 被解除闭锁并重新启动。

图 5-12 ~ 图 5-14 显示了变换器电平的动态特性, 结果表明, EM 与 DM 很好地吻合。在 $t = 1.069s$、1.643s 和 2.583s 时, 最大相对误差 (maximum relative error, MRE) 分别为 2.99% 、4.20% 和 2.75% 。

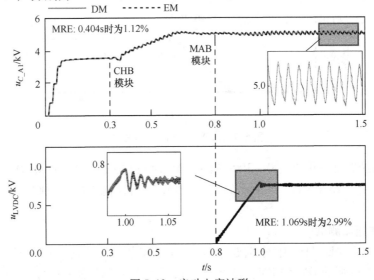

图 5-12　启动电容波形

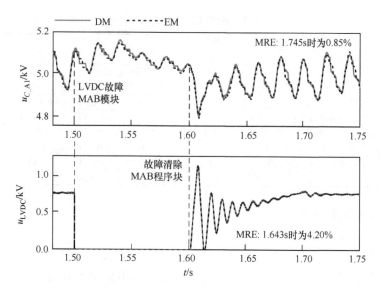

图 5-13   低压直流故障电容波形

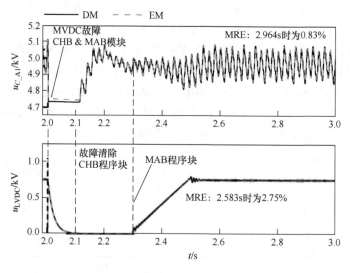

图 5-14   MVDC 故障电容波形

在系统级动态仿真的 0~3.0s 期间，MVDC 和 LVDC 端口的 MVDC 电压和输出功率如图 5-15 和图 5-16 所示。结果表明，该方法能很好地反映 EM 的瞬态和稳态特性。

2. 加速比测试

在 PSCAD/EMTDC 中分别建立每个桥臂有 4、8、10、20 和 30 个 PM 的 XET-PET 模型的 DM 和 EM。仿真步长设置为 5μs，持续时间为 1.5s。CPU 为

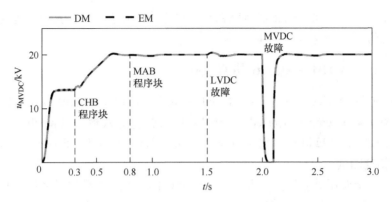

图 5-15　MVDC 和 LVDC 端口电压

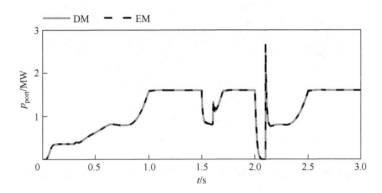

图 5-16　MVDC 和 LVDC 端口总功率之和

Intel® Core™ i9 – 10900K @ 3.70GHz。

从表 5-2 可以看出，所提出的建模方法能够实现显著的仿真加速比。当每个桥臂的 PM 数为 30 时，加速比为 738.05，进一步使仿真速度提高了大约 4 倍。

表 5-2　加速比测试

PM 的数量	EM CPU 用时				
	CPU 用时 t_{DM}/s	串行用时 t_{EM}/s	并行用时 t_{EM_p}/s	加速比 t_{DM}/t_{EM_p}	并行加速比 t_{EM}/t_{EM_p}
4	302.97	110.01	59.20	5.12	1.86
8	1800.01	185.84	83.00	21.69	2.24
10	2566.34	219.42	85.25	30.10	2.57
20	34068.77	408.09	129.78	262.51	3.14
30	116205.38	594.78	157.45	738.05	3.78

综上，精度测试结果表明，所提出的建模方法具有足够的精度，最大相对误

差在4.2%以下。加速比测定结果表明,并行计算方法可将仿真速度提高2个数量级,使仿真加速提高2~4倍。

5.4.2 相内 CHB – AQAB 仿真验证

在 PSCAD/EMTDC 中搭建相内 CHB – AQAB 型 PET 详细模型(DM)、串行等效模型(serial equivalent model,SEM)以及并行等效模型(parallel equivalent model,PEM)。计算机硬件配置为 Inter® Core™ i9 – 10900K CPU @ 3.70GHz。

1. 精度测试

搭建基于变压器参数为10kV/1.5kV 的 CHB – AQAB 型 PET 系统,拓扑结构如图5-17所示,ABC 三相各包含两个 CHB – AQAB 功率模块。

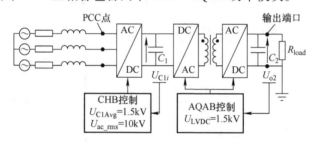

图 5-17　CHB – AQAB 型 PET 系统示意图

其中,CHB 级采用载波移相(CPS – PWM)调制实现无功控制,AQAB 级各模块之间采用移相控制降低输出负载上的电压波动,各 AQAB 模块采用单移相(SPS)方波调制,一次侧的3个 H 桥触发信号一致。PET 系统参数与变压器参数见表5-3。

表5-3　CHB – AQAB 型 PET 系统参数

参数	数值	参数	数值
每相 PET 级联功率模块个数 N_{PM}	2	CHB 输出侧电容容值 $C_{out\_AC-DC}/\mu F$	4700
交流电源线电压有效值 $U_{L-Lrated}/kV$	10	AQAB 输出侧电容容值 $C_{out\_AQAB}/\mu F$	50
PET 输入侧滤波电感 L_{AC}/H	0.015	AQAB 级开关频率 f_{sw2}/Hz	5000
CHB 级载波开关频率 f_{sw1}/Hz	200	CHB 输出侧电压参考值 U_{AC-DC_ref}/kV	1.5
变压器额定容量 S_{base}/MVA	0.375	变压器二次绕组额定电压 U_{N_S}/kV	1.5
变压器额定工作频率 f_{base}/Hz	5000	变压器各绕组漏抗标幺值 XL_{ij}(p.u.)	0.376
变压器原边3个绕组额定电压 U_{N_P}/kV	1.5	变压器励磁电流标幺值 I_m(p.u.)	0.004

设置系统工况如下:

1) 0~0.1s,PET 完全闭锁,输入侧电容充电。

2) 0.1~0.165s,PET 高压侧解锁,进入部分闭锁状态,输出侧电容充电。

3）0.165 ~ 0.5s，PET 完全解锁，系统启动，在 0.3s 时完成启动，进入稳态运行。

4）0.5s，输出侧直流母线经 0.5 Ω 小电阻接地，并在 2ms 后切除故障，进入故障恢复阶段。

5）0.8s，输出侧直流电压参考值变为 0.8p.u.（即 1.2kV），实现输出侧电压调节。

6）1s，仿真结束。所得 DM、SEM 及 2 线程并行 PEM 的输出侧电容电压 u_{LVDC} 和变压器 1 号绕组电流 i_{tr1} 如图 5-18 和图 5-19 所示。

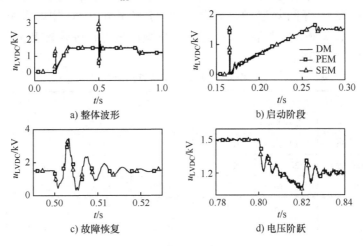

图 5-18　低压直流电压波形

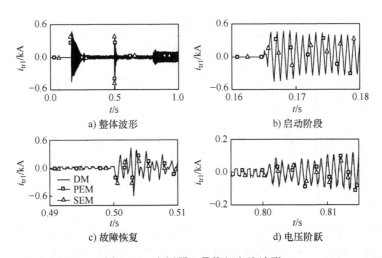

图 5-19　变压器 1 号绕组电流波形

由图 5-18、图 5-19 可知，2 线程并行等效模型（PEM）与串行等效模型

（SEM）波形完全一致，多线程的开启不会产生额外的仿真误差。同时，在启动、稳态、故障、电压阶跃等多种工况下，等效模型均可实现对详细模型的精确拟合，最大相对误差小于3.5%，平均相对误差小于1%。

2. 并行加速效果测试

通过分别建立模块数为6、12、18、30、48、60的CHB-AQAB型PET单相开环详细模型（DM）、串行等效模型（SEM）和并行等效模型（PEM），进行加速效果的测试，测试系统均设置仿真时间1s，仿真步长1 μs。

（1）线程数 N_{thread} 影响测试　在不同模块数下，设置CHB-AQAB并行线程数在 2~12 之间等间隔递增，测算 SEM 与 PEM 的 CPU 用时及并行加速比（SEM/PEM），见表5-4和表5-5。随着线程数的增加，等效模型仿真用时与并行加速比如图5-20所示。

表5-4　等效模型仿真用时

模块数 (N_PM)	仿真用时/s						
	SEM	2线程	4线程	6线程	8线程	10线程	12线程
6	15.66	12.67	11.99	11.52	12.88	14.45	15.15
12	28.09	20.48	16.55	15.86	17.59	18.75	18.19
18	40.42	27.80	22.30	20.59	21.00	22.42	23.95
30	65.20	42.23	30.30	26.80	27.47	29.16	30.17
48	102.70	63.19	43.14	37.64	37.95	40.47	38.16
60	128.66	78.02	51.19	42.58	45.89	47.89	46.36

表5-5　并行等效模型的并行加速比

模块数 (N_PM)	并行加速比（PSF）					
	2线程	4线程	6线程	8线程	10线程	12线程
6	1.24	1.31	1.36	1.22	1.08	1.03
12	1.37	1.70	1.77	1.60	1.50	1.54
18	1.45	1.81	1.96	1.92	1.80	1.69
30	1.54	2.15	2.43	2.37	2.24	2.16
48	1.63	2.38	2.73	2.71	2.54	2.69
60	1.65	2.51	3.02	2.80	2.69	2.78

在不同线程数与模块数下，等效模型的并行加速比均大于1。当线程数较少时，随着线程数的增加，并行仿真用时迅速减少，并行加速比快速提高。但是线程数较多时，增开线程不仅会增加资源消耗与占用，而且会由于并行开销的存在导致仿真降速，仿真结果与理论分析一致。综合考虑资源占用与并行效率，最佳

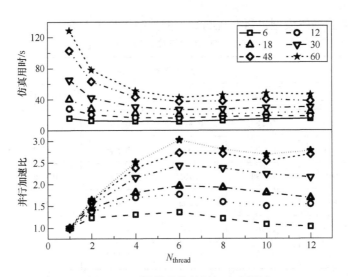

图 5-20　不同线程数并行加速比测试

并行线程数应取"并行加速比 – N_{thread}"曲线的第一个极大值点。

（2）模块数 N_{PM} 影响测试　由表 5-4 和表 5-5 绘制随着模块数的增加，不同线程数下 PEM 的仿真用时和并行加速比如图 5-21 所示。

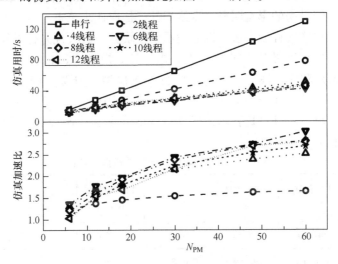

图 5-21　不同模块数并行加速比测试

随着模块数的增加，同一线程下并行加速比随着模块单调递增，增速逐步降低。不同线程下并行模型的仿真用时均呈现线性增加。

（3）单模块计算用时 T_{PM} 影响测试　为验证不同单模块的计算用时 T_{PM} 对并行加速比的影响，设置与 CHB – AQAB 相同的模块数和线程数，对文献［7］所提 DAB 变换器等效模型进行并行测试，测试结果见表 5-6。

表 5-6　DAB 并行等效模型加速比

模块数 (N_{PM})	并行加速比（PSF）					
	2 线程	4 线程	6 线程	8 线程	10 线程	12 线程
6	0.684	0.584	0.480	0.468	0.421	0.380
12	0.821	0.673	0.655	0.546	0.502	0.477
18	1.056	0.894	0.785	0.733	0.686	0.654
30	1.401	1.242	1.268	1.002	0.945	0.916
48	1.509	1.166	1.052	1.023	0.956	0.909
60	1.746	1.193	1.122	1.034	0.972	0.930

相比于 CHB – AQAB 模块，DAB 的结构更加简单，节点导纳矩阵阶数更低。文献〔4〕充分利用 DAB 的严格双端口特性及节点导纳矩阵的对称性、稀疏性，进行了参数预处理，计算复杂度更低。因此，DAB 单模块正向消去与反解所需时间 T_{PM} 远低于 CHB – AQAB 模块。见表 5-6，当模块数 N_{PM} 较小，且线程数较大时，并行开销带来的影响明显，多线程并行加速比小于 1。

采用逐个递增线程的方法，以寻找不同模块数下的最优并行线程数。为直观反映所提模型的加速效果，将所得最优并行等效模型（fastest parallel equivalent model，FPEM）和详细模型（DM）、串行等效模型（SEM）进行对比，获得仿真用时及加速比结果如表 5-7 和图 5-22 所示。其中，F_S 表示串行等效模型的加速比（DM/SEM）；F_FP 表示最优并行等效模型加速比（DM/FPEM）；N_{thread} 表示最优线程数。

表 5-7　串行及最优并行等效模型加速比

N_{PM}	DM 仿真用时/s	SEM 仿真用时/s	F_S	FPEM 仿真用时/s	N_{thread}	F_FP
6	341.20	15.66	21.79	11.516	6	29.63
12	1849.69	28.09	65.85	15.857	6	116.65
18	5175.33	40.42	128.04	20.594	6	251.30
30	32797.35	65.20	503.03	26.796	6	1223.96
48	188324.56	102.70	1833.73	36.922	7	5100.61
60	388069.38	128.66	3016.24	42.579	6	9114.10

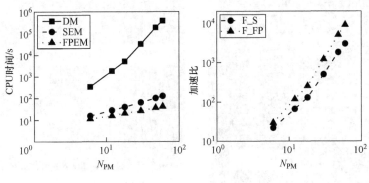

图 5-22　等效模型加速比

由于 CHB – AQAB 模块内部开关器件数很多，随着模块数的增加，系统节点导纳矩阵阶数迅速增加，详细模型仿真用时呈指数增长，而串行等效模型仿真用时增加十分缓慢。因此，当模块数达到 60 时，可实现对详细模型 3000 多倍的提速。

同时，并行算法的使用，使得串行等效模型实现了 2 ~ 3 倍的二次提速，在最优线程数下，加速比可达 9000 多倍。由于本算例使用的模块数均为 6 的倍数，因此，最优线程数均分布在 6 附近（48 接近 7 的整数倍 49，最优线程数为 7）。

综上，所提相内 CHB – AQAB 等效建模方法可实现对详细模型的有效提速，且模块数越多，加速效果越显著，所提并行算法可以有效提高等效模型的仿真效率。

5.4.3　相间 CHB – AQAB 实验验证

小二台（XET – PET）等比缩小相间 CHB – AQAB 样机如图 5-23 所示，其中图 5-23a 由上至下各层分别为：DSP、MAB 侧电路、CHB 侧电路、AC 电感和启动电阻、霍尔器件。高压侧由连接三相的 3 块相同的电路板组成。每个等效模型的永磁电容由 3 个小电容并联组成。控制器采用 Delfino™ S320F2837xD DSP，由 Cyclone IV FPGA 产生 IGBT 触发信号。样机参数见表 5-8。本节在不同工况下，进行样机实验波形与 PSCAD/EMTDC 搭建的同参数详细模型仿真波形的对比测试。

图 5-24 为交流电流的实验结果和仿真结果，在启动过程中，电压通过充电电阻后，交流电流值迅速上升，然后以 50Hz 的频率逐渐衰减。图 5-25 为系统达到稳态时，低压侧电压 u_{trdc} 和电流 i_{trdc}。

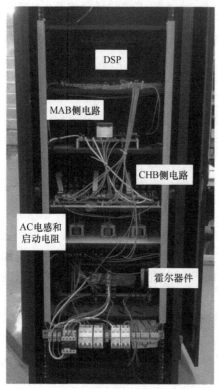

a) XET整体样机图

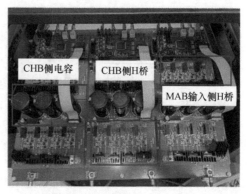

b) CHB侧H桥、电容，MAB输入侧H桥

c) 四绕组变压器、MAB输出侧H桥、MAB侧电容

图 5-23   XET – PET 样机

表 5-8   **XET – PET 样机参数**

参数描述	数值	参数描述	数值
启动电阻 $R_{startup}/\Omega$	100	CHB 侧 PM 电容 $C_{CHB}/\mu F$	4700×3
系统基频 f_{sys}/Hz	50	AQAB 侧 PM 电容 $C_{MAB}/\mu F$	4700×3
交流电网侧线对线均方根电压 $U_{L-Lrated}/V$	30	额定输出直流电压 $U_{o2Rated}/V$	8.8
CHB 侧额定电容电压 $U_{C1Rated}/V$	40	LVDC 输出负载 R_{load_MAB}/Ω	20

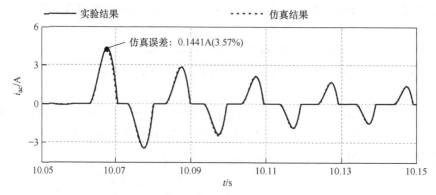

图 5-24   交流电流的实验结果和仿真结果

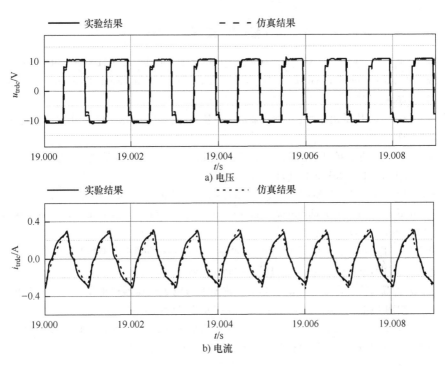

图 5-25　低压侧电压和电流

由此可得，实验结果与 DM 的时域仿真结果吻合较好，实验结果能够反映物理设备的动态特性。

5.5　本章小结

本章针对 PET 的模块化结构，提出了 OpenMP 并行计算方法。首先，对相间和相内 CHB - AQAB 分别构建并行等效模型；其次，对等效模型并行求解过程和并行算法的加速效果进行分析；最后，在 PSCAD 中搭建了相间 CHB - AQAB 和相内 CHB - AQAB 等效模型进行仿真验证并在实物平台搭建了小二台样机进行实验验证。仿真验证所建立相间 CHB - AQAB 等效模型具有足够的精度，最大相对误差在 4.2% 以下，可将仿真速度提高 2 个数量级，使仿真加速提高 2 ~ 4 倍。仿真验证所建立相内 CHB - AQAB 等效模型可实现多种工况下对详细模型的精确拟合，最大相对误差小于 3.5%，平均相对误差小于 1%。可实现 2 ~ 3 倍的二次提速，在最优线程数下，加速比可达 9000 多倍。实验验证相间 CHB - AQAB 等效模型的实验结果与详细模型的时域仿真结果吻合较好，能够反映物理设备的动态特性。

参 考 文 献

[1] FENG M K, GAO C X, XU J Z, et al. Modeling for complex modular power electronic transformers using parallel computing [J]. IEEE Transactions on Industrial Electronics, 2023, 70 (3): 2639 – 2651.

[2] 丁江萍. 级联 H 桥型电力电子变压器的电磁暂态高效建模方法 [D]. 北京：华北电力大学, 2021.

[3] 高晨祥, 丁江萍, 孙昱昊, 等. 基于 MAB 的 PET 多线程并行等效建模方法 [J/OL]. 中国电机工程学报, 2022, 42 (11): 4112 – 4125.

[4] XU J Z, GAO C X, DING J P, et al. High – speed electromagnetic transient (EMT) equivalent modelling of power electronic transformers [J]. IEEE Transactions on Power Delivery, 2021, 36 (2): 975 – 986.

[5] 高晨祥, 丁江萍, 许建中, 等. 输入串联输出并联型双有源桥变换器等效建模方法 [J]. 中国电机工程学报, 2020, 40 (15): 4955 – 4965.

[6] 丁江萍, 高晨祥, 许建中, 等. 级联 H 桥型电力电子变压器的电磁暂态等效建模方法 [J]. 中国电机工程学报, 2020, 40 (21): 7047 – 7056.

[7] 高晨祥, 丁江萍, 冯谟可, 等. 基于节点导纳方程预处理的 ISOP 型 DAB 变换器双端口解耦等效模型 [J]. 中国电机工程学报, 2021, 41 (6): 2255 – 2267.

第6章

PET 电磁暂态仿真步长的优化选取

本书第 3~5 章给出了具有不同性能的多类 PET 等效建模方法，涉及不同的积分方法和约等处理的使用。因此，为提高所提等效模型的可信度，本章从仿真误差与稳定性仿真误差角度，开展不同模型仿真步长优化选取方法研究[1]。

对于第 3 章的不解耦模型，不同积分方法处理电容电感微分方程所得等效历史源与导纳表达式不同，导致不同的积分误差，但形成伴随电路之后的理论过程具有普遍适用性，所用参数转换与 Ward 等值方法本质均为矩阵的恒等变换，不会引入误差与稳定性问题。同时，考虑到第 2 章所述前向欧拉法的稳定性和精度较差，第 4 章的解耦过程也有可能引入新的误差与稳定性问题，故本章所涉模型类别包括基于后退欧拉法与梯形积分法构建的不解耦等效模型，以及高频链端口解耦模型。

6.1　仿真步长对仿真误差的影响分析

包含电容、电感等储能元件的连续系统，被离散为由仿真步长分割的离散系统时，由于积分方法的选择不同会产生不同的截断误差，在某些情况下，截断误差会使得仿真结果与实际系统不符合，甚至带来不稳定的振荡。另一方面，开关系统的全局误差由截断误差发展产生，受到其动态特性的影响，通常难以准确获得[2]。因此，本节首先从时域角度，以截断误差表征系统局部误差特性，建立相对均方根误差以反映整体误差。此外，考虑到谐振型变换器系统复频域导纳的特殊性，基于传统时域的截断误差分析易产生偏差，本节对其进行单独处理。

6.1.1　相对方均根误差

设电容、电感、变压器等微分元器件的微分方程表达式为

$$x(t) = A \frac{\mathrm{d}y(t)}{\mathrm{d}t} \tag{6-1}$$

式中，y 为状态变量；x 为输入变量；A 为系数矩阵。以电容为例，y、x、A 分别表示电容电压、电容电流和电容值。

当采用梯形积分法（trapezoidal rule，TR）和后退欧拉法（back Euler，BE）对其离散，可得

$$\begin{cases} \boldsymbol{y}_{\text{TR}}(t) = \boldsymbol{y}_{\text{TR}}(t - \Delta t) + \dfrac{\Delta t}{2} \cdot \boldsymbol{A} \cdot [\boldsymbol{x}_{\text{TR}}(t - \Delta t) + \boldsymbol{x}_{\text{TR}}(t)] \\ \boldsymbol{y}_{\text{BE}}(t) = \boldsymbol{y}_{\text{BE}}(t - \Delta t) + \Delta t \cdot \boldsymbol{A} \cdot \boldsymbol{x}_{\text{BE}}(t - \Delta t) \end{cases} \quad (6\text{-}2)$$

式中，Δt 为仿真步长。

由数值分析可知，TR 与 BE 法的截断误差如式（6-3）所示。

$$\begin{cases} T^{\text{TR}} = -\dfrac{\boldsymbol{y}'''(\xi)}{12} \cdot \boldsymbol{A} \cdot (\Delta t)^3 + O[(\Delta t)^4] \\ T^{\text{BE}} = -\dfrac{\boldsymbol{y}''(\xi)}{2} \cdot \boldsymbol{A} \cdot (\Delta t)^2 + O[(\Delta t)^3] \end{cases} \quad (6\text{-}3)$$

式中，$\xi \in (t - \Delta t, t)$，$O[(\Delta t)^4]$ 表示高阶无穷小量。

由文献 [2] 可知，当局部截断误差 $|T| < M \cdot (\Delta t)^{(P+1)}$（$M$ 为常数），可认为整体误差为 $O[(\Delta t)^P]$，即整体误差为 Δt 的 P 阶无穷小。因此，后退欧拉法是一阶积分方法，梯形积分法是二阶方法，梯形积分法的精度更高。

但是，由于 DAB 两侧电容的存在，高频变压器两端电压 u_{T1} 和 u_{T2} 为方波，变压器电流导数在连续系统中不存在。电压突变点的额外误差，会引起截断误差分析与非突变系统不一致，无法以算法阶数反映其对系统整体误差的影响，因此需要单独分析。

由式（3-1）和式（6-2）可知，变压器一次、二次电流 $\boldsymbol{i}_{\text{T}} = [i_{\text{T1}}, i_{\text{T2}}]^{\text{T}}$ 离散式如下：

$$\begin{aligned} \boldsymbol{i}_{\text{T}}(t) &= \boldsymbol{i}_{\text{T}}(t - \Delta t) + \frac{\Delta t}{2} \cdot \left[\frac{\mathrm{d}\boldsymbol{i}_{\text{T}}(t)}{\mathrm{d}t} + \frac{\mathrm{d}\boldsymbol{i}_{\text{T}}(t - \Delta t)}{\mathrm{d}t} \right] \\ &= \boldsymbol{i}_{\text{T}}(t - \Delta t) + \frac{\Delta t}{2} \cdot \boldsymbol{Y}_{\text{T}} \cdot [\boldsymbol{u}_{\text{T}}(t) + \boldsymbol{u}_{\text{T}}(t - \Delta t)] \end{aligned} \quad (6\text{-}4)$$

式中，$\boldsymbol{Y}_{\text{T}}$ 为电感参数和仿真步长决定的系数矩阵，有

$$\boldsymbol{Y}_{\text{T}} = \begin{bmatrix} Y_{11} & Y_{12} \\ Y_{12} & Y_{22} \end{bmatrix} = \frac{\Delta t}{2} \cdot \begin{bmatrix} L_{\text{T}} + L_1 + L_{\text{m}} & L_{\text{m}}/N \\ L_{\text{m}}/N & L_2 + L_{\text{m}}/N^2 \end{bmatrix}^{-1} \quad (6\text{-}5)$$

结合式（6-2）可得

$$T_{\text{TR}} = -\frac{(\Delta t)^3}{12} \cdot \boldsymbol{Y}_{\text{T}} \cdot \frac{\mathrm{d}^2 \boldsymbol{u}_{\text{T}}^{n-1}}{\mathrm{d}t^2} + O[(\Delta t)^4] \quad (6\text{-}6)$$

本节以局部截断误差为基础，建立相对均方根误差作为整体误差的量化指标 [3]，即

$$e_{\text{rms}} = \frac{1}{x_{\text{rms}}} \sqrt{\frac{1}{n_{\text{S}}} \sum_{k=1}^{n_{\text{S}}} \left[x^k - x(t_k) \right]^2} = \frac{1}{x_{\text{rms}}} \sqrt{\frac{1}{n_{\text{S}}} \sum_{k=1}^{n_{\text{S}}} T_k^2} \tag{6-7}$$

式中，x_{rms} 为 x^n 的方均根值；n_{S} 为仿真采样点数；T_k 为第 k 步的局部截断误差。

在单个周期内，u_{T1} 和 u_{T2} 各发生两次单步长跃变，且由导数的差分形式可知

$$\begin{cases} \dfrac{\mathrm{d}u_{\text{T}j}(t_k)}{\mathrm{d}t} = \begin{cases} \dfrac{2U_j}{\Delta t}, t_k \text{ 处发生上升跃变} \\[2mm] 0, t_k \text{ 处不发生跃变} \\[2mm] -\dfrac{2U_j}{\Delta t}, t_k \text{ 处发生下降跃变} \end{cases} \\[12mm] \dfrac{\mathrm{d}^2 u_{\text{T}j}(t_k)}{\mathrm{d}t^2} = \begin{cases} \dfrac{2U_j}{\Delta t^2}, t_k \text{ 处发生上升跃变} \\[2mm] 0, t_k \text{ 处不发生跃变} \\[2mm] -\dfrac{2U_j}{\Delta t^2}, t_k \text{ 处发生下降跃变} \end{cases} \end{cases} \tag{6-8}$$

式中，$j = 1$，2；U_1、U_2 分别为变压器方波电压幅值，近似等于两侧电容电压。

对于变压器电流，由式（6-6）~式（6-8）可得

$$\begin{aligned} e_{\text{iT1\_rms}}^{\text{TR}} &= \frac{1}{i_{\text{T1\_rms}}} \sqrt{\frac{1}{n_{\text{S}}} \sum_{k=1}^{n_{\text{S}}} \left[T_k \right]^2} \\ &= \frac{1}{i_{\text{T1\_rms}}} \cdot \sqrt{\frac{2}{n_{\text{T}}} \cdot \left[\left(\frac{(\Delta t)^3}{12} \right)^2 \cdot \left(Y_{11} \cdot \frac{2U_1}{\Delta t^2} \right)^2 + \left(Y_{12} \cdot \frac{2U_2}{\Delta t^2} \right)^2 \right]} \end{aligned} \tag{6-9}$$

式中，$i_{\text{T1\_rms}}$ 为变压器一次电流方均根值；n_{T} 为单个方波周期内的采样点个数，当开关频率为 f_{S} 时，满足

$$n_{\text{T}} = \frac{1}{f_{\text{S}} \cdot \Delta t} \tag{6-10}$$

考虑到励磁电抗远大于漏电抗，由式（6-5）可知 $Y_{11} \approx -Y_{12}/N$，各元素正比于 f_{S}，又有 $U_1/U_2 \approx N$，所以，式（6-9）可写为

$$e_{\text{iT1\_rms}}^{\text{TR}} = \frac{1}{i_{\text{T1\_rms}}} \sqrt{\frac{4}{n_{\text{T}}} \cdot \left[\left(\frac{(\Delta t)^3}{12} \right)^2 \cdot \left(Y_{11} \cdot \frac{2U_1}{\Delta t^2} \right)^2 \right]} \approx \frac{(\Delta t \cdot f_{\text{S}})^{3/2}}{3} \cdot \frac{K \cdot U_1}{i_{\text{T1\_rms}}} \tag{6-11}$$

式中，$K = Y_{11}/f_{\text{S}}$ 为常数，由变压器容量、漏抗及变比决定。

同理，可确定

$$e_{\text{iT2\_rms}}^{\text{TR}} \approx \frac{(\Delta t \cdot f_{\text{S}})^{3/2}}{3} \cdot \frac{K \cdot U_2}{i_{\text{T2\_rms}}} \tag{6-12}$$

由式（6-11）和式（6-12）可知，梯形积分法的相对均方根误差均随着 Δt 和 f_S 扩大而扩大。因此，当变压器参数固定时，对于给定精度要求 $e_{\text{iT1\_rms}}^{\text{TR}}$ 和 $e_{\text{iT2\_rms}}^{\text{TR}}$，可据式（6-11）、式（6-12）求取最大仿真步长。当采用后退欧拉法时，上述方法仍可适用，仅需对系数矩阵做变更即可。

6.1.2 复频域离散导纳相对误差

高频链交流端口电压表现为方波，其高次谐波的影响使得仿真误差的分析较为困难。本节给出一种基于复频域离散导纳相对误差的分析方法。

为便于读者理解，本节先以单移相控制下的非谐振变换器为例进行分析。假定变压器端口电压为占空比 50% 的标准方波，其时域表达式为

$$e(t) = \begin{cases} E_{\text{m}}, 0 \leqslant t \leqslant \dfrac{T_{\text{S}}}{2} \\ -E_{\text{m}}, \dfrac{T_{\text{S}}}{2} \leqslant t \leqslant T_{\text{S}} \end{cases} \tag{6-13}$$

式中，E_{m} 为方波幅值；T_{S} 为周期。

对式（6-13）进行傅里叶分解如式（6-14）所示，由于 $e(t)$ 为奇函数，因此仅包含奇倍频分量。

$$e(t) = \frac{4E_{\text{m}}}{\pi} \sum_{k=1,3,5,\cdots}^{\infty} \frac{1}{k} \sin k\omega t \tag{6-14}$$

因此，可得各频率下非谐振腔等效电路如图 6-1 所示。

其中，u_{H} 与 u_{L} 为傅里叶分解下的同频交流电压。

图 6-1 中非谐振腔的参数矩阵可由式

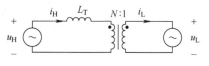

图 6-1 各频率下非谐振腔等效电路

（3-1）获得，因此，可得其频域表达及复导纳为

$$\begin{bmatrix} u_{\text{H}}(\text{j}\omega) \\ u_{\text{L}}(\text{j}\omega) \end{bmatrix} = \text{j}\omega \cdot \begin{bmatrix} (L_1 + L_{\text{T}}) + L_{\text{m}} & L_{\text{m}}/N \\ L_{\text{m}}/N & L_2 + L_{\text{m}}/N^2 \end{bmatrix} \cdot \begin{bmatrix} i_{\text{H}}(\text{j}\omega) \\ i_{\text{L}}(\text{j}\omega) \end{bmatrix} \tag{6-15}$$

$$\boldsymbol{Y}(\text{j}\omega) = -\text{j}\frac{1}{\omega} \cdot \begin{bmatrix} (L_1 + L_{\text{T}}) + L_{\text{m}} & L_{\text{m}}/N \\ L_{\text{m}}/N & L_2 + L_{\text{m}}/N^2 \end{bmatrix}^{-1} \tag{6-16}$$

式（6-16）在 s 平面内的导纳形式如下

$$\boldsymbol{Y}(s) = \frac{1}{s} \cdot \begin{bmatrix} (L_1 + L_{\text{T}}) + L_{\text{m}} & L_{\text{m}}/N \\ L_{\text{m}}/N & L_2 + L_{\text{m}}/N^2 \end{bmatrix}^{-1} \tag{6-17}$$

考虑到连续系统中的拉式变换并不总是适用于离散系统，有可能出现复变量 s 的超越函数，因此使用 z 变换法建立离散系统的数学模型。当采用梯形积分法

分析时，可通过如式（6-18）的双线性变换构建 s 平面到 z 平面的映射[3]。

$$s \approx \frac{2(z-1)}{\Delta t(z+1)} = \mathrm{j}\frac{2}{\Delta t}\tan\left(\frac{\omega\Delta t}{2}\right) \tag{6-18}$$

进一步，可由图 6-2 可建立变量 z 与 $\mathrm{j}\omega$ 的关系

$$z = \mathrm{e}^{\mathrm{j}\omega\Delta t} = \cos(\omega\Delta t) + \mathrm{j}\sin(\omega\Delta t) \tag{6-19}$$

由式（6-16）~式（6-19）可得经梯形积分法处理后，非谐振腔复频域导纳为

$$\boldsymbol{Y}(\mathrm{j}\omega,\Delta t) = -\mathrm{j}\frac{\Delta t}{2}\bigg/ \tan\left(\frac{\omega\Delta t}{2}\right) \cdot \begin{bmatrix} (L_1 + L_T) + L_\mathrm{m} & L_\mathrm{m}/N \\ L_\mathrm{m}/N & L_2 + L_\mathrm{m}/N^2 \end{bmatrix}^{-1} \tag{6-20}$$

类似于文献［5］，定义复频域离散导纳相对误差为

$$\Delta\boldsymbol{Y}(\mathrm{j}\omega,\Delta t) = \frac{|\boldsymbol{Y}(\mathrm{j}\omega) - \boldsymbol{Y}(\mathrm{j}\omega,\Delta t)|}{|\boldsymbol{Y}(\mathrm{j}\omega)|} \tag{6-21}$$

此时，在相同电压信号输入下，非谐振腔两端口电流相对误差可由式（6-21）所示复频域导纳相对误差表示。需要注意的是，式（6-21）不仅能够反映离散前后 $\boldsymbol{Y}(\mathrm{j}\omega)$ 与 $\boldsymbol{Y}(\mathrm{j}\omega,\Delta t)$ 的模值差别，也可反映其相位差别。

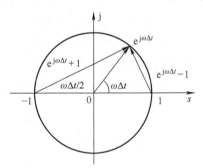

图 6-2　s 域到 z 域的映射

结合式（6-16）和式（6-20）可得，非谐振腔各次频率下的仿真误差与角频率 ω、仿真步长 Δt 的关系为

$$\Delta Y_{\mathrm{TR}}(\mathrm{j}\omega,\Delta t) = \left|\left[\frac{\omega\Delta t}{2}\bigg/\tan\left(\frac{\omega\Delta t}{2}\right)\right] - 1\right| \tag{6-22}$$

由式（6-22）可知，此时复频域离散导纳相对误差与参数取值无关，仅与积分方法选取有关。

绘制不同频率和仿真步长下 $\boldsymbol{Y}(\mathrm{j}\omega)$ 与 $\boldsymbol{Y}(\mathrm{j}\omega,\Delta t)$ 的模值比，以及复频域离散导纳相对误差如图 6-3 所示。

由图 6-3 可知，采用梯形积分法对非谐振腔进行处理，$\boldsymbol{Y}(\mathrm{j}\omega)$ 与 $\boldsymbol{Y}(\mathrm{j}\omega,\Delta t)$ 的模值比和复频域离散导纳相对误差均随着仿真步长与频率的上升而扩大。但是，由于式（6-14）中的高次谐波分量的幅值随着谐波次数上升而迅速减小，单一高次谐波并不会对带来很大误差，系统误差主要由方波分解后的高次谐波误差共同决定。这与传统仿真规律认知一致，直接采用时域方法分析其仿真误差对步长选取的影响即可。

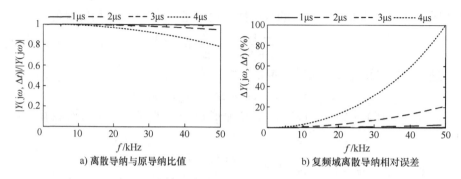

a) 离散导纳与原导纳比值   b) 复频域离散导纳相对误差

图 6-3　非谐振变换器不同频率和仿真步长下的误差

然而，对于谐振型变换器而言，上述结论不再适用。本节以 LLC 谐振变换器为例进行分析，其傅里叶分解后各频率下谐振腔等效电路如图 6-4 所示。

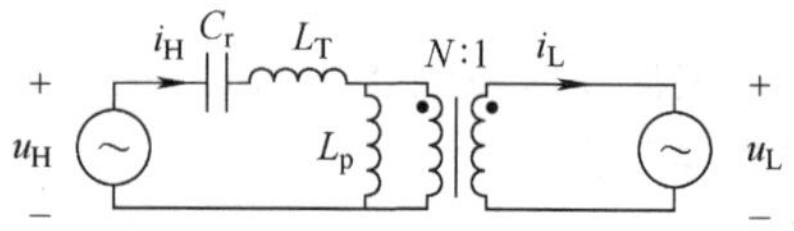

图 6-4　各频率下谐振腔等效电路

此时频域状态下的高频链端口导纳为

$$Y_{LLC}(j\omega) = \begin{bmatrix} \dfrac{1}{j\omega C_r} + j\omega\left(L_r + \dfrac{L_1 L_p + L_m L_p}{L_p + L_1 + L_m}\right) & j\omega \cdot \dfrac{L_m}{N} \\ j\omega \cdot \dfrac{L_m L_p}{N(L_p + L_1 + L_m)} & j\omega \cdot \left(L_2 + \dfrac{L_m}{N^2}\right) \end{bmatrix}^{-1} \quad (6\text{-}23)$$

与非谐振型变换器相比，频域相关量"$j\omega$"无法与电感、电容元件电气量分离表示，此时，式（6-21）所示复频域离散导纳相对误差表达式如下：

$$\Delta Y_{LLC}(j\omega, \Delta t) = \frac{|Y_{LLC}(j\omega) - Y_{LLC}(j\omega, \Delta t)|}{|Y_{LLC}(j\omega)|} \quad (6\text{-}24)$$

LLC 谐振腔的复频域离散导纳相对误差与积分方法及参数取值均有关系。本节验证中，取 $L_1 = 3.6406\mu H$，$L_2 = 3.6406\mu H$，$L_m = 0.0207H$，$L_r = 9.2\mu H$，$C_r = 83.5\mu F$，$L_p = 381.1\mu H$，计算得谐振频率为 5.5kHz。类比非谐振变换器，可绘制谐振型变换器不同频率和仿真步长下的复频域离散导纳与原导纳模值之比，以及复频域离散导纳相对误差如图 6-5 所示。

在图 6-5 中，谐振变换器的复频域离散导纳相对误差在谐振频率附近出现极值，且随仿真步长的扩大出现较大幅度的增加。考虑到实际工程中，为实现高品质因数与网络特性，谐振变换器工作频率常设置在谐振频率 ω_N 附近[6]，且方波分解的基频分量远大于高次谐波，因此，该特性的影响不能忽略，此时系统误差主要由基波误差导致。究其原因，在谐振频率处，阻抗近似等于电阻，阻抗较小，此时较小的扰动也会带来较大的偏差。

同时，在谐振频率处的仿真，如果步长取值不合适，会同时出现对系统阻抗

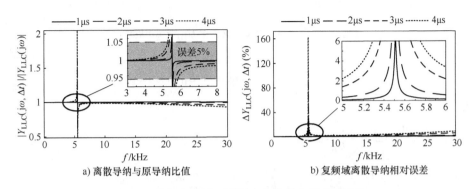

图 6-5　谐振变换器不同频率和仿真步长下的误差

特性的误判现象，即存在阻抗特性误判区间。在不同仿真步长下，图 6-4 所示 LLC 谐振腔下复频域导纳的相频图如图 6-6 所示。

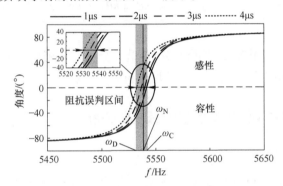

图 6-6　LLC 谐振腔复频域导纳的相频图

　　由图 6-6 可知，随着频率的上升，系统复离散导纳均呈现由容性向感性的过渡。由于本节所选 LLC 谐振腔谐振频率为 5.5kHz，可近似认为采用 1μs 仿真步长所得结果与理论计算值相近。记 1μs 步长相频曲线过零点所对应频率为 ω_C，其他仿真步长下相频曲线过零点对应频率为 ω_D，由图可知，在 (ω_D, ω_C) 的频段区间内，仿真所得系统阻抗特性为感性，而实际系统阻抗为容性，出现了阻抗特性的误判，(ω_D, ω_C) 即为阻抗特性误判区间。同时，误判区间长度 $\Delta\omega = \omega_C - \omega_D$ 随仿真步长扩大而扩大。

　　综上，谐振型变换器的特性与非谐振不一致，基频的仿真误差成了误差的主要影响因素，对仿真步长的限制更大。此时，可以采用本节所提复频域离散导纳相对误差作为仿真步长取值的衡量标准，同时，需要关注所选步长是否会引起阻抗性质的误判。

　　当 DAB 采用其他控制方式时，设内外移相角分别为 α 和 β，则高频链端口交流电压傅里叶表达式为

$$\begin{cases} u_{H1} = \sum_{n=1}^{k} (A_{H1} \cdot \cos k\omega t + B_{H1} \cdot \sin k\omega t) \\ u_{H2} = \sum_{n=1}^{k} (A_{H2} \cdot \cos k\omega t + B_{H2} \cdot \sin k\omega t) \end{cases} \tag{6-25}$$

式中，

$$\begin{cases} A_{H1} = -\dfrac{u_1}{k\pi}\sin k\alpha + \dfrac{u_1}{k\pi}\sin(k\alpha + k\pi) \\ B_{H1} = -\dfrac{u_1}{k\pi}\cos k\pi + \dfrac{u_1}{k\pi}\cos k\alpha + \dfrac{u_1}{k\pi}\cos 2k\pi - \dfrac{u_1}{k\pi}\cos(k\alpha + k\pi) \\ A_{H2} = \dfrac{u_2}{k\pi} \cdot [\sin(k\theta + k\pi) - \sin(k\beta + k\theta) - \sin k\theta + \sin(k\beta + k\theta + k\pi)] \\ B_{H2} = \dfrac{u_2}{k\pi} \cdot [-\cos(k\theta + k\pi) + \cos(k\beta + k\theta) + \cos k\theta - \cos(k\beta + k\theta + k\pi)] \end{cases}$$

$$\tag{6-26}$$

仍然可以通过傅里叶分解得到其所含谐波分量，采用式（6-15）~式（6-21）所示方法，在频域下进行仿真步长选取分析。

6.2 仿真步长对数值稳定的影响分析

对于线性定常的开关系统，如果任何网络配置（开关组合）均满足自治系统李雅普诺夫（Lyapunov）稳定，则对应非自治开关系统有界输入有界输出（BIBO）稳定[7,8]。因此，PET 系统状态方程稳定性的分析，可转化为对每个开关状态下对应自治系统李雅普诺夫稳定的分析。第 3 章与 5.2.1 节所提出的等效模型均不涉及电路的解耦，等效模型最终表现为多端口形式，模型稳定性仅由积分方式决定，为便于描述，本节将其统称为多端口等效模型；第 4 章高频链端口解耦模型在上述模型基础上引入了额外约等过程，本节对其带来的稳定性问题进行单独分析。

6.2.1 多端口等效模型

首先，对 DAB 模块进行如下简化：

1）DAB 模块的两侧端口采用定电压控制，且电容值较大，故将两端外电路等效为电阻很小的戴维南等效电路（电压波动较小）。

2）不考虑 H 桥中 IGBT 开关组的插值功能，视为二值电阻模型。

然后，构建其简化电路如图 6-7 所示[4]。

以左侧 H 桥为例，当该 DAB 模块采用单移相控制时，$R_1 \sim R_4$ 满足

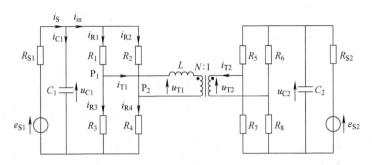

图 6-7　DAB 模块简化电路

$$\begin{cases} R_1 + R_3 = R_2 + R_4 = R_{\text{ON}} + R_{\text{OFF}} \\ R_1 R_3 = R_2 R_4 = R_{\text{ON}} R_{\text{OFF}} \end{cases} \tag{6-27}$$

对 DAB 模块左半侧电路列写基尔霍夫电压和电流定律表达式可得

$$\begin{cases} i_{\text{in}} = i_{\text{R1}} + i_{\text{R2}} = i_{\text{R3}} + i_{\text{R4}} \\ u_{\text{T1}} = R_2 i_{\text{R2}} - R_1 i_{\text{R1}} = R_3 i_{\text{R3}} - R_4 i_{\text{R4}} \\ i_{\text{T1}} = i_{\text{R1}} - i_{\text{R3}} = i_{\text{R4}} - i_{\text{R2}} \\ u_{\text{C1}} = e_{\text{S1}} - R_{\text{S1}} i_{\text{S1}} \\ C_1 \dfrac{\mathrm{d} u_{\text{C1}}}{\mathrm{d} t} = i_{\text{C1}} = i_{\text{S1}} - i_{\text{in}} \end{cases} \tag{6-28}$$

由式（6-27）、式（6-28）可解得

$$\begin{cases} i_1 = \dfrac{u_{\text{C1}} - u_{\text{T1}}}{2R_1}, i_2 = \dfrac{u_{\text{C1}} + u_{\text{T1}}}{2R_2} \\ i_{\text{T1}} = \dfrac{R_2 - R_1}{2R_1 R_2} u_{\text{C1}} - \dfrac{R_1 + R_2}{2R_1 R_2} u_{\text{T1}} \\ i_{\text{in}} = \dfrac{R_1 + R_2}{2R_1 R_2} u_{\text{C1}} + \dfrac{R_1 - R_2}{2R_1 R_2} u_{\text{T1}} \end{cases} \tag{6-29}$$

故变压器一次电压表达式为

$$u_{\text{T1}} = \dfrac{R_2 - R_1}{R_1 + R_2} u_{\text{C1}} - \dfrac{2R_1 R_2}{R_1 + R_2} i_{\text{T1}} \tag{6-30}$$

DAB 模块左侧输入电容电压的微分方程为

$$\dfrac{\mathrm{d} u_{\text{C1}}}{\mathrm{d} t} = -\dfrac{1}{C_1} \left(\dfrac{2}{R_1 + R_2} + \dfrac{1}{R_{\text{S1}}} \right) u_{\text{C1}} + \dfrac{1}{C_1} \cdot \dfrac{R_1 - R_2}{R_1 + R_2} i_{\text{T1}} + \dfrac{1}{C_1 R_{\text{S1}}} e_{\text{S1}} \tag{6-31}$$

由电路对称性，可得 DAB 模块右侧输出电容的微分方程。

取 DAB 模块电容电压与变压器原电流为状态变量，列写 DAB 模块状态方程，如下：

$$
\begin{bmatrix} \dfrac{du_{C1}}{dt} \\[2mm] \dfrac{du_{C2}}{dt} \\[2mm] \hdashline \\ \dfrac{di_{T1}}{dt} \\[2mm] \dfrac{di_{T2}}{dt} \end{bmatrix} = \left[\begin{array}{cc:cc} -\dfrac{1}{C_1}\left(\dfrac{2}{R_1+R_2}+\dfrac{1}{R_{S1}}\right) & 0 & \dfrac{1}{C_1}\cdot\dfrac{R_1-R_2}{R_1+R_2} & 0 \\[3mm] 0 & -\dfrac{1}{C_2}\left(\dfrac{2}{R_1+R_2}+\dfrac{1}{R_{S2}}\right) & 0 & \dfrac{1}{C_2}\cdot\dfrac{R_1-R_2}{R_1+R_2} \\[3mm] \hdashline \dfrac{R_2-R_1}{R_1+R_2}Y_{11} & \dfrac{R_2-R_1}{R_1+R_2}Y_{12} & -\dfrac{2R_1R_2}{R_1+R_2}Y_{11} & -\dfrac{2R_1R_2}{R_1+R_2}Y_{12} \\[3mm] \dfrac{R_2-R_1}{R_1+R_2}Y_{21} & \dfrac{R_2-R_1}{R_1+R_2}Y_{22} & -\dfrac{2R_1R_2}{R_1+R_2}Y_{21} & -\dfrac{2R_1R_2}{R_1+R_2}Y_{22} \end{array}\right] \cdot \begin{bmatrix} u_{C1} \\[2mm] u_{C2} \\[1mm] \hdashline \\ i_{T1} \\[2mm] i_{T2} \end{bmatrix} +
$$

$$
\left[\begin{array}{cc} \dfrac{1}{C_1R_{S1}} & 0 \\[3mm] 0 & \dfrac{1}{C_2R_{S2}} \\[2mm] \hdashline 0 & 0 \\[1mm] 0 & 0 \end{array}\right] \cdot \begin{bmatrix} e_{S1} \\[2mm] e_{S2} \end{bmatrix} \tag{6-32}
$$

记为 $\dot{x} = Ax + Bu$ ，其中

$$
\begin{cases} x = \begin{bmatrix} u_C \\ i_T \end{bmatrix}, A = \begin{bmatrix} A_{uu} & A_{ui} \\ A_{iu} & A_{ii} \end{bmatrix} \\[4mm] A_{ii} = -\dfrac{2R_1R_2}{R_1+R_2}Y_T, A_{iu} = \dfrac{R_2-R_1}{R_1+R_2}Y_T \end{cases} \tag{6-33}
$$

对于离散系统，DAB 模块的李雅普诺夫稳定的条件为：存在对称正定矩阵 P ，使得 $G^TPG - P$ 负定，其中，G 随积分方式而改变。

取对称矩阵 P 为

$$
P = \frac{1}{2} \cdot \left[\begin{array}{cc:cc} C_1 & 0 & 0 & 0 \\ 0 & C_2 & 0 & 0 \\ \hdashline 0 & 0 & & \\ 0 & 0 & & Y_T^{-1} \end{array}\right] \tag{6-34}
$$

由希尔维斯特（Sylvester）判据可知，P 的各顺序主子式满足式（6-35），P 正定。

$$
\begin{cases} \Delta_1 = \dfrac{C_1}{2} > 0, \Delta_2 = \dfrac{C_1}{2} \cdot \dfrac{C_2}{2} > 0 \\[4mm] \Delta_3 = \dfrac{C_1}{2} \cdot \dfrac{C_2}{2} \cdot \dfrac{D_{11}}{2} > 0 \\[4mm] \Delta_4 = \dfrac{C_1}{2} \cdot \dfrac{C_2}{2} \cdot \dfrac{|Y_T^{-1}|}{2} > 0 \end{cases} \tag{6-35}
$$

1. 后退欧拉法

采用后退欧拉法积分时

$$x(t) = x(t - \Delta t) + \Delta t \cdot A \cdot x(t) \tag{6-36}$$

所以

$$G = (I - \Delta t \cdot A)^{-1} \triangleq G_{BE} \tag{6-37}$$

将 G_{BE} 代入 $G^{T}PG - P$ 可得

$$Q_{BE} = G_{BE}^{T}PG_{BE} - P = \left[(I - \Delta t \cdot A)^{-1}\right]^{T}P(I - \Delta t \cdot A)^{-1} - P$$
$$= \Delta t \cdot \left[(I - \Delta t \cdot A)^{-1}\right]^{T} \cdot \left[(A^{T}P + PA) - \Delta t \cdot A^{T}PA\right] \cdot (I - \Delta t \cdot A)^{-1} \tag{6-38}$$

Q_{BE} 恒为负定矩阵，所以离散系统一定稳定，且与 Δt 取值无关。

2. 梯形积分法

当采用梯形积分法时

$$x(t) = x(t - \Delta t) + \frac{\Delta t \cdot A}{2}\left[x(t) + x(t - \Delta t)\right] \tag{6-39}$$

所以

$$G = (I - \frac{\Delta t \cdot A}{2})^{-1}(I + \frac{\Delta t \cdot A}{2}) \triangleq G_{TR} \tag{6-40}$$

此时

$$Q_{TR} = G_{TR}^{T}PG_{TR} - P = \Delta t \cdot (I - \frac{\Delta t \cdot A}{2})^{-T}(A^{T}P + PA) \cdot (I - \frac{\Delta t \cdot A}{2})^{-1} \tag{6-41}$$

Q_{TR} 恒为负定矩阵，所以离散系统一定稳定，且与 Δt 取值无关。

综上，当采用后退欧拉法与梯形积分法时，DAB 模块每个开关状态下对应自治系统李雅普诺夫稳定，自治系统 BIBO 稳定。在状态变量不突变情况下，不会因数值积分方法的稳定性问题对仿真步长选取带来新的约束。

6.2.2　高频链端口解耦模型

在第 4 章高频链等效模型建立过程中，利用了电容电压不突变性质，进行了单步长约等。为便于读者更好理解，本节对其进行简化，给出以 DAB 为例的高频链端口解耦模型构建过程如下。

DAB 模块端口方程为

$$\begin{bmatrix} i_{IN}(t) \\ i_{OUT}(t) \end{bmatrix} = \begin{bmatrix} y_{11} & y_{12} \\ y_{12} & y_{22} \end{bmatrix} \cdot \begin{bmatrix} u_{IN}(t) \\ u_{OUT}(t) \end{bmatrix} + \begin{bmatrix} j_{S1}(t) \\ j_{S2}(t) \end{bmatrix} \tag{6-42}$$

通过单步长高频链电容端口电压的约等，实现 DAB 模块串并联侧解耦，约等后的方程为

$$\begin{bmatrix} i_{\mathrm{IN}}(t) \\ i_{\mathrm{OUT}}(t) \end{bmatrix} \approx \begin{bmatrix} y_{11} & 0 \\ 0 & y_{22} \end{bmatrix} \cdot \begin{bmatrix} u_{\mathrm{IN}}(t) \\ u_{\mathrm{OUT}}(t) \end{bmatrix} + \begin{bmatrix} 0 & y_{12} \\ y_{12} & 0 \end{bmatrix} \cdot \begin{bmatrix} u_{\mathrm{IN}}(t-\Delta t) \\ u_{\mathrm{OUT}}(t-\Delta t) \end{bmatrix} + \begin{bmatrix} j_{\mathrm{S1}}(t) \\ j_{\mathrm{S2}}(t) \end{bmatrix}$$

$$= \begin{bmatrix} y_{11} & 0 \\ 0 & y_{22} \end{bmatrix} \cdot \begin{bmatrix} u_{\mathrm{IN}}(t) \\ u_{\mathrm{OUT}}(t) \end{bmatrix} + \begin{bmatrix} j_{\mathrm{eq1}}(t) \\ j_{\mathrm{eq2}}(t) \end{bmatrix} \tag{6-43}$$

此时，图 6-8a 中 DAB 模块等效电路的互导纳支路的耦合作用以电流源形式在 j_{eq1} 和 j_{eq2} 中体现，如图 6-8b 所示。

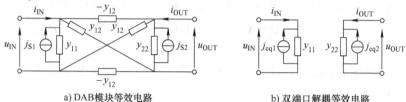

a) DAB 模块等效电路   b) 双端口解耦等效电路

图 6-8 DAB 的高频链端口解耦模型

对式（6-43）移项得到

$$\begin{bmatrix} y_{11} & 0 \\ 0 & y_{22} \end{bmatrix} \cdot \begin{bmatrix} u_{\mathrm{IN}}(t) \\ u_{\mathrm{OUT}}(t) \end{bmatrix} = -\begin{bmatrix} 0 & y_{12} \\ y_{12} & 0 \end{bmatrix} \cdot \begin{bmatrix} u_{\mathrm{IN}}(t-\Delta t) \\ u_{\mathrm{OUT}}(t-\Delta t) \end{bmatrix} - \begin{bmatrix} j_{\mathrm{S1}}(t) \\ j_{\mathrm{S2}}(t) \end{bmatrix} + \begin{bmatrix} i_{\mathrm{IN}}(t) \\ i_{\mathrm{OUT}}(t) \end{bmatrix}$$

$$\tag{6-44}$$

式（6-44）所对应的自治系统为

$$\boldsymbol{Y}_1 \cdot \boldsymbol{u}(t) = -\boldsymbol{Y}_2 \cdot \boldsymbol{u}(t-\Delta t) \tag{6-45}$$

此时状态变量 $\boldsymbol{u}$ 的单步长增益 $\boldsymbol{G}$ 为

$$\boldsymbol{u}(t) = \boldsymbol{G} \cdot \boldsymbol{u}(t-\Delta t) = \boldsymbol{Y}_1^{-1} \cdot \boldsymbol{Y}_2 \cdot \boldsymbol{u}(t-\Delta t)$$

$$= -\begin{bmatrix} G_1 + G_3 + G_{C1} + 2y_1 & 0 \\ 0 & 2y_3 \end{bmatrix} \cdot \begin{bmatrix} 0 & y_2 \\ y_2 & 0 \end{bmatrix} \cdot \boldsymbol{u}(t-\Delta t)$$

$$= -\begin{bmatrix} 0 & \dfrac{y_2}{G_1 + G_3 + G_{C1} + 2y_1} \\ \dfrac{y_2}{2y_3} & 0 \end{bmatrix} \cdot \boldsymbol{u}(t-\Delta t) \tag{6-46}$$

考虑实际 DAB 变换器参数取值，$|y_2| \ll |G_1 + G_3 + G_{C1} + 2y_1|$，$|y_2| \ll |2y_3|$，所以 $\boldsymbol{G}$ 的所有特征根均在单位圆内，等价于存在对称矩阵 $\boldsymbol{P}$ 正定，使 $\boldsymbol{G}^{\mathrm{T}}\boldsymbol{P}\boldsymbol{G} - \boldsymbol{P}$ 负定。因此，离散系统渐进稳定[9]。

综上，式（4-14）所示约等过程不会导致仿真过程不稳定，也即所提等效建模方法不会对仿真步长产生新的约束。

6.3 仿真步长选取方法

综合本章分析，绘制最大仿真步长求取流程图如图 6-9 所示。

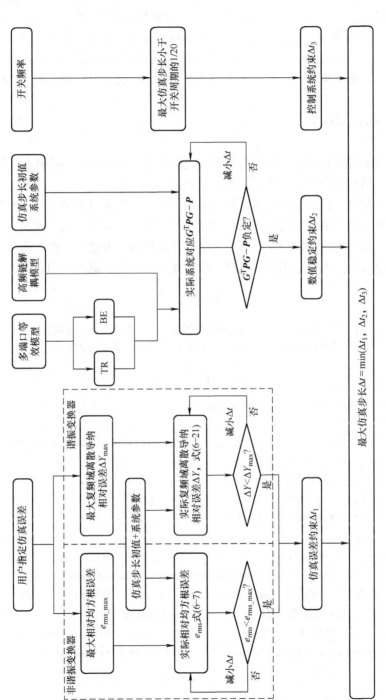

图 6-9　最优仿真步长求取流程图

由图 6-9 可知，最大仿真步长受到仿真误差、数值稳定和控制系统的共同约束。其中，在仿真误差约束求取过程中，应根据变换器类型选择合适的判断标准，逐步减小仿真步长，求取满足用户指定误差的最大仿真步长；数值稳定约束与积分方法选择有关，要求最大仿真步长应当满足自治系统李雅普诺夫稳定判据；为保证精确可靠的控制，最大仿真步长应小于最小开关周期的 $1/20$[10]。

6.4　本章小结

本章从等效模型仿真误差与数值稳定性角度，展开仿真步长优化选取方法研究。首先从时域角度，以截断误差表征系统局部误差特性，在此基础上，给出了基于相对均方根误差的最大仿真步长求取方法；考虑到谐振型变换器系统的特殊性，提出了基于复频域离散导纳相对误差的仿真步长选取方法。其次，通过对不同模型仿真步长与数值稳定性分析，证明了所提等效方法不会由于仿真步长取值为系统引入新的不稳定因素。最后，本章给出了最大仿真步长的求取方法。

参 考 文 献

[1] 王晗玥，孙昱昊，高晨祥，等. 电力电子变压器电磁暂态仿真步长选取方法 [J/OL]. 电网技术：1-12 [2023-04-29]. http：//kns. cnki. net/kcms/detail/11. 2410. TM. 20220826. 1723. 030. html.

[2] TANT J, DRIESEN J. On the numerical accuracy of electromagnetic transient simulation with power electronics [J]. IEEE Transactions on Power Delivery, 2018, 33 (5)：2492-2501.

[3] 李庆扬，王能超，易大义. 数值分析 [M]. 北京：清华大学出版社，2008：280-297.

[4] 高晨祥，丁江萍，赵桓锋，等. 双有源桥型变换器电磁暂态等效算法稳定性及截断误差分析 [J]. 中国电机工程学报，2021，41 (1)：308-317+420.

[5] ZHAO H F, ZHANG Y, GOLE A M. Accuracy evaluation of electromagnetic transients simulation algorithms [J]. IEEE Transactions on Power Delivery, 2022, 37 (3)：1813-1822.

[6] 赵磊. LLC 谐振变换器的研究 [D]. 成都：西南交通大学，2008.

[7] MICHALETZKY G, GERENCSER L. BIBO stability of linear switching systems [J]. IEEE Transactions on Automatic Control, 2002, 47 (11)：1895-1898.

[8] LIN H, ANTSAKLIS P J. Stability and stabilizability of switched linear systems：a survey of recent results [J]. IEEE Transactions on Automatic Control, 2009, 54 (2)：308-322.

[9] 胡寿松. 自动控制原理 [M]. 6 版. 北京：科学出版社，2013.

[10] GOLE A M, KERI A, NWANKPA C, et al. Guidelines for modeling power electronics in electric power engineering applications [J]. IEEE Power Engineering Review, 1997, 17 (1)：71.

第7章

PET 等效模型闭锁及死区工况模拟

闭锁和死区是两种常见的 PET 特殊工况。其中,闭锁状态是一种非正常工作状态,用于启动预充电,或在严重的交直流故障下保护电力电子器件、子模块电容和高频变压器等[1]。由于实际开关器件的导通、关断都需要一定的时间,工程和样机中为了避免同桥臂中互补的开关发生直通故障,通常会在其控制信号中加入死区延时,以两组开关出现短时间内同时关断的代价避免同时导通[2]。

闭锁和死区的建模难点都在于如何正确模拟二极管状态,其中闭锁是一次性动作,电路变换后不会频繁切换,便于统一模拟,而死区由于切换频繁,所以难度更大。在之前的章节中,均未考虑这两种状态的等效方法,为增强模型的适用性,本章将以 CHB – DAB 型 PET 为例,分别介绍闭锁和死区工况的模拟方法[3,4]。

7.1 闭锁工况模拟

PET 的部分或全部的 IGBT 闭锁后立即关断,而与 IGBT 反并联的续流二极管将构成不控的二极管网络。续流二极管的开关状态由外部电路决定,而 PSCAD/EMTDC 仿真平台的插值功能或实时仿真器采用的阻尼电路难以直接与等效模型集成[5]。因此,对于储能元件充放电特性的正确模拟,是 PET 闭锁状态电磁暂态精确仿真的关键。

7.1.1 基本原理

CHB – DAB 拓扑图如图 7-1 所示。

在 DC/DC 变换环节,所有 DAB 变换器闭锁后,流过开关模块 $S_5 \sim S_{12}$ 的电流会迅速降为 0,使其与前级(CHB)和后级(DC – AC 变换器)分别解列。因此,在 CHB – DAB 模块等效建模时,可进行相应的简化。本节以 DAB 出口短路

119

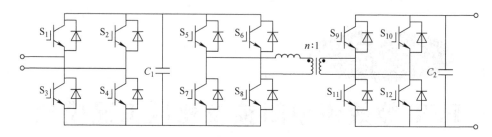

图 7-1 CHB – DAB 拓扑图

故障引起闭锁保护动作为例进行分析，即图 7-1 中电容 C_2 两端的电压降为 0，可以得到如图 7-2 所示的故障态波形（假设 DAB 输入侧电压恒定）。

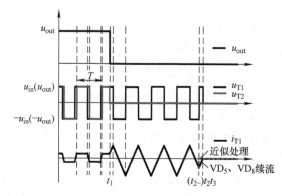

图 7-2 故障态的 DAB 输出电压、高频变压器端口电压和一次电流

图 7-2 中，变压器（含附加电感）的端口电压电流波形可分为 4 段：①0 ~ t_1，DAB 处于单移相控制，且输入、输出额定电压相同的正常工作状态[6]；②$t_1 ~ t_{2-}$，出口电压跌落，但 DAB 仍处于解锁状态（t_2 为换路时刻，t_{2-} 为换路前一瞬间）；③$t_2 ~ t_3$，DAB 闭锁，二极管 VD_5 和 VD_8 续流；④t_3 时刻及之后，续流结束，$VD_5 ~ VD_{12}$ 关断，DAB 退出运行。

图 7-3a ~ d 分别为对应 4 个阶段中拐点的故障电流回路。附加电感两端电压近似为 $u_{T1} - nu_{T2}$（n 为变比），由图 7-3b、c 可以看出，进入第 3 阶段后，附加电感两端电压翻转为 u_{in}。因此，在 t_2 时刻后，电感电流逐渐上升到 0，同时变压器二次电流过零，随后二极管关断，电感和变压器储存的能量耗散完毕。

上述过程的分析仅针对特定故障和特定闭锁时刻，其他开关模块导通模式下的闭锁，也可按相同方法分析，不再赘述。经测算，续流时间不超过 DAB 开关周期的 1/4，即

$$(t_3 - t_2)_{max} = \frac{|0 - i_{Lmax}|L_1}{U_{in}} \leqslant \frac{T}{4} \tag{7-1}$$

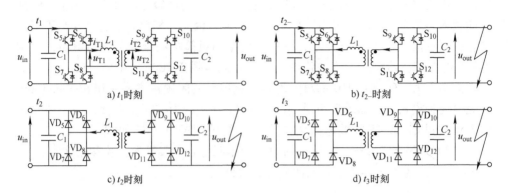

a) t_1 时刻 　　　　b) t_{2-} 时刻

c) t_2 时刻　　　　　　　　　　d) t_3 时刻

图 7-3　DAB 模块的故障电流回路

式中，T 为开关周期；i_{Lmax} 为故障态 1 个开关周期内的附加电感电流峰值；U_{in} 为 DAB 输入侧额定电压。

可以看出，无论闭锁前开关模块的导通状态如何，电感及变压器储存的能量都会通过续流二极管转移到 DAB 两端的电容上。CHB 连接的交流系统的频率（一般为工频）通常远低于 DAB 的开关频率，对闭锁等效建模而言，若忽略这一短暂的续流过程（图 7-2 中 t_2 时刻之后的虚线部分，等效模型中电感电流赋 0），随后交流系统将继续对电容 C_1 充电，电容电压的稳态分量在简化后的等效模型中仍然可以精确获得，对后续电磁暂态仿真的影响几乎可以忽略。

7.1.2　两种闭锁模式等效

在两侧有源情况下的启动充电过程中，DAB 投入前，需要将电容 C_1 和电容 C_2 通过 CHB 级和 DC/AC 变换器充电至额定值。电容 C_1 的充电过程包含了两个阶段：①完全闭锁，即 CHB 级和 DAB 级同时处于闭锁状态；②部分闭锁，即 CHB 级解锁，DAB 级闭锁。由此可得 CHB – DAB 子模块的闭锁简化电路，如图 7-4所示。

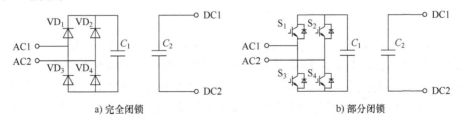

a) 完全闭锁　　　　　　　　　　b) 部分闭锁

图 7-4　CHB – DAB 子模块的闭锁简化电路

由图 7-4a 可见，每个子模块的 AC2 与下一个子模块的 AC1 相连，即串联，因此，当流过相单元的电流大于 0 时，所有子模块的电容正向接入，小于 0 时则反向接入。每个子模块的 DC1、DC2 分别相连，因此，相单元的右侧相当于多个电容并联连接。如图 7-4b 所示，串联侧为结构更简单的全控单端口电路，可用通用的单端口戴维南等效方法建模[7]，并联侧与图 7-4a 所示完全一致。

图 7-5 为 ISOP 型 CHB – DAB 型 PET 相单元的闭锁戴维南 – 诺顿等效电路。在完全闭锁模式下，如图 7-5a 所示，$VD_{1EQ} \sim VD_{4EQ}$ 为实际二极管，用于精确仿真电流的过零点，其等效电阻为单个二极管电阻的 N 倍，如式（7-2）所示。式（7-3）为基于梯形积分方法得到的 N 个串联电容的戴维南等效参数 $R_{SEQ}^{Blk}(t)$、$u_{SEQ}^{Blk}(t)$，以及 N 个并联电容的诺顿参数 $G_{PEQ}^{Blk}(t)$、$j_{PEQ}^{Blk}(t)$。

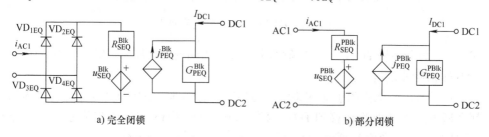

a) 完全闭锁   b) 部分闭锁

图 7-5　CHB – DAB 相单元的闭锁戴维南 – 诺顿等效电路

$$\begin{cases} R_{ON\_D\_EQ} = NR_{ON\_D} \\ R_{OFF\_D\_EQ} = NR_{OFF\_D} \end{cases} \tag{7-2}$$

$$\begin{cases} R_{SEQ}^{Blk}(t) = \sum_{i=1}^{N} 1/G_{C1}^{i} \\ u_{SEQ}^{Blk}(t) = \sum_{i=1}^{N} u_{CEQ1}^{i}(t - \Delta T) \\ G_{PEQ}^{Blk}(t) = \sum_{i=1}^{N} G_{C2}^{i} \\ j_{PEQ}^{Blk}(t) = \sum_{i=1}^{N} \left(u_{CEQ2}^{i}(t - \Delta T) \cdot G_{C2}^{i} \right) \end{cases} \tag{7-3}$$

式中，$u_{CEQ1}^{i}(t - \Delta T) = u_{C1}^{i}(t - \Delta T) + i_{C1}^{i}(t - \Delta T)/G_{C1}^{i}$；$G_{C1}^{i} = 2C_{1}^{i}/\Delta T$；$N$ 为 CHB – DAB 子模块个数；上标 "Blk" 为该参数对应完全闭锁状态模式。

在部分闭锁模式下，可得图 7-5b 所示的等效电路，其中，左侧进行了单端口戴维南等效及代数叠加，右侧端口的等效电路与式（7-3）和图 7-5a 所示完全闭锁模式一致。假设开关的关断电阻无穷大，串联侧的戴维南等效参数通过式（7-4）计算可得，并联侧与完全闭锁模式下的计算方法一致。

$$\begin{cases} R_{\mathrm{SEQ}}^{\mathrm{PBlk}}(t) = 2R_{\mathrm{ON}}N + \sum_{i=1}^{N} |\mathrm{Flag}_i|/G_{\mathrm{C1}}^{i} \\ u_{\mathrm{SEQ}}^{\mathrm{PBlk}}(t) = \sum_{i=1}^{N} \mathrm{Flag}_i \cdot u_{\mathrm{CEQ1}}^{i}(t - \Delta T) \end{cases} \tag{7-4}$$

式中，Flag_i 为第 i 个 CHB 子模块的投入情况，正投入为 1，负投入为 -1，旁路为 0；上标"PBlk"为该参数对应部分闭锁模式。

除进行上述外部等效外，在进入完全闭锁或部分闭锁状态后，其他内部状态变量（变压器及附加电感上的历史电流值）归零。

7.1.3　闭锁功能集成方式

在建立闭锁等效模型后，如何与正常工况下的模型结合，组成整体 PET 的模型，并进行系统的仿真验证，是本节需要解决的问题。

由图 7-5 可知，经过戴维南 - 诺顿等效后，完全闭锁模式下等效电路中除了二极管 H 桥外的其他部分、部分闭锁等效电路与非闭锁状态等效电路具有相同的形式，可通过选择语句进行集成。图 7-6 为集成了闭锁功能的 CHB - DAB 相单元等效模型，点画线框部分的戴维南/诺顿参数包含 3 种选择，由 CHB 级/DAB 级的闭锁状态决定。

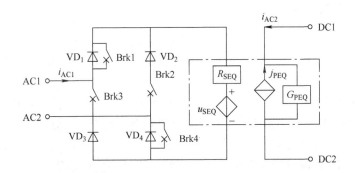

图 7-6　集成闭锁功能的 CHB - DAB 相单元等效模型

如图 7-6 所示，Brk1 ~ Brk4 为用于控制二极管支路投切的开关，在仿真中可与闭锁信号关联。当处于完全闭锁状态时，Brk1、Brk4 断开，Brk2、Brk3 闭合；当处于部分闭锁或非闭锁状态时，Brk2、Brk3 断开，Brk1、Brk4 闭合。

此外，该集成方式使得非闭锁和闭锁电路可共用同一个状态变量存储单元，既保证了子模块电容电压的仿真精度，且在闭锁与非闭锁电路的切换时，无须进行状态传递。此处的状态变量包括电容 C_1、C_2 上的电压、电感 L_1 上的电流及变压器一次、二次电流。该集成方法的不足是相对于详细模型而言，由于各子模块通過共用二極管來判斷電流過零點，因此，各子模塊的交流端口電壓無法獲得，但在閉鎖期間監控子模塊電容電壓，單個模塊的交流出口電壓通常不做考慮，因此，該方式足夠滿足實際仿真的需求。

7.1.4　算法適用性分析

該閉鎖集成方法體現了具有相同狀態變量的不同結構電路模型在仿真中切換調用的可行性，適用於隔離級為 DAB 或 MAB 的級聯 H 橋型 PET 等效模型。此外，該方法也可與前面章節中提出的其他非閉鎖等效模型集成，具有較強的適用性。

但本節所提閉鎖模擬過程通過多模塊共用二極管判斷電流過零點，只可處理 CHB – DAB 完全閉鎖和 CHB 解鎖、DAB 閉鎖兩種模式，並不適用於研究 DAB 的一個 H 橋閉鎖且部分 H 橋解鎖（簡稱 DAB 局部閉鎖）時的閉鎖過程，以下簡要分析不適用的原因和解決思路。

DAB 局部閉鎖時，一個全控 H 橋可工作在逆變狀態，另一個不控的二極管橋則工作在整流工作狀態，不符合 7.1.1 節所提到的 DAB 解列情況。處於不同 DAB 模塊中的變壓器（含附加電感）上流過的電流可能存在相位差，難以通過共用二極管的方式調用 EMT 解算器的插值功能，從而精確判斷電流的過零點。

7.1.5　仿真驗證

在 PSCAD/EMTDC 中分別搭建 10kV/3kV 的 CHB – DAB 型 PET 的詳細模型（detailed model，DM）和本章所提閉鎖等效模型（equivalent model，EM），用以評估測試模型的精度，仿真步長為 $2\mu s$。

三相 Y 接 CHB – DAB 型 PET 的系統示意圖如圖 7-7 所示，CHB 級有功類控制採用定電容電壓平均值控制，無功類控制採用定電流 q 軸分量控制，電流參考值為 0，DAB 級採用定輸出電壓控制。輸出側的 3kV 直流電源僅在啟動階段給電容 C_2 充電，DAB 解鎖後即退出。測試系統的詳細參數見表 7-1。

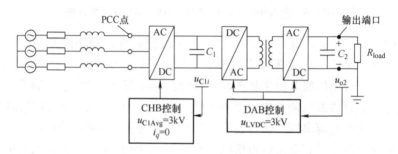

圖 7-7　CHB – DAB 型 PET 系統示意圖

表 7-1 CHB – PET 测试系统参数

符号	参数描述	数值	符号	参数描述	数值
f_{sys}	系统基频/Hz	50	f_{sw2}	DAB 级开关频率（同变压器频率）/Hz	1000
f_{sw1}	CHB 级载波开关频率/Hz	200	S_{tr}	高频变压器额定容量/MVA	0.25
C_{out_AC-DC}	储能电容 C_1 容值/μF	4700	V_{tr1}	变压器一次侧额定电压/kV	3
L_{AC}	PET 输入侧滤波电感/H	0.06	V_{tr2}	变压器二次侧额定电压/kV	3
$V_{L-Lrated}$	交流系统线电压有效值/kV	10	X_{trPU}	变压器漏抗（含附加电感）标幺值（p.u.）	0.376
$V_{o1Rated}$	电容 C_1 上的额定电压/kV	3	$V_{o2Rated}$	PET 输出额定电压/kV	3
P_{oRated}	PET 输出侧额定有功功率/MW	2.25	C_{out_DAB}	储能电容 C_2 容值/μF	50
$N_{CHB-DAB}$	PET 级联子模块个数	3	R_{load}	额定直流负载/Ω	4

1. 启动闭锁

本例中，系统采用逐级充电的启动策略，共包含 4 个阶段：①0 ~ 0.515s，CHB 侧不控充电，限流电阻 R_{start} 为 10Ω；②0.515 ~ 0.565s，CHB 级的所有 H 桥解锁，继续给电容 C_1 充电；③0.565 ~ 1.4s，DAB 解锁并建立磁链；④系统达到稳态。基于 DM 和 EM 对启动过程进行仿真，得到的仿真波形如图 7-8 所示。

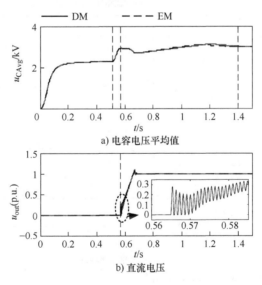

a) 电容电压平均值

b) 直流电压

图 7-8 系统启动阶段波形

图 7-8a、b 分别为 DAB 输入侧电容电压和 DAB 输出侧电容电压。通过比较发现，两种模型得到的波形基本重合，说明所提闭锁等效方法的精确性。

2. 欠电压闭锁

在本算例中，假设当 t = 3.2s 时，交流侧发生三相电压跌落，在仿真中设置了如下工況：交流電壓源幅值跌落至額定值的50%，持續時間為0.3s。

在PET的保護配置中，為了避免輸入側的過調制，電容 C_1 上的電壓通常不能低於某一個限值。當電容低於該限值時，欠電壓保護動作並閉鎖所有IGBT[1]。本節仿真中增加欠電壓保護控制，在達到穩態後投入。動作閾值設定為90%的額定電壓，即2.7kV，且當電壓超過2.75kV時，PET才能解鎖，即死區電壓範圍為0.05kV。

基於DM和EM的三相交流電壓跌落階段的波形如圖7-9所示，分別為PCC點的A相交流電壓、DAB輸出側直流電壓、DAB輸入側電容電壓平均值和PCC點的有功功率（參考方向為電網流向PET）。

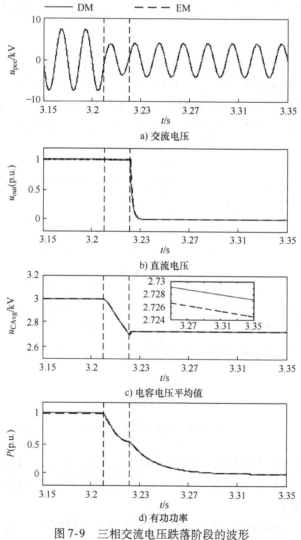

a) 交流電壓

b) 直流電壓

c) 電容電壓平均值

d) 有功功率

圖7-9 三相交流電壓跌落階段的波形

由图 7-9 可以看出，该电压跌落情况引起 DAB 输入侧电容上的欠电压保护动作，完全闭锁后，输出侧电压降为 0。EM 能够精确仿真电容电压的动态变化，从而正确动作。闭锁后，输入侧电容电压缓慢下降，这是由于电容两端并联一个较大的耗能电阻，该电阻的功能是提供电容的放电回路，避免永久性故障期间电容处于长时间带电状态。整个过程中 DM 和 EM 的波形基本相同，其中电容电压和有功功率的最大相对误差分别为 0.53% 和 1.12%，说明了闭锁等效方法的准确性。

3. 直流故障闭锁

在本算例中，假设当 $t = 1.6\mathrm{s}$ 时，DAB 输出端口发生直流短路故障，过渡电阻为 0.005Ω。经过 5ms 的延时，PET 闭锁动作。

基于详细模型和等效模型的 PET 直流故障工况仿真波形如图 7-10 所示，分别为 DAB 输出侧直流电压、PCC 点的交流电流和 A 相 3 个功率模块中 DAB 输入侧的电容电压。

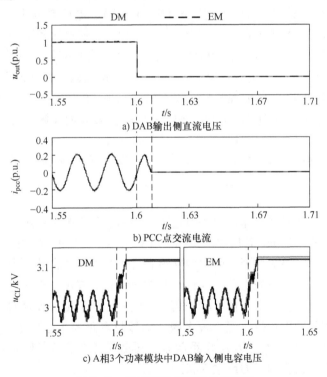

a) DAB 输出侧直流电压

b) PCC 点交流电流

c) A 相 3 个功率模块中 DAB 输入侧电容电压

图 7-10　输出直流侧短路故障波形

在 7.1.1 节中，以直流故障为例分析了闭锁后的电路响应，不再赘述。与欠电压闭锁类似，闭锁后电容电压下降，由于电容及其并联电阻构成的 *RC* 电路具有较高的时间常数，因此这一放电过程十分缓慢。等效模型的仿真结果与详细模型基本吻合，经测算最大相对误差小于 1%。

7.2 死区工况模拟

7.2.1 开关死区等效

随着近年来电力电子器件开关频率的快速提升，死区效应导致的基波电压损失、低次谐波增加以及电压极性反转等影响已不容忽略[8]。由于移相角与死区时间同时存在，会导致整流侧与逆变侧并非同时处于死区时间。

为了方便等效，本节根据整流侧与逆变侧是否同时处于死区状态将其分为两类，其中，只有一侧处于死区的情况为单侧死区，同时处于死区的情况为双侧死区。影响单侧死区与双侧死区存在的因素有：半开关周期的移相比 D（$0 \leqslant D \leqslant 1$）、半开关周期内等效死区占空比 M（$0 \leqslant M \leqslant 1$）、电压调节比 k（$k = U_1/nU_4$）以及二次侧导通信号上升沿时刻的电感电流 $i_L(t_0)$。通过比较移相比 D 与死区占空比 M 的关系，在不同的电压调节比下分析得到区分单双侧死区的条件为：

1）当 $D < M$ 时，若 $i_L(t_0) \geqslant 0$ 且 $k = 1$，为单侧死区，否则为双侧死区。

2）当 $D \geqslant M$ 时，若 $i_L(t_0) < 0$ 且 $k = 1$，为双侧死区，否则为单侧死区。

3）当 $D < D_0 - M$ 时，若 $i_L(t_0) < 0$ 且 $k > 1$，为双侧死区，否则为单侧死区（D_0 为电感电流 $i_L(t_0) = 0$ 时的半开关周期的相移比）。

通过将不同设置参数代入上述分析条件，即可判断当前时刻处于单侧死区还是双侧死区，从而有针对性地进行等效建模。

1. 单侧死区

单侧死区等效是在功率模块等效过程中的离散化步骤之后进行的，加拿大蒙特利尔大学 Mahseredjian 教授团队给出了针对不控整流桥的直接映射法[9]。其主要原理是，首先将整流侧死区时间内交流和直流侧电路各自等效为一个电流源与电阻并联组成的诺顿等效电路，并针对等效电路建立表示二极管电压与节点电压关系的方程组。其次，引入傅里叶 - 莫茨金消元法评估由二极管的状态组合得到的不等式方程组的可行性，建立一个映射函数将电路的状态变量 (j_1, j_2) 与二极管状态 (D_1, D_2, D_3, D_4) 联系起来，函数关系如图 7-11 所示，以正确模拟任意时刻各二极管的导通或关断状态。

图 7-11 给出了状态变量 j_1 和 j_2 与二极管状态的平面映射关系，该平面被 4 个过原点且斜率为 $\pm m_1$ 和 $\pm m_2$ 的射线划分为 4 种状态的可行区域：闭锁状态 $(0, 0, 0, 0)$、1、4 号二极管导通 $(1, 0, 0, 1)$，2、3 号二极管导通 $(0, 1, 1, 0)$ 和短路状态 $(1, 1, 1, 1)$。其中，斜率 m_1 和 m_2 由下式给出：

$$m_1 = \frac{g_{\text{off}} + y_2}{g_{\text{off}} + y_1}, m_2 = \frac{g_{\text{on}} + y_2}{g_{\text{on}} + y_1}$$

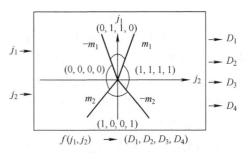

(7-5)

与整流侧同理，逆变侧亦可根据上述过程建立对应的映射函数，并通过状态变量与二极管状态的映射关系直接确定仿真过程中二极管的开关状态。

图 7-11　状态变量与二极管状态的映射关系

2. 双侧死区

上述的映射函数是在单侧死区时间内，将交直流侧电路各自等效为诺顿等效电路的基础上建立的。但是，当处于双侧死区状态时，无法同时对整流侧和逆变侧进行诺顿等效，因此单侧死区所适用的映射函数对双侧死区不再有效。

在经过对当前时刻的单双侧死区判断后，需要进一步对处于双侧死区的状态进行区分。在双侧死区时间内，电感电流方向的改变会导致双侧死区内出现的不同状态，因此电感电流达到零点的时刻即为区分不同状态的临界点。此时需要对双侧死区进一步进行状态类型的区分以得到上述临界点。此处以清华大学赵彪副教授团队在分析死区时所用的波形为例[10]，如图 7-12 所示，其处于双侧死区的时间段为 $t_0 \sim t_2$。

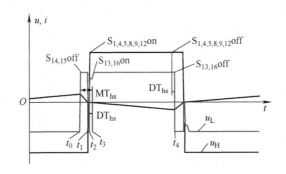

图 7-12　死区效应下一、二次实际电压及电感电流波形

在 $t_0 \sim t_1$ 时间段内，逆变侧的开关 $S_{1+4(i-1)}$，$S_{4+4(i-1)}$（$i = 1$，2，3）还未导通且电感电流 $i_{Li} > 0$，电流通过二极管 $VD_{2+4(i-1)}$ 和 $VD_{3+4(i-1)}$ 从电感流向电源侧；在整流侧开关 S_{14}、S_{15} 关断，由于死区的存在，开关 S_{13}、S_{16} 没有来得及导通，因此电流通过二极管 VD_{13}、VD_{16} 从电感流向负载侧。横跨电感 L_i 的电压被钳位在 $-U_i - nU_4$，电流 i_{Li} 线性降低。因此该阶段导通状态为二极管 $VD_{2+4(i-1)}$、$VD_{3+4(i-1)}$、VD_{13}、VD_{16} 导通，其余开关关断。

在 $t_1 \sim t_2$ 时间段内, 由于 $t_1 \sim t_0 < (M - D) T_{hs}$, t_1 时刻开关 $S_{1+4(i-1)}$ 和 $S_{4+4(i-1)}$ 没有打开, 此时桥 H_i 和 H_4 停止工作, 电感电流 i_{Li} 已经降为 0, 通过电感 L_i 的电压被钳位在 0, 此时该阶段导通状态为所有的开关全部关断。

综上, 该波形的双侧死区由 $VD_{2+4(i-1)}$、$VD_{3+4(i-1)}$、VD_{13}、VD_{16} 导通的状态切换至全部关断的状态。其余情况同样需要经过类似分析, 最终将不同波形的双侧死区分为 4 类, 分别是:

状态类型 I: 由 $VD_{1+4(i-1)}$、$VD_{4+4(i-1)}$、S_{13}、S_{16} 导通切换至 $VD_{2+4(i-1)}$、$VD_{3+4(i-1)}$、VD_{13}、VD_{16} 导通。

状态类型 II: 由 $VD_{2+4(i-1)}$、$VD_{3+4(i-1)}$、VD_{13}、VD_{16} 导通切换至全部关断。

状态类型 III: 由 $S_{1+4(i-1)}$、$S_{4+4(i-1)}$、VD_{13}、VD_{16} 导通切换至 $VD_{2+4(i-1)}$、$VD_{3+4(i-1)}$、VD_{13}、VD_{16} 导通。

状态类型 IV: 全部关断。

得到上述 4 种状态类型后, 便可对电感电流的过零点进行对应的预计算从而达到对下一个步长双侧死区的预测等效。

3. 模式识别

在进行完前述的单双侧死区判断后, 需要对双侧死区的 4 种状态类型进行判断。在双侧死区的判断条件下, 进一步对移相比 D 与死区占空比 M 的关系进行分析, 取一次侧导通信号下降沿时刻为 t_1, 二次侧导通信号上升沿时刻为 t_0, 可以得到 4 种状态类型的判断条件为:

1) 当 $D < M$, $i_L(t_1) \geq 0$ 且 $k < 1$ 时, 为双侧死区的状态类型 I。

2) 当 $D < M$, $i_L(t_1) < 0$ 且 $k < 1$ 时, 为双侧死区的状态类型 II。

3) 当 $D < D_0 - M$, $i_L(t_0) < 0$ 且 $k > 1$ 时, 为双侧死区的状态类型 III (对应双侧死区的判断条件 3)。

4) 当 $D < M$, $i_L(t_1) \geq 0$ 且 $k > 1$ 或 $i_L(t_0) < 0$ 且 $k = 1$ 时, 为双侧死区的状态类型 IV (对应包含了双侧死区的判断条件 2)。

综上, 控制模块流程图如图 7-13 所示。在判断出状态类型后, 单侧死区可建立对应的映射函数, 双侧死区可根据状态类型和电流过零点进行二极管导通信号的切换预测。最终, 控制模块输出的二极管导通信号可以将对应的二极管等效为二值电阻, 进而进行模块等效。

由于在每个步长进行判断时, 电感电流在 t_0 或 t_1 时刻的值并非已知量, 因此, 需要通过计算与双侧死区状态类型内对应的电流过零点, 与各自电感电流的判断条件相结合, 从而推导得出对应的约束条件为

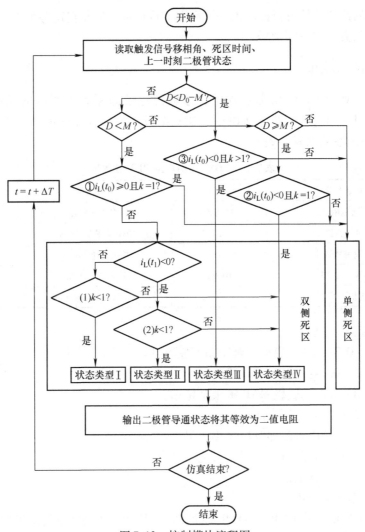

图 7-13　控制模块流程图

$$\begin{cases} \ddot{E}\dfrac{2M-1+k}{1+k} \le D < M,\ k < 1,\ \text{则状态类型 I} \\[3mm] \ddot{E}\ 0 \le D < \dfrac{2M-1+k}{1+k},\ k < 1,\ \text{则状态类型 II} \\[3mm] \ddot{E}\ 0 \le D < \dfrac{k(1-2M)-1}{2k}\ \text{且}\ M < \dfrac{k-1}{2k},\ k > 1,\ \text{则状态类型 III} \\[3mm] \ddot{E}\ 0 \le D < M\ \text{且}\ M \ge \dfrac{k-1}{2k},\ k \ge 1,\ \text{则状态类型 IV} \\[3mm] \text{否则，单侧死区} \end{cases} \quad (7\text{-}6)$$

上述的约束条件可对控制模块流程图进行更新，从而实现每个步长对不同死区模式下二极管状态的判断。

7.2.2 仿真验证

在 PSCAD/EMTDC 仿真软件中，分别搭建了如图 5-3 所示的相间 CHB – AQAB 型 PET 加入死区的详细模型（DM_dead）与加入死区的等效模型（EM_dead）。系统参数见表 7-2。

表 7-2 CHB – MAB 型 PET 参数表

参数名称	参数值	参数名称	参数值
开通电阻/Ω	0.001	低压直流侧电压/kV	0.75
关断电阻/Ω	1×10^{-6}	CHB 载波频率/Hz	250
模块数 N	4	输入侧电容/μF	1000
MAB 载波频率/Hz	10000	高压直流侧电压/kV	20
输出侧电容/μF	500	高压交流侧线电压/kV	10.5

设置系统工况：

1）0 ~ 0.3s：系统启动，全闭锁不控充电。

2）0.3 ~ 0.8s：前级 CHB 解锁。

3）0.8 ~ 1.2s：后级 MAB 解锁至稳态。

4）1.2s：改变低压直流负载。

5）1.5s：低压直流侧双极经小电阻接地短路。

6）1.501s：断路器重合闸，系统故障恢复。

7）2.0s：仿真结束。

1. 仿真精度测试

为了更好地反映 CHB – AQAB 变换器的内特性，体现本章所提等效模型不同工作模式的等效结果，图 7-14 给出了单、双侧死区两种模式下部分具有死区效应的 DM_dead 与 EM_dead 仿真波形。

图 7-14a 是仅存在单侧死区时的一种情况，其平均相对误差为 1.278%。图 7-14b 的双侧死区为状态类型Ⅰ，其平均相对误差为 1.176%。图 7-14c 的双侧死区为状态类型Ⅱ，其平均相对误差为 1.573%。图 7-14d 的双侧死区为状态类型Ⅲ，其平均相对误差为 1.324%。图 7-14e 的双侧死区为状态类型Ⅳ，其平均相对误差为 1.034%。图 7-14f 的双侧死区为状态类型Ⅳ，其平均相对误差为 1.259%。

从图中可以看出，不同模式下随着移相角和死区时间关系的变化，其工作波形发生了变化。等效模型相比于详细模型准确地模拟了电压极性反转、电压跌落

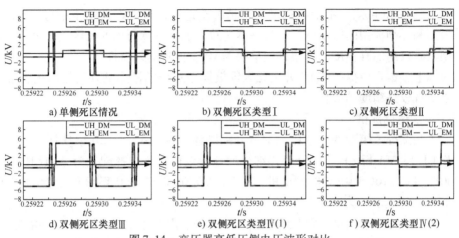

a) 单侧死区情况   b) 双侧死区类型Ⅰ   c) 双侧死区类型Ⅱ

d) 双侧死区类型Ⅲ   e) 双侧死区类型Ⅳ(1)   f) 双侧死区类型Ⅳ(2)

图 7-14 变压器高低压侧电压波形对比

和相移现象。最大误差均在2%以内，说明本章所提等效模型可以对不同模式下的电压波形进行准确拟合。

为测试等效模型的精度，分别对仿真步长为 $1\mu s$ 的 EM 和 DM 进行仿真并进行对比。图 7-15 为中压直流电压整体波形对比图，作为 MAB 的输入侧，该电压反映了系统从启动经各级解锁达到稳态的过程。图 7-16 为低压侧直流电压波形对比图，等效模型在稳态的平均相对误差为 0.542%。在 0.8s 中压直流电压达到稳态后，后级 MAB 解锁，启动过程的最大误差为 0.633%，1.2s 负载突变和 1.5s 双极接地故障及恢复的暂态过程的最大误差分别为 0.585% 和 1.089%。

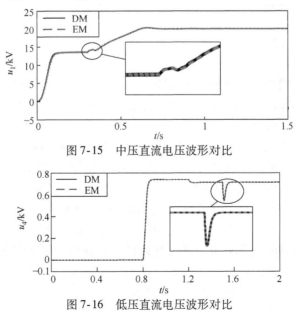

图 7-15 中压直流电压波形对比

图 7-16 低压直流电压波形对比

由图 7-16 可知，不论稳态过程还是暂态过程，最大误差均不超过 2%，等效模型和详细模型的输出电压趋势基本一致，说明本章所提的死区电磁暂态等效模型具有较高仿真精度，能很好地反映 MAB 变换器的外特性。

综上，本章所提的 MAB 开关死区等效模型对详细模型的外特性与内特性均可以实现较高精度的拟合。

2. 加速比测试

为测试等效模型的加速比，本节分别搭建了每相 4、8、10 模块加入死区的三相 CHB – MAB 型 PET 的开环详细模型与等效模型，选择配置为 AMD Ryzen 7 5800H CPU，16GB RAM 的测试机，在 PSCAD X4 V4.6.3.0 环境下设置仿真时间为 1.5s，仿真步长为 5μs。

表 7-3 为详细模型与等效模型的 CPU 仿真用时及对应的加速比。由表 7-3 可知，当模块数相同且都考虑了开关死区效应的情况下，等效模型的仿真用时远小于详细模型，并且随着模块数的增加，加速比越高，加速效果越显著。

表 7-3　仿真用时对比

每相模块数	DM 仿真用时/s	EM 仿真用时/s	加速比
4	426.734	153.864	2.773
8	1987.937	204.754	9.709
10	3148.469	218.563	14.405

7.3　本章小结

本章针对闭锁和死区两种常见的特殊工况，对于如何正确模拟二极管状态的建模难点，分别提出其等效建模及集成方法。闭锁等效建立了 CHB – DAB 子模块完全闭锁和部分闭锁模式下的简化等效电路。通过共用状态变量的存储单元与 PET 的非闭锁等效电路集成，可实现 PET 多工况的快速电磁暂态仿真。启动、电压暂降和直流故障 3 个闭锁仿真实例的仿真结果表明，等效模型具有较高的仿真精度。死区等效模型以 MAB 型 PET 拓扑为例，对单侧死区建立映射函数，对双侧死区进行状态类型划分和电流过零点预计算，以实现二极管导通信号的切换预测。最终建立了不同状态类型下的 MAB 型 PET 开关死区电磁暂态等效模型。通过 PSCAD/EMTDC 仿真验证，死区等效模型对详细模型的外特性与内特性均可以实现的较高精度的拟合。

参 考 文 献

[1] HUANG A Q, CROW M L, HEYDT G T, et al. The future renewable electric energy delivery and management (FREEDM) system: The energy Internet [J]. Proceedings of the IEEE, 2011, 99 (1): 133 – 148.

[2] 宋展飞. 应用于储能系统的双向电能变换技术研究 [D]. 南京: 东南大学, 2020.

[3] 丁江萍, 高晨祥, 许建中, 等. 级联 H 桥型电力电子变压器的闭锁状态等效建模方法 [J]. 中国电机工程学报, 2021, 41 (5): 1831 – 1840.

[4] 王晓婷, 冯谟可, 许建中, 等. 多有源型 PET 开关死区的电磁暂态等效建模方法 [J/OL]. 中国电机工程学报: 1 – 14 [2023 – 04 – 29]. DOI: 10. 13334/j. 0258 – 8013. pcsee. 221280.

[5] Manitoba Research Center. PSCAD X4 user's guide [Z]. 2009.

[6] 赵彪, 宋强. 双主动全桥 DC – DC 变换器的理论和应用技术 [M]. 北京: 科学出版社, 2017: 21 – 22.

[7] 赵禹辰, 徐义良, 赵成勇, 等. 单端口子模块 MMC 电磁暂态通用等效建模方法 [J]. 中国电机工程学报, 2018, 38 (16): 4658 – 4667 + 4971.

[8] MUNOZ A R, LIPO T A. On – line dead – time compensation technique for open – loop PWM – VSI drives [J]. IEEE Transactions on Power Electronics, 1999, 14 (4): 683 – 689.

[9] CHALANGAR H, OULD – BACHIR T, SHESHYEKANI K, et al. A direct mapped method for accurate modeling and real – time simulation of high switching frequency resonant converters [J]. IEEE Transactions on Industrial Electronics, 2021, 68 (7): 6348 – 6357.

[10] ZHAO B, SONG Q, LIU W H, et al. Dead – time effect of the high – frequency isolated bidirectional full – bridge DC – DC converter: comprehensive theoretical analysis and experimental verification [J]. IEEE Transactions on Power Electronics, 2014, 29 (4): 1667 – 1680.

第8章

PET 简化电磁暂态等效建模方法

前述章节所介绍的 PET 电磁暂态精确等效建模方法仿真精度高，可反映详细模型的全部内部和外部电气特性。在大规模柔性直流配电网等系统级应用场景下，对 PET 模型内部特性的仿真需求降低，但是对整个系统的仿真速度需求大幅提高。此时，精确等效模型的计算效率依然较低，因此保留不同层次内部信息的平均值模型是可行方案。然而，现有平均值建模方法中，只考虑基波的平均值模型不能对换流器内部状态变量纹波以及稳定性进行精确分析，而全阶平均值模型会再次降低仿真速度。基于此，基于广义状态空间平均法[1,2]，本章针对 MAB 型 PET 提出一种简化电磁暂态等效建模方法[3]，其本质是一种包含内部关键阶次特性的平均值模型。

8.1 DAB 简化等效模型

8.1.1 连续时域状态方程的建立

DAB 拓扑包含双绕组高频隔离变压器及其输入、输出侧相连的全桥换流单元，全桥换流单元动作频率通常在 $10 \sim 20\text{kHz}$，这使得电磁暂态模型的工作状态以极高的频率切换。因此，可以采用广义状态空间平均法对 DAB 的工作状态进行整体建模，规避精确等效模型中高频链解耦等复杂的理论推导和庞大的代码计算量。

针对如图 8-1 所示的 DAB 模块，建立时变非线性微分方程，选取等效电感 L_1 的电流 i_{L1}，输入、输出电容电压 u_{C1}、u_{C2} 为状态变量，列写微分方程。

首先对等效电感 L_1、电容 C_1、C_2 列写状态方程：

136

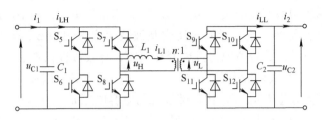

图 8-1　DAB 变换器拓扑图

$$\begin{cases} L_1 \dfrac{di_{L1}(t)}{dt} = u_H(t) - nu_L(t) \\[2mm] C_1 \dfrac{du_{C1}(t)}{dt} = i_1(t) - i_{LH}(t) \\[2mm] C_2 \dfrac{du_{C2}(t)}{dt} = i_{LL}(t) - i_2(t) \end{cases} \quad (8\text{-}1)$$

式中，$u_H(t)$ 和 $u_L(t)$ 分别为变压器一次侧和二次侧的交流电压；n 为变压器变比。DAB 拓扑中高频隔离变压器在电压变换、功率传递方面发挥着重要作用。

　　在采用单移相调制策略时，图 8-1 所示 DAB 拓扑同一桥臂的开关信号互补，控制信号 S_5、S_8 相同，S_6、S_7 相同，S_9、S_{10}、S_{11}、S_{12} 同理。将 IGBT – 反并联二极管用开关函数表示，全桥换流单元两侧的电压电流如式（8-2）所示，即交流方波电压 $u_H(t)$、$u_L(t)$ 和电流 $i_{LH}(t)$、$i_{LL}(t)$ 可用开关函数 $s_1(t)$、$s_2(t)$ 与状态变量 u_{C1}、u_{C2}、i_{L1} 相乘得到。

$$\begin{bmatrix} u_H(t) \\ u_L(t) \\ i_{LH}(t) \\ i_{LL}(t) \end{bmatrix} = \begin{bmatrix} s_1(t) & 0 & 0 \\ 0 & s_2(t) & 0 \\ 0 & 0 & s_1(t) \\ 0 & 0 & ns_2(t) \end{bmatrix} \begin{bmatrix} u_{C1}(t) \\ u_{C2}(t) \\ i_{L1}(t) \end{bmatrix} \quad (8\text{-}2)$$

式中，

$$s_1(t) = \begin{cases} 1 & \dfrac{\varphi_1 T}{2\pi} \leqslant t < \dfrac{T}{2} + \dfrac{\varphi_1 T}{2\pi} \\[3mm] -1 & \dfrac{T}{2} + \dfrac{\varphi_1 T}{2\pi} \leqslant t < T + \dfrac{\varphi_1 T}{2\pi} \end{cases}$$

$$\qquad\qquad\qquad\qquad\qquad\qquad\qquad\qquad\qquad (8\text{-}3)$$

$$s_2(t) = \begin{cases} 1 & \dfrac{\varphi_2 T}{2\pi} \leqslant t < \dfrac{T}{2} + \dfrac{\varphi_2 T}{2\pi} \\[3mm] -1 & \dfrac{T}{2} + \dfrac{\varphi_2 T}{2\pi} \leqslant t < T + \dfrac{\varphi_2 T}{2\pi} \end{cases}$$

式（8-3）中，T 为 DAB 开关动作周期；φ_1 为 $u_H(t)$ 的外移相角，φ_2 为 $u_L(t)$ 的外移相角，因此一、二次侧 H 桥导通信号之间存在移相角 $\varphi_2 - \varphi_1$，通过调节该

移相角可以控制功率传递的大小和方向，当移相角为正时，功率正向传输。

DAB 拓扑变压器等效电感的电流由基波及奇次谐波组成，电容电压由直流量及偶次谐波组成，综合考虑仿真精度与速度，等效过程只考虑变压器等效电感电流的基波及 3、5 次谐波分量和电容电压的直流分量。因此，在下述推导中，以电容电压直流分量 U_{C1}、U_{C2} 代替带纹波的电容电压 u_{C1}、u_{C2}。

将式（8-2）代入式（8-1），可得 DAB 的微分方程为

$$\dot{\boldsymbol{P}} = \boldsymbol{S} \cdot \boldsymbol{P} + \boldsymbol{I} \tag{8-4}$$

式中，$\boldsymbol{P} = \begin{bmatrix} i_{L1}(t) & U_{C1}(t) & U_{C2}(t) \end{bmatrix}^{T}$，表示系统状态变量，$\boldsymbol{P}$ 矩阵中 i_{L1} 为变压器等效电感的电流，包含基波和各次谐波；$\boldsymbol{S}$ 表示系统状态变量矩阵，它是由式（8-3）中开关函数 $s_1(t)$ 和 $s_2(t)$ 组成的 3 阶矩阵，如式（8-5）所示；$\boldsymbol{I} = \begin{bmatrix} 0 & i_1(t)/C_1 & -i_2(t)/C_2 \end{bmatrix}^{T}$，表示系统输入变量。

$$\boldsymbol{S} = \begin{bmatrix} 0 & \dfrac{s_1(t)}{L_1} & \dfrac{-ns_2(t)}{L_1} \\[2mm] \dfrac{-s_1(t)}{C_1} & 0 & 0 \\[2mm] \dfrac{ns_2(t)}{C_2} & 0 & 0 \end{bmatrix} \tag{8-5}$$

8.1.2 基于傅里叶分解的简化等效模型

$s_1(t)$、$s_2(t)$ 均为占空比 50% 的方波，故可将其傅里叶分解为不同频率的正弦信号叠加的形式。由于换流单元动作频率较高，时域方程在短时间内频繁变化，增加了方程复杂度，因此将开关函数进行傅里叶分解，可化简为

$$s(t) = \sum_{n=-\infty}^{\infty} \frac{1}{2}(a_n - \mathrm{j}b_n) \mathrm{e}^{\mathrm{j}n\omega_0 t}$$

$$\begin{cases} a_n = 0 \\ b_n = \begin{cases} \dfrac{4}{n\pi} & n \text{ 为奇数} \\ 0 & n \text{ 为偶数} \end{cases} \end{cases} \tag{8-6}$$

由傅里叶系数卷积特性，可得

$$\langle s(t) \cdot U(t) \rangle_a = \sum_{n=-\infty}^{\infty} \langle s(t) \rangle_{a-i} \cdot \langle U(t) \rangle_i \tag{8-7}$$

式中，$U(t)$ 为电容电压；a 和 i 均为傅里叶分解的次数；$\langle \cdot \rangle$ 表示对应变量的傅里叶系数。

DAB 模块的简化等效模型由各状态变量的傅里叶系数描述，其微分方程为

$$\dot{P} = \begin{bmatrix} W_1 & 0 & 0 & T_{L1} \\ 0 & W_3 & 0 & T_{L3} \\ 0 & 0 & W_5 & T_{L5} \\ T_{C1} & T_{C3} & T_{C5} & 0 \end{bmatrix} \cdot P + I \tag{8-8}$$

式中，P 和 $\dot{P}$ 与式（8-4）相似，分别表示系统状态变量及其微分形式，$\dot{P}$ 中仅包含变压器等效电感电流的基波及 3、5 次谐波分量，如式（8-9）所示，对 P 中变压器等效电感电流与电容电压进行傅里叶变换，可得式（8-10）；$I = \begin{bmatrix} 0 & 0 & 0 & \langle i_1(t)\rangle_0/C_1 & -\langle i_2(t)\rangle_0/C_2 \end{bmatrix}^T$，保留式（8-4）中电流的直流分量，仍表示系统输入变量。

$$\dot{P} = \left[\left\langle \frac{\mathrm{d}i_{L1}(t)}{\mathrm{d}t} \right\rangle_1 \quad \left\langle \frac{\mathrm{d}i_{L1}(t)}{\mathrm{d}t} \right\rangle_3 \quad \left\langle \frac{\mathrm{d}i_{L1}(t)}{\mathrm{d}t} \right\rangle_5 \quad \left\langle \frac{\mathrm{d}U_{C1}(t)}{\mathrm{d}t} \right\rangle_0 \quad \left\langle \frac{\mathrm{d}U_{C2}(t)}{\mathrm{d}t} \right\rangle_0 \right]^T \tag{8-9}$$

$$P = \begin{bmatrix} \langle i_{L1}(t)\rangle_{-1} & \langle i_{L1}(t)\rangle_1 & \langle i_{L1}(t)\rangle_{-3} & \langle i_{L1}(t)\rangle_3 & \langle i_{L1}(t)\rangle_{-5} \\ \langle i_{L1}(t)\rangle_5 & \langle U_{C1}(t)\rangle_0 & \langle U_{C2}(t)\rangle_0 \end{bmatrix}^T \tag{8-10}$$

由于等效过程中只考虑变压器等效电感电流的基波及 3、5 次谐波分量和电容电压的直流分量，式（8-5）中的 S 矩阵经变换得到式（8-8）中由 $W_{1/3/5}$、$T_{L1/3/5}$、$T_{C1/3/5}$ 组成的系统状态变量矩阵。矩阵 $W_{1/3/5}$ 表明电感电流各次分量之间并无耦合关系，当微分方程中增加谐波次数 k 时，仅在 S 矩阵中增加 W_k 即可；矩阵 $T_{L1/3/5}$ 体现电感电流各次分量的微分与电容电压直流量之间的关系；矩阵 $T_{C1/3/5}$ 反映了电容电压直流量的微分与电感电流各次分量的关系。以下给出各矩阵详细内容。

$$W_{1/3/5} = \begin{bmatrix} 0 & \mathrm{j}1/3/5\omega \end{bmatrix}, T_{L1/3/5} = \begin{bmatrix} -\mathrm{j}\dfrac{2}{1/3/5\pi L_1}\mathrm{e}^{-\mathrm{j}1/3/5\varphi_1} & \mathrm{j}\dfrac{2n}{1/3/5\pi L_1}\mathrm{e}^{-\mathrm{j}1/3/5\varphi_2} \end{bmatrix} \tag{8-11}$$

$$T_{C1/3/5} = \begin{bmatrix} \mathrm{j}\dfrac{2}{1/3/5\pi C_1}\mathrm{e}^{-\mathrm{j}1/3/5\varphi_1} & -\mathrm{j}\dfrac{2}{1/3/5\pi C_1}\mathrm{e}^{\mathrm{j}1/3/5\varphi_1} \\ -\mathrm{j}\dfrac{2n}{1/3/5\pi C_2}\mathrm{e}^{-\mathrm{j}1/3/5\varphi_2} & \mathrm{j}\dfrac{2n}{1/3/5\pi C_2}\mathrm{e}^{\mathrm{j}1/3/5\varphi_2} \end{bmatrix} \tag{8-12}$$

将状态变量的傅里叶系数表示为复数，可以实现高次谐波的实部和虚部分别求解，进而在保留幅值和相位特征的同时降低方程求解难度，即

$$\begin{cases} \langle i_{L1}(t)\rangle_1 = q_1(t) + jq_2(t) \\ \langle i_{L1}(t)\rangle_3 = q_3(t) + jq_4(t) \\ \langle i_{L1}(t)\rangle_5 = q_5(t) + jq_6(t) \\ \langle U_{C1}(t)\rangle_0 = q_7(t) \\ \langle U_{C2}(t)\rangle_0 = q_8(t) \end{cases} \tag{8-13}$$

将式（8-13）所示的复数形式的状态变量代入傅里叶变换后的微分方程（如式（8-8）），可得状态变量的实部和虚部分开表示的时变非线性微分方程。为了增加模型理论推导的通用性，式（8-14）给出了变压器等效电感电流以基波及 3，5，…，k（k 为奇数）次谐波等效的时变非线性微分方程。

$$\dot{\boldsymbol{Q}} = \frac{1}{\pi} \cdot \begin{bmatrix} \boldsymbol{W}_1 & \boldsymbol{0} & \cdots & \boldsymbol{0} & \boldsymbol{T}_{L1} \\ \boldsymbol{0} & \boldsymbol{W}_3 & \ddots & \vdots & \boldsymbol{T}_{L3} \\ \vdots & \ddots & \ddots & \boldsymbol{0} & \vdots \\ \boldsymbol{0} & \cdots & \boldsymbol{0} & \boldsymbol{W}_k & \boldsymbol{T}_{Lk} \\ \boldsymbol{T}_{C1} & \boldsymbol{T}_{C3} & \cdots & \boldsymbol{T}_{Ck} & \boldsymbol{0} \end{bmatrix} \cdot \boldsymbol{Q} + \boldsymbol{I} \tag{8-14}$$

式（8-14）中，将式（8-8）中矩阵 $\boldsymbol{P}$ 和 $\dot{\boldsymbol{P}}$ 更改为了由实部和虚部组成的矩阵 $\boldsymbol{Q}$ 和 $\dot{\boldsymbol{Q}}$；式（8-8）中由 $\boldsymbol{W}_{1/3/5}$、$\boldsymbol{T}_{L1/3/5}$、$\boldsymbol{T}_{C1/3/5}$ 组成的系统状态变量矩阵提出常系数 $1/\pi$ 后得到式（8-14）中由 $\boldsymbol{W}_k$、$\boldsymbol{T}_{Lk}$、$\boldsymbol{T}_{Ck}$ 组成的系统状态变量矩阵，因此 $\boldsymbol{W}_k$ 更改为式（8-15）形式；矩阵 $\boldsymbol{T}_{Lk}$ 和 $\boldsymbol{T}_{Ck}$ 化简后如式（8-16）。

$$\dot{\boldsymbol{Q}} = \begin{bmatrix} \dot{q}_1(t) \\ \dot{q}_2(t) \\ \vdots \\ \dot{q}_k(t) \\ \dot{q}_{(k+1)}(t) \\ \dot{q}_{C1}(t) \\ -\dot{q}_{C2}(t) \end{bmatrix}, \boldsymbol{Q} = \begin{bmatrix} q_1(t) \\ q_2(t) \\ \vdots \\ q_k(t) \\ q_{(k+1)}(t) \\ q_{C1}(t) \\ q_{C2}(t) \end{bmatrix}, \boldsymbol{I} = \begin{bmatrix} 0 \\ 0 \\ \vdots \\ 0 \\ 0 \\ \dfrac{\langle i_1(t)\rangle_0}{C_1} \\ \dfrac{\langle i_2(t)\rangle_0}{C_2} \end{bmatrix}, \boldsymbol{W}_k = \begin{bmatrix} 0 & k\pi\omega \\ -k\pi\omega & 0 \end{bmatrix}$$

$$\tag{8-15}$$

$$\boldsymbol{T}_{Lk} = \begin{bmatrix} -\dfrac{2n}{kL_1}\sin k\varphi_1 & \dfrac{2n}{kL_1}\sin k\varphi_2 \\ -\dfrac{2n}{kL_1}\cos k\varphi_1 & \dfrac{2n}{kL_1}\cos k\varphi_2 \end{bmatrix}, \boldsymbol{T}_{Ck} = \begin{bmatrix} \dfrac{4}{kC_1}\sin k\varphi_1 & \dfrac{4}{kC_1}\cos k\varphi_1 \\ \dfrac{4n}{kC_2}\sin k\varphi_2 & \dfrac{4n}{kC_2}\cos k\varphi_2 \end{bmatrix}$$

$$\tag{8-16}$$

8.2　CHB – DAB 简化等效模型

8.2.1　H 桥整流单元等效处理方法

CHB – DAB 拓扑中的 H 桥整流单元与 DAB 全桥换流单元的开关频率有很大差异，一般为几百赫兹，因此针对不同工作状态，采用开关函数法对其进行等效建模，可以兼顾精度与速度需求。图 8-2 给出了 H 桥整流单元的 8 种工作状态，兼顾 H 桥每个桥臂的上、下开关器件不能同时导通及二极管续流的特性，进而得到 H 桥两侧端口电压电流的极性关系。

表 8-1 根据 CHB – DAB 拓扑的 H 桥整流单元中各个 IGBT 的开关状态及二极管导通情况，分析电路能量流动情况，进而得到 H 桥整流单元两侧的交直流电压、电流之间存在的系数关系。表中，S_1、S_2、S_3、S_4 表示 IGBT 的开关状态，D_1、D_2、D_3、D_4 表示二极管的导通情况，u_N 为交流侧电压，i_H 为交流侧电流。

表 8-1　IGBT 开关状态及对应 H 桥两侧电压电流关系

S_1	S_2	S_3	S_4	D_1	D_2	D_3	D_4	u_N	i_H
1	0	0	1	0	0	0	0	U_{C1}	I_1
0	1	1	0	0	0	0	0	$-U_{C1}$	$-I_1$
0	0	0	0	0	1	0	0	1	U_{C1}	$-I_1$
0	0	0	0	0	1	1	0	$-U_{C1}$	I_1
1	0	0	0	0	0	0	1	0	0	0
0	0	1	0	0	1	0	0	0	0
0	1	0	0	0	0	0	1	0	0
0	0	0	1	0	1	0	0	0	0

表 8-1 通过各个 IGBT 的开关状态及二极管导通情况将 H 桥整流单元划分成 8 种工作状态，可以直观地获得 CHB – DAB 拓扑的 H 桥整流单元两侧交直流电压、电流的极性关系。

8.2.2　CHB – DAB 型 PET 简化等效模型

如 1.2.2 节所述，为满足实际工程中不同电压等级和功率的传输需求，PET 包括 ISOP、IPOS、ISOS、IPOP 4 种功率模块级联方式。其中 ISOP 方式包含串联、并联两种级联方式，是最常见、最典型的级联方式，因此本章将以 ISOP 连接方式 CHB – DAB 型 PET 拓扑为例，给出其等效建模流程图如图 8-3 所示。

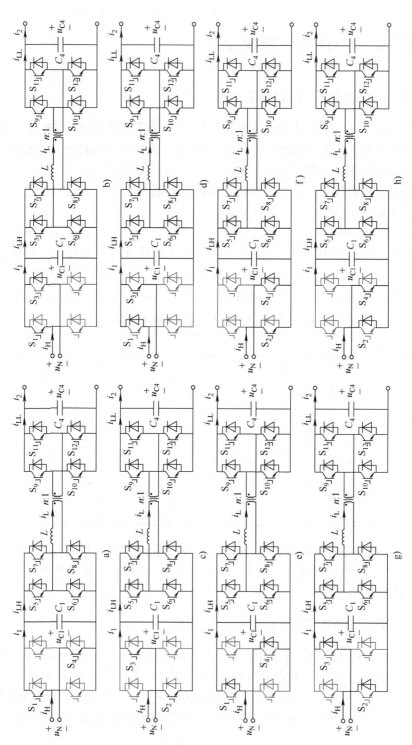

图 8-2 CHB-DAB 模块 H 桥整流单元的工作状态

图 8-3 中，N 为功率模块数。计算时首先判断各功率模块的连接方式，若为串联，则总电流等于各功率模块电流；若为并联，则总电流为各功率模块的电流之和。

8.3 等效建模方法适用性扩展

8.3.1 MAB 简化等效模型

MAB 模块建立时变非线性微分方程的过程与 8.1 节介绍的 DAB 模块建模过程相似，MAB 模块拓扑如图 8-4 所示。

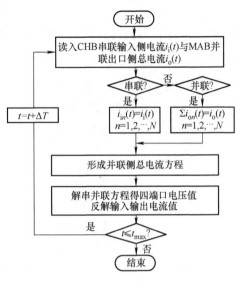

图 8-3　CHB – DAB 型 PET 等效建模流程图

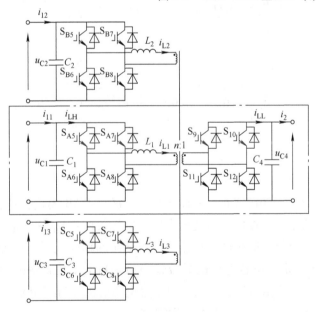

图 8-4　MAB 模块拓扑示意图

令变压器 A、B、C 相的变比值相同且为 n，三相的高压侧外移相角相等且为 φ_1，低压侧外移相角为 φ_2。选取三相高频隔离变压器的等效电感电流 i_{L1}、i_{L2}、i_{L3}，电容电压 u_{C1}、u_{C2}、u_{C3}、u_{C4} 为状态变量，列写 MAB 模块的微分方程为

$$\dot{P} = S \cdot P + I \tag{8-17}$$

式 (8-17) 与式 (8-4) 形式相同，但状态变量的增加导致 $\dot{P}$, P 扩增为 7 阶列向量，其中 $P = [\, i_{L1}(t) \quad i_{L2}(t) \quad i_{L3}(t) \quad u_{C1}(t) \quad u_{C2}(t) \quad u_{C3}(t) \quad u_{C4}(t)\,]^{\mathrm{T}}$；根据拓扑的端口数扩充矩阵 $I = [\, 0 \quad 0 \quad 0 \quad i_{11}(t) \quad i_{12}(t) \quad i_{13}(t) \quad -i_2(t)\,]^{\mathrm{T}}$，$i_{11}(t)$、$i_{12}(t)$、$i_{13}(t)$ 分别为 MAB 模块三相输入端口电流；S 为开关函数 $s_1(t)$、$s_2(t)$ 构成的 7×7 阶系统状态变量矩阵，现按照 $\dot{P}$ 与 P 关联关系划分矩阵 S 结构为

$$
S = \begin{bmatrix} \mathbf{0}_3 & S_{\mathrm{IU1}} & S_{\mathrm{IU2}} \\ S_{\mathrm{UI1}} & & \\ S_{\mathrm{UI2}} & & \mathbf{0}_4 \end{bmatrix} = \begin{bmatrix}
0 & 0 & 0 & \dfrac{s_1(t)}{L_1} & 0 & 0 & \dfrac{-ns_2(t)}{L_1} \\[2mm]
0 & 0 & 0 & 0 & \dfrac{s_1(t)}{L_2} & 0 & \dfrac{-ns_2(t)}{L_2} \\[2mm]
0 & 0 & 0 & 0 & 0 & \dfrac{s_1(t)}{L_3} & \dfrac{-ns_2(t)}{L_3} \\[2mm]
\dfrac{-s_1(t)}{C_1} & 0 & 0 & 0 & 0 & 0 & 0 \\[2mm]
0 & \dfrac{-s_1(t)}{C_2} & 0 & 0 & 0 & 0 & 0 \\[2mm]
0 & 0 & \dfrac{-s_1(t)}{C_3} & 0 & 0 & 0 & 0 \\[2mm]
\dfrac{ns_2(t)}{C_4} & \dfrac{ns_2(t)}{C_4} & \dfrac{ns_2(t)}{C_4} & 0 & 0 & 0 & 0
\end{bmatrix} \tag{8-18}
$$

由式 (8-18) 中矩阵 S 的 $1 \sim 3$ 行可知，每相 MAB 模块变压器等效电感电流的微分仅与该相输入端口电压及输出端口电压关联：S_{IU1} 和 S_{IU2} 表征变压器等效电感电流的微分与对应相输入和输出端口电压的耦合关系；矩阵 S 的 $4 \sim 6$ 行 S_{UI1} 表明每相输入端口电容电压的微分仅与该端口的变压器等效电感电流相关。由矩阵 S 的第 7 行 S_{UI2} 可知，输出端口电容电压的微分与三相输入端口变压器等效电感电流均相关。$\mathbf{0}_3$、$\mathbf{0}_4$ 为下标阶数零方阵。

综上，可以扩展得到"m 变 1"多有源桥微分方程的系统状态变量矩阵如式 (8-19) 所示，在式 (8-17) 的基础上，状态变量矩阵扩展为 $P = [\, i_{L1}(t) \quad \cdots \quad i_{Lm}(t) \quad u_{C1}(t) \quad \cdots \quad u_{Cm}(t) \quad u_{C(m+1)}(t)\,]^{\mathrm{T}}$，系统输入变量扩展为 $I = [\, 0 \quad \cdots \quad 0 \quad i_{11}(t) \quad \cdots \quad i_{1m}(t) \quad -i_2(t)\,]^{\mathrm{T}}$，其中 $\dot{P}$, P, I 均为 $(2m+1) \times 1$ 阶列向量，S 为 $2m+1$ 阶方阵。

$$S = \begin{bmatrix} \mathbf{0}_m & S_{\mathrm{IU1}} & S_{\mathrm{IU2}} \\ S_{\mathrm{UI1}} & & \\ S_{\mathrm{UI2}} & & \mathbf{0}_{m+1} \end{bmatrix} \tag{8-19}$$

式（8-19）中，$S_{\mathrm{IU1}} = \mathrm{diag}[s_1(t)/L_1, s_1(t)/L_2, \cdots, s_1(t)/L_m]$、$S_{\mathrm{UI1}} = \mathrm{diag}[s_1(t)/C_1, s_1(t)/C_2, \cdots, s_1(t)/C_m]$，均为 m 阶对角矩阵；$S_{\mathrm{IU2}} = [-ns_2(t)/L_1, -ns_2(t)/L_2, \cdots, -ns_2(t)/L_m]^{\mathrm{T}}$ 为 m 阶列向量；S_{UI2} 为元素均为 $ns_2(t)/C_{m+1}$ 的 m 阶行向量。

基于傅里叶系数卷积特性，对开关函数进行傅里叶变换，可以得到 MAB 模块简化等效模型的微分方程

$$\dot{P} = \begin{bmatrix} W_1 & \mathbf{0} & \mathbf{0} & & & & T_{\mathrm{L1}} \\ \mathbf{0} & W_3 & \mathbf{0} & & \mathbf{0}_{3\times 6} & & T_{\mathrm{L3}} \\ \mathbf{0} & \mathbf{0} & W_5 & & & & T_{\mathrm{L5}} \\ T_{\mathrm{Cin1}} & T_{\mathrm{Cin3}} & T_{\mathrm{Cin5}} & T_{\mathrm{Cout1}} & T_{\mathrm{Cout3}} & T_{\mathrm{Cout5}} & \mathbf{0} \end{bmatrix} \cdot P + I \tag{8-20}$$

由 8.3.1 节可知，每相 MAB 模块变压器等效电感电流的微分相互独立，因此矩阵 $\dot{P} = \left[\left\langle \dfrac{\mathrm{d}i_{\mathrm{L}1\cdots m}(t)}{\mathrm{d}t} \right\rangle_1 \left\langle \dfrac{\mathrm{d}i_{\mathrm{L}1\cdots m}(t)}{\mathrm{d}t} \right\rangle_3 \left\langle \dfrac{\mathrm{d}i_{\mathrm{L}1\cdots m}(t)}{\mathrm{d}t} \right\rangle_5 \left\langle \dfrac{\mathrm{d}U_{\mathrm{C}1\cdots m}(t)}{\mathrm{d}t} \right\rangle_0 \left\langle \dfrac{\mathrm{d}U_{\mathrm{C}m+1}(t)}{\mathrm{d}t} \right\rangle_0 \right]^{\mathrm{T}}$ 为变压器等效电感电流由基波及 3、5 次谐波等效的 "m 变 1" 多有源桥状态变量的微分。由于输出端口电容电压的微分与三相变压器等效电感电流均相关，因此 MAB 模块的微分方程将式（8-8）中矩阵 $T_{\mathrm{C}1/3/5}$ 分为两个 2×2 阶矩阵 $T_{\mathrm{Cin}1/3/5}$、$T_{\mathrm{Cout}1/3/5}$，并在 P 矩阵中增加变压器等效电感电流各谐波次求和量，如式（8-21）所示；拓展矩阵 $I = \left[0\ 0\ 0\ \dfrac{\langle i_{11\cdots m}(t) \rangle_0}{C_{1\cdots m}}\ -\dfrac{\langle i_2(t) \rangle_0}{C_{m+1}} \right]^{\mathrm{T}}$。

$$P = \left[\langle i_{\mathrm{L}1\cdots m}(t) \rangle_{-1} \cdots \langle i_{\mathrm{L}1\cdots m}(t) \rangle_5 \sum_{i=1}^{m} \langle i_{\mathrm{L}i}(t) \rangle_{-1} \cdots \right.$$
$$\left. \sum_{i=1}^{m} \langle i_{\mathrm{L}i}(t) \rangle_5 \langle U_{\mathrm{C}1\cdots m}(t) \rangle_0 \langle U_{\mathrm{C}m+1}(t) \rangle_0 \right]^{\mathrm{T}} \tag{8-21}$$

综上，矩阵 $W_{1/3/5}$、$T_{\mathrm{L}1/3/5}$ 与式（8-11）中相同，可得矩阵 $T_{\mathrm{Cin}1/3/5}$、$T_{\mathrm{Cout}1/3/5}$ 为

$$T_{\mathrm{Cin}1/3/5} = \begin{bmatrix} \mathrm{j}\dfrac{2}{1/3/5\pi C_{1\cdots m}}\mathrm{e}^{-\mathrm{j}1/3/5\varphi_1} & -\mathrm{j}\dfrac{2}{1/3/5\pi C_{1\cdots m}}\mathrm{e}^{\mathrm{j}1/3/5\varphi_1} \\ 0 & 0 \end{bmatrix}$$

$$T_{\mathrm{Cout}1/3/5} = \begin{bmatrix} 0 & 0 \\ -\mathrm{j}\dfrac{2n}{1/3/5\pi C_m}\mathrm{e}^{-\mathrm{j}1/3/5\varphi_2} & \mathrm{j}\dfrac{2n}{1/3/5\pi C_m}\mathrm{e}^{-\mathrm{j}1/3/5\varphi_2} \end{bmatrix} \tag{8-22}$$

将状态变量实部和虚部分离，可得

$$
\dot{Q} = \frac{1}{\pi} \cdot
\begin{bmatrix}
W_1 & 0 & 0 & & & T_{L1} \\
0 & \cdots & 0 & & 0_{k+1} & \vdots \\
0 & 0 & W_k & & & T_{Lk} \\
T_{Cin1} & \cdots & T_{Cink} & T_{Cout1} & \cdots & T_{Coutk} & 0
\end{bmatrix}
\cdot Q + I \qquad (8\text{-}23)
$$

由于谐波次数增加，式（8-24）中矩阵 $\dot{Q}$ 扩充为 $k+3$ 阶列向量，矩阵 Q 增

加求和项后为 $2k+4$ 阶列向量；矩阵 $I = \begin{bmatrix} 0 & \cdots & 0 & \dfrac{\langle i_{11\cdots m}(t)\rangle_0}{C_{1\cdots m}} \end{bmatrix}$

$- \dfrac{\langle i_2(t)\rangle_0}{C_{m+1}} \Big]^{\mathrm{T}}$ 且与 $\dot{Q}$ 阶数一致。

$$
\dot{Q} = \begin{bmatrix} \dot{q}_{11\cdots m}(t) & \dot{q}_{21\cdots m}(t) & \cdots & \dot{q}_{k1\cdots m}(t) & \dot{q}_{(k+1)1\cdots m}(t) & \dot{q}_{C1\cdots m}(t) & -\dot{q}_{C(m+1)}(t) \end{bmatrix}
$$

$$
Q = \begin{bmatrix} q_{11\cdots m}(t) & \cdots & q_{(k+1)1\cdots m}(t) & \displaystyle\sum_{i=1}^m q_{1i}(t) & \cdots & \displaystyle\sum_{i=1}^m q_{(k+1)i}(t) & q_{C1\cdots m}(t) & q_{C(m+1)}(t) \end{bmatrix}
$$

$$(8\text{-}24)$$

式（8-23）中矩阵 W_k 与式（8-15）相同；矩阵 T_{Lk}，T_{Cink}，T_{Coutk} 经系数提取与公式化简后由式（8-25）和式（8-26）给出。

$$
T_{Lk} =
\begin{bmatrix}
-\dfrac{2}{kL_{1\cdots m}}\sin k\varphi_1 & \dfrac{2n}{kL_{1\cdots m}}\sin k\varphi_2 \\
-\dfrac{2}{kL_{1\cdots m}}\cos k\varphi_1 & \dfrac{2n}{kL_{1\cdots m}}\cos k\varphi_2
\end{bmatrix}
\qquad (8\text{-}25)
$$

$$
T_{Cink} =
\begin{bmatrix}
\dfrac{4}{kC_{1\cdots m}}\sin k\varphi_1 & \dfrac{4}{kC_{1\cdots m}}\cos k\varphi_1 \\
0 & 0
\end{bmatrix},
T_{Coutk} =
\begin{bmatrix}
0 & 0 \\
\dfrac{4n}{kC_{(m+1)}}\sin k\varphi_2 & \dfrac{4n}{kC_{(m+1)}}\cos k\varphi_2
\end{bmatrix}
$$

$$(8\text{-}26)$$

当高频隔离变压器等效电感电流以基波及 3、5、$\cdots$、k 次谐波等效时，式（8-23）~式（8-26）给出了"m 变 1"多有源桥的时变非线性微分方程。应用此方程建立工程所需的多有源桥简化等效模型时，可以根据需求定制拓扑及变压器电感电流的等效谐波次数。当谐波次数增加时，等效模型仿真精度增加，但微分方程阶数的增大导致仿真速度迅速降低。因此应选取合适的傅里叶分解次数，以兼顾简化电磁暂态模型的仿真精度和计算效率。

8.3.2　CHB – MAB 型 PET 简化等效模型

图 8-5 所示为 CHB – MAB 型 PET 等效建模流程。PET 简化等效模型求解，可分为读取系统参数及 CHB 控制信号、正解 MAB 模块四端口电压值、结合外电

路求解四端口电流值、形成正反解循环 4 个步骤，最终依托电磁暂态仿真平台输出所需仿真波形。

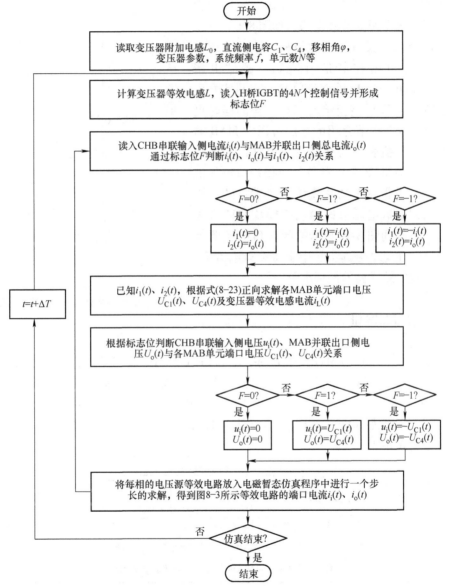

图 8-5　CHB – MAB 型 PET 等效建模流程

经过图 8-5 所述等效建模过程，可得如图 8-6 所示的 PET 简化等效模型。本章以"三变一"MAB 型 PET 为算例进行建模，包含 4 个端口，每个端口可以等效为一个受控电压源。当端口以串联方式连接时，端口受控电压源直接叠加；对于并联的端口,各端口电压值完全相等。经过单个功率模块建模及功率模块级联后,最终可得输入侧为 3 个受控电压源、输出侧为单个受控电压源的等效电路,如图 8-6 所示。

由于 PET 具有模块化结构,不同功率模块的状态可由控制信号决定,通过更新 CHB-MAB 拓扑 H 桥整流单元的控制信号可以实现各个 H 桥整流单元工作状态的即时更新。通过 8.2.1 节介绍的方法可以把 MAB 输入端口电气值表示为交流端口电气值的系数关系,并将 MAB 拓扑参数与所得端口电气值相结合,求得单个功率模块 4 个端口的电压值。将四端口电压值按照功率模块级联方式聚合,可得到图 8-6 所示的四端口电压源等效电路,在每个仿真步长中求得端口电流值,进而实现等效模型的循环求解。

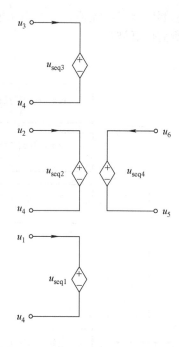

图 8-6　CHB-MAB 型 PET 等效电路

8.4　仿真验证

本节在 PSCAD/EMTDC 中分别搭建了 CHB-MAB 型 PET 的详细模型与等效模型,并对比测试了所建立模型的仿真精度与加速比。控制系统采用载波移相(carrier phase shifting, CPS) - SPWM 调制和单移相闭环控制,其中 MAB 快变电路的开关频率为 10kHz,设置仿真步长为 1μs。测试系统结构如图 8-7 所示,详细参数见表 8-2。

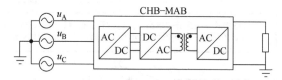

图 8-7　CHB-MAB 型 PET 测试系统示意图

表 8-2　CHB-MAB 型 PET 测试系统参数

参数	数值
高压交流母线电压 u_s/kV	10
低压直流母线电压 u_L/kV	1
开关频率 f/kHz	10

（续）

参数	数值
MAB 输入侧电容 $C_{1,2,3}/\mu F$	2000
MAB 输出侧电容 $C_4/\mu F$	1000
高频变压器变比 n	1.5/1.5
变压器附加电感 $L/\mu H$	100
模块数 N	14

考虑 8.3.2 节所提谐波选取方法，由于变压器等效电感电流 7 次及以上奇次谐波幅值较小（共约 6%），并且高次谐波的引入会大幅扩大求解方程规模、增加求解难度、降低仿真速度。因此，本章所建测试模型仅考虑变压器等效电感电流的基波及 3、5 次谐波。

8.4.1　不同频率下仿真精度测试

本小节测试分析稳态工况下 CHB – MAB 型 PET 的高压侧输入电压、变压器等效电感电流，并分别对比当 MAB 模块工作频率为 10kHz、25kHz 时模型的精度，以验证所提出的简化电磁暂态模型的有效性。

图 8-8、图 8-9 为 MAB 模块工作频率为 10kHz、25kHz 时的稳态交流电压，由放大图可看出稳态时等效模型的高压交流电压为阶梯波，与详细模型波形对比最大误差为 2.5%。

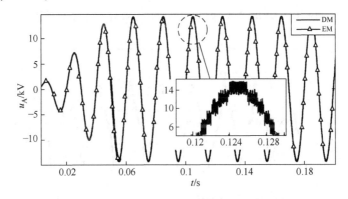

图 8-8　稳态交流电压（10kHz）

图 8-10、图 8-11 为变压器等效电感电流，当 MAB 模块工作频率为 10kHz、25kHz 时，与详细模型对比等效模型的高频隔离变压器等效电感电流波形最大误差分别为 1.5%、0.7%。造成误差的主要原因是等效模型的高频隔离变压器等效电感电流仅考虑主要低次谐波，但其误差数值仍在模型等效允许的最大误差范围内。

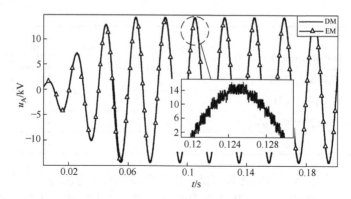

图 8-9　稳态交流电压（25kHz）

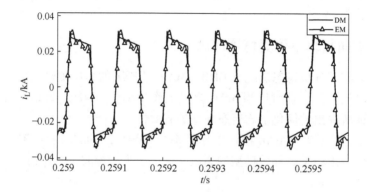

图 8-10　CHB－MAB 型 PET 变压器等效电感电流（10kHz）

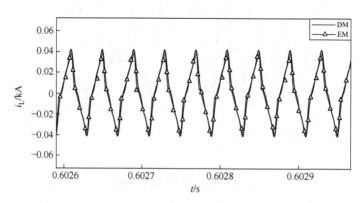

图 8-11　CHB－MAB 型 PET 变压器等效电感电流（25kHz）

综合以上对高压交流电压及高频变压器等效电感电流的分析，本章简化电磁此暂态模型可以实现对详细模型的等效。

8.4.2　不同工况下仿真精度测试

本小节测试多种工况下 CHB – MAB 型 PET 的低压侧输出电压，对比分析等效模型和详细模型的精度，以验证等效模型对于系统内外特性的表征效果。

为了测试多种工况下等效模型的仿真精度，仿真时序设置如下：

1）0 ~ 0.1s：设置高压交流电源启动时间为 0.05s，系统启动。

2）0.1 ~ 0.2s：启动过程结束，进入稳态运行。

3）0.2 ~ 0.6s：改变低压直流负载，使低压直流电压降低 25%，变为 0.761kV，系统进入低压调节过渡阶段。

4）0.6 ~ 1s：系统低压直流侧发生双极经小电阻接地短路故障，短路电阻为 0.5Ω，0.2ms 故障持续时间后，断路器重合闸，系统恢复。

选取 PET 低压直流电压作为测试对象，对比等效模型和详细模型各阶段的仿真波形如图 8-12 所示。

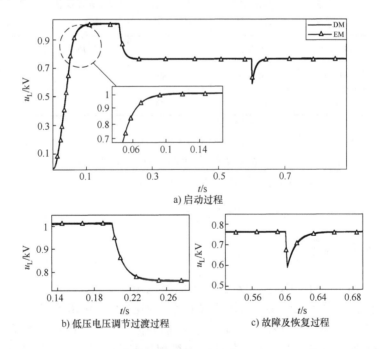

a) 启动过程

b) 低压电压调节过渡过程　　　c) 故障及恢复过程

图 8-12　低压直流电压

由图 8-12a 可知，模型启动过程中最大误差为 1.5%，0.1s 左右系统进入稳态阶段；在 $t = 0.2$s 时，将低压侧负载由 1Ω 变为 0.75Ω，过渡过程最大误差为 1%；由图 8-12c 可知，在故障过程中，低压直流电压出现了很大的跌落，最低值为 0.6kV，0.65s 后系统恢复稳态运行，该阶段最大误差为 2.1%。因此，等效模型和详细模型的测试结果在稳态和暂态过程均高度吻合，表明简化等效模型具有较高的全工况内外部特性仿真精度。

8.4.3 加速比测试

本小节测试模型的仿真加速比，测试过程中分别在 PSCAD/EMTDC 中搭建由 2、8、14 个 CHB-MAB 模块组成的 ISOP 型 PET 详细模型与等效模型。仿真时间为 5s，仿真步长为 1μs，测试 MAB 工作频率为 10kHz 时模型的仿真用时和加速比。表 8-3 中分别给出详细模型、本章简化等效模型及第 5 章介绍的精确等效模型的仿真用时，并计算出简化等效模型与精确等效模型相对详细模型的加速比。

表 8-3　详细模型与等效模型仿真用时对比

单相模块数	详细模型仿真用时/s	简化等效模型仿真用时/s	精确等效模型仿真用时/s	简化等效模型加速比	精确等效模型加速比
3	114.718	7.281	50.469	15.756	2.273
6	341.750	10.343	34.89	33.042	9.795
14	5192.594	18.438	46.268	281.625	112.229

由表 8-3 可知，当 PET 包含 3 个 CHB-MAB 功率模块时，等效模型的加速比为 2.273，而对于 14 个功率模块的变换器，加速比可达到 112.229，因此本章所提简化等效模型在对高开关频率、多模块 CHB-MAB 型 PET 的仿真中具有更好的加速效果。

8.5　本章小结

本章提出了一种 CHB-MAB 型 PET 的简化等效模型，采用开关函数模型处理 CHB 拓扑 H 桥换流单元，采用广义状态平均法处理 MAB 模块。通过傅里叶分解微分方程简化拓扑方程，形成可与外部拓扑直接相连的 PET 四端口受控电压源等效电路。仿真测试表明，简化等效模型具有较高的精度，其稳态最大误差为 0.5%，故障和恢复过程最大误差为 2.1%。并且当模块数大于 20 时，相比详细模型的加速比达到 2 个数量级。所提出建模方法具有精度高、速度快、等效过程简单、适用范围广等优点，可适用于功率模块为 SAB、DAB、MAB、CHB-DAB 和 CHB-MAB 等拓扑的 PET 简化电磁暂态建模仿真场景。

参 考 文 献

［1］LI Z Q，WANG Y，SHI L，et al. Generalized averaging modeling and control strategy for three - phase dual - active - bridge DC - DC converters with three control variables ［C］. 2017 IEEE Applied Power Electronics Conference and Exposition（APEC），2017.

［2］杨占刚，吴惠东，屈俊超，等. 基于广义状态空间平均的独立电力系统建模方法［J］. 电工电能新技术，2016，35（12）：12 - 19.

［3］郑聪慧，徐婉莹，王晓婷，等. 多有源桥型电力电子变压器简化电磁暂态等效模型［J］. 电力系统自动化，2022，46（19）：113 - 122.

第 9 章

考虑开关死区效应的
PET 平均值建模方法

换流器平均值模型通过简化内部开关过程，仅保留模拟系统级特性的能力，以实现仿真速度的提升。相比于第 8 章介绍的简化电磁暂态模型，PET 的平均值模型计算效率更高，在系统级仿真中更有优势。并且，在前述简化电磁暂态模型中，由于采用开关函数表示 IGBT 及其反并联二极管，无法模拟实际工程中真实存在的开关死区效应。随着高频隔离变压器频率的大幅提升，开关死区对 PET 仿真模型的影响不容忽略。因此，本章提出一种考虑开关死区效应的 PET 平均值建模方法，能同时兼顾仿真速度和开关死区效应的仿真精度[1]。

9.1 DAB 平均值建模方法

DAB 是各种 PET 拓扑功率模块的核心结构，因此本章首先针对 DAB 进行平均值建模。考虑开关器件的导通电阻和高频变压器的漏阻抗参数，简化全桥的开关动作过程，进而建立 DAB 的一阶 RL 等效电路。其次，通过分析各个死区工况下流入、流出全桥的电流在半个开关周期内的波形特征，推导其平均化解析表达式。最后，保留 DAB 的外部特性，使用等效电流源代替内部电路，从而实现 DAB 的平均值建模。

9.1.1 等效电路化简

对 DAB 的等效化简如下：①开关器件的导通电阻为 R_{ON}，关断电阻为无穷大（视为该支路断开）；②考虑高频变压器的漏感和漏电阻，忽略高频变压器的励磁支路。此时，DAB 可等效为由电阻、电感及变比为 $n:1$ 的理想变压器构成的模型，如图 9-1 所示。

DAB 每一时刻 IGBT 的开通信号决定了电流 i_{LH} 的流通路径。以电流 i_{LH} 流经一次侧 S_5 和 S_8，高频变压器，二次侧 S_9 和 S_{12} 形成通路为例，将变压器二次侧的

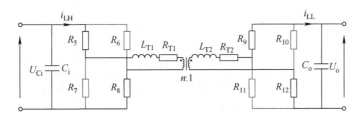

图 9-1　DAB 简化等效电路

漏阻抗参数归算到一次侧，得到 DAB 等效电阻 R_{eq} 和等效电感 L_{eq} 为

$$\begin{cases} R_{eq} = 2R_{ON} + R_{T1} + n^2 R_{T2} + 2n^2 R_{ON} \\ L_{eq} = L_{T1} + n^2 L_{T2} \end{cases} \tag{9-1}$$

式中，R_{T1}、R_{T2}、L_{T1}、L_{T2} 分别为高频隔离变压器一、二次侧的漏电阻和漏电感。

9.1.2　电流平均化处理

　　DAB 的工作状态可分为 3 类：升压状态（boost）、降压状态（buck）和匹配状态，根据移相角、死区时间及初始时刻交流电流是否大于零，进一步将升压状态和降压状态各分为 6 种模式，匹配状态分为 3 种模式[2]。以降压状态为例，其工作模式如图 9-2 所示。

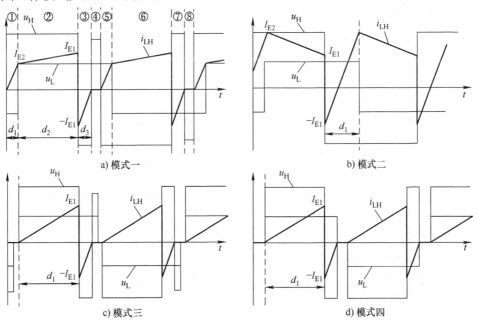

图 9-2　降压状态下 DAB 电压、电流波形示意图

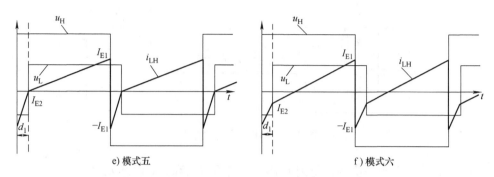

e) 模式五   f) 模式六

图 9-2　降压状态下 DAB 电压、电流波形示意图（续）

    DAB 输入和输出侧电容电压主要由直流分量和二倍频纹波组成，由于二倍频纹波很小（仿真测得其幅值约为电容电压幅值的 0.1% 以内），可只考虑其直流分量的影响。电流 i_{LH}、i_{LL} 的周期为半个开关周期 T_h，因此下面将仅针对前半个周期进行建模。

    设死区占比为 d_z（死区时间占 T_h 的比率），移相占比为 m（移相时间占 T_h 的比率），一次、二次交流电压分别为 u_H、u_L。因此，在每个电流周期 T_h 内，DAB 电路各开关器件涉及 8 种导通状态，如图 9-3 所示。在此基础上，通过表 9-1 所示导通状态的切换，可表征降压工作状态的 6 种模式。本节将死区的 6 种模式重新归类合并为 4 种工况。

表 9-1　T_h 内 6 种模式导通工况的切换过程

模式	电路切换过程
模式一	状态 1→状态 2→状态 3→状态 4
模式二	状态 1→状态 2→状态 3→状态 5
模式三	状态 2→状态 3→状态 4→状态 6
模式四	状态 2→状态 3→状态 6
模式五	状态 7→状态 2
模式六	状态 7→状态 8

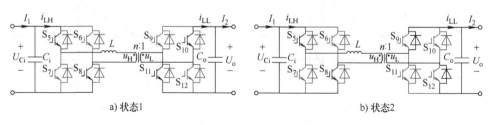

a) 状态1   b) 状态2

图 9-3　半开关周期各开关器件导通状态示意图

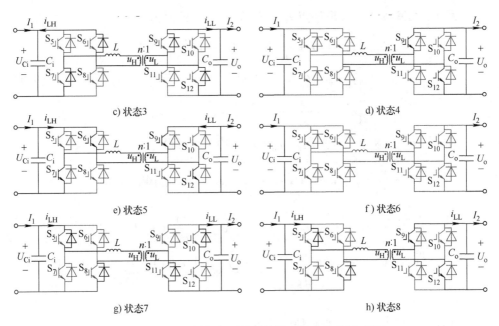

c) 状态3   d) 状态4

e) 状态5   f) 状态6

g) 状态7   h) 状态8

图 9-3   半开关周期各开关器件导通状态示意图（续）

1. 工况一：$m > d_z$，半个开关周期内 u_H、u_L 发生反转

工况一与模式一对应，在 T_h 内包含 DAB 的 4 个导通状态。对 DAB 一阶 RL 等效电路进行求解，可得电流 i_{LH} 在半个开关周期 T_h 内的解析表达式为

$$i_{LH} = \begin{cases} i_{LH1} = A(1 - e^{-Dt}) & t \in (0, d_1 T_h] \\ i_{LH2} = B + (I_{E2} - B)e^{-D(t - d_1 T_h)} & t \in (d_1 T_h, d_2 T_h] \\ i_{LH3} = A + (-I_{E1} - A)e^{-D(t - d_2 T_h)} & t \in (d_2 T_h, d_3 T_h] \\ i_{LH4} = 0 & t \in (d_3 T_h, T_h] \end{cases} \tag{9-2}$$

式中，$A = (U_{Ci} + nU_o)/R_{eq}$，$B = (U_{Ci} - nU_o)/R_{eq}$，$D = R_{eq}/L_{eq}$；$U_{Ci}$ 为 DAB 高压侧电容电压；U_o 为 DAB 低压侧电容电压。

d_1、d_2 时段可表示为

$$\begin{cases} d_1 = m - d_z \\ d_2 = 1 - m \end{cases} \tag{9-3}$$

由图 9-2a 可知

$$\begin{cases} i_{LH}(0) = 0 \\ i_{LH}(d_1 T_h) = I_{E2} \\ i_{LH}(d_2 T_h) = I_{E1} \\ i_{LH}(d_3 T_h) = 0 \end{cases} \tag{9-4}$$

因此，可解得电流波形端点 I_{E1}、I_{E2} 的值及 d_3 的值为

$$\begin{cases} I_{E1} = B + \dfrac{2nU_2}{R_{eq}}e^{-Dd_2T_h} - Ae^{-D(d_1+d_2)T_h} \\ I_{E2} = A(1 - e^{-Dd_1T_h}) \\ d_3 = -\dfrac{1}{DT_h}\ln\dfrac{A}{I_{E1} + A} + d_2 \end{cases} \tag{9-5}$$

对式（9-2）在半个开关周期 T_h 内取平均值，可得

$$\begin{aligned} \overline{i}_{LH} &= \frac{1}{T_h}\Big(\int_0^{d_1T_h} i_{LH1} + \int_{d_1T_h}^{d_2T_h} i_{LH2} + \int_{d_2T_h}^{d_3T_h} i_{LH3} + \int_{d_3T_h}^{T_h} i_{LH4}\Big)dt \\ &= A(d_3 - d_2 + d_1) + B(d_2 - d_1) + \frac{A}{DT_h}(e^{-Dd_1T_h} - 1) + \\ &\quad \frac{(B - I_{E2})(e^{-D(d_2-d_1)T_h} - 1)}{DT_h} + \frac{(A + I_{E1})(e^{-D(d_3-d_2)T_h} - 1)}{DT_h} \end{aligned}$$

$$\tag{9-6}$$

同理，可得电流 i_{LL} 的平均值公式为

$$\begin{aligned} \overline{i}_{LL} &= \frac{n}{T_h}\Big(-\int_0^{d_1T_h} i_{LH1} + \int_{d_1T_h}^{d_2T_h} i_{LH2} - \int_{d_2T_h}^{d_3T_h} i_{LH3} + \int_{d_3T_h}^{T_h} i_{LH4}\Big)dt \\ &= \Big[-A(d_3 - d_2 + d_1) + B(d_2 - d_1) - \frac{A}{DT_h}(e^{-Dd_1T_h} - 1) + \\ &\quad \frac{(A - I_{E2})(e^{-D(d_2-d_1)T_h} - 1)}{DT_h} - \frac{(A + I_{E1})(e^{-D(d_3-d_2)T_h} - 1)}{DT_h}\Big] \cdot n \end{aligned}$$

$$\tag{9-7}$$

2. 工况二：$m > d_z$，半个开关周期内 u_H、u_L 未发生反转

工况二与模式二对应，其与工况一的不同之处在于电流 i_{LH} 不存在断续的阶段（见图 9-3d），死区延迟处于闭锁状态时，电流 i_{LH} 未减小到零就转换到下一个电路状态。电流 i_{LH} 在半个开关周期内的表达式为

$$i_{LH} = \begin{cases} i_{LH1} = A + (-I_{E1} - A)e^{-Dt} & t \in (0, d_1T_h] \\ i_{LH2} = B + (I_{E2} - B)e^{-D(t-d_1T_h)} & t \in (d_1T_h, T_h] \end{cases} \tag{9-8}$$

式中，$d_1 = m$，即此时 d_1 为移相角占比。

由图 9-2b 可得

$$\begin{cases} i_{LH}(0) = -I_{E1} \\ i_{LH}(d_1T_h) = I_{E2} \\ i_{LH}(T_h) = I_{E1} \end{cases} \tag{9-9}$$

由此可解得电流波形端点 I_{E1}、I_{E2} 的值为

$$
\begin{cases}
I_{E1} = \dfrac{B + \dfrac{2nU_2}{R_{eq}}e^{-D(1-d_1)T_h} - Ae^{-DT_h}}{1 + e^{-DT_h}} \\[4mm]
I_{E2} = \dfrac{A - \dfrac{2U_C}{R_{eq}}e^{-Dd_1T_h} + Be^{-DT_h}}{1 + e^{-DT_h}}
\end{cases}
\tag{9-10}
$$

电流 i_{LH}、i_{LL} 的平均值公式为

$$
\begin{cases}
\overline{i_{LH}} = \dfrac{1}{T_h}\Big(\displaystyle\int_0^{d_1T_h} i_{LH1} + \int_{d_1T_h}^{T_h} i_{LH2}\Big)\mathrm{d}t \\[4mm]
\quad = Ad_1 + \dfrac{(B - I_{E2})(e^{-D(1-d_1)T_h} - 1)}{DT_h} + B(1 - d_1) + \dfrac{(A + I_{EI})(e^{-Dd_1T_h} - 1)}{DT_h} \\[4mm]
\overline{i_{LL}} = \dfrac{n}{T_h}\Big(-\displaystyle\int_0^{d_1T_h} i_{LH1} + \int_{d_1T_h}^{T_h} i_{LH2}\Big)\mathrm{d}t \\[4mm]
\quad = \Big[-Ad_1 + \dfrac{(B - I_{E2})(e^{-D(1-d_1)T_h} - 1)}{DT_h} + B(1 - d_1) - \dfrac{(A + I_{EI})(e^{-Dd_1T_h} - 1)}{DT_h}\Big]\cdot n
\end{cases}
\tag{9-11}
$$

3. 工况三：$m < d_z$，半个开关周期内 i_{LH}、i_{LL} 出现断续

该工况包含模式三与模式四，并且两种模式的电流解析表达式一致。

电流 i_{LH} 在半个开关周期内的表达式为

$$
i_{LH} = \begin{cases}
i_{LH1} = B(1 - e^{-Dt}) & t \in (0, d_1, T_h] \\
i_{LH2} = A + (-I_{E1} - A)e^{-D(t-d_1T_h)} & t \in (d_1T_h, d_2T_h] \\
i_{LH3} = 0 & t \in (d_2T_h, T_h]
\end{cases}
\tag{9-12}
$$

式中，$d_1 = 1 - d_z$。

由图 9-2c、d 可得

$$
\begin{cases}
i_{LH}(0) = 0 \\
i_{LH}(d_1T_h) = I_{E1} \\
i_{LH}(d_2T_h) = 0
\end{cases}
\tag{9-13}
$$

由此可解得电流波形端点 I_{E1} 及 d_2 的值为

$$\begin{cases} I_{E1} = B(1 - e^{-Dd_1 T_h}) \\ d_2 = -\dfrac{1}{DT_h}\ln\dfrac{A}{I_{E1}+A} + d_1 \end{cases} \tag{9-14}$$

电流 i_{LH}、i_{LL} 的平均值表达式为

$$\begin{cases} \overline{i_{LH}} = \dfrac{1}{T_h}\Big(\int_0^{d_1 T_h} i_{LH1} + \int_{d_1 T_h}^{d_2 T_h} i_{LH2} + \int_{d_2 T_h}^{T_h} i_{LH3}\Big)dt \\ \qquad = Bd_1 + \dfrac{(A+I_{E1})(e^{-D(d_2-d_1)T_h}-1)}{DT_h} + A(d_2-d_1) + \dfrac{B}{DT_h}(e^{-Dd_1 T_h}-1) \\ \overline{i_{LL}} = \dfrac{n}{T_h}\Big(\int_0^{d_1 T_h} i_{LH1} - \int_{d_1 T_h}^{d_2 T_h} i_{LH2} + \int_{d_2 T_h}^{T_h} i_{LH3}\Big)dt \\ \qquad = \Big[Bd_1 - \dfrac{(A+I_{E1})(e^{-Dd_2 T_h}-1)}{DT_h} - A(d_2-d_1) + \dfrac{B}{DT_h}(e^{-Dd_1 T_h}-1)\Big]\cdot n \end{cases}$$

$$\tag{9-15}$$

4. 工况四：$m < d_z$，半个开关周期内 i_{LH}、i_{LL} 波形无断续

该工况包括模式五和模式六。模式六的公式与工况二一致，但此时两侧交流电压的相位差 $d_1 = d_z + m$。

在模式五中，电流 i_{LH} 的表达式为

$$i_{LH} = \begin{cases} i_{LH1} = A + (-I_{E1}-A)e^{-Dt} & t \in (0, d_1 T_h] \\ i_{LH2} = B(1 - e^{-D(t-d_1 T_h)}) & t \in (d_1 T_h, T_h] \end{cases} \tag{9-16}$$

此时，$d_z < d_1 < d_z + m$，两侧交流电压的相位差 d_1 大于移相占比，近似取 $d_1 = d_z + m/2$。

由图 9-2e、f 可知

$$\begin{cases} i_{LH}(0) = -I_{E1} \\ i_{LH}(d_1 T_h) = 0 \\ i_{LH}(T_h) = I_{E1} \end{cases} \tag{9-17}$$

解得电流波形端点 I_{E1} 的值为

$$I_{E1} = B(1 - e^{-D(1-d_1)T_h}) \tag{9-18}$$

电流 i_{LH}、i_{LL} 的平均值表达式为

$$\begin{cases} \overline{i_{LH}} = \dfrac{1}{T_h}\left(\displaystyle\int_0^{d_1 T_h} i_{LH1} + \int_{d_1 T_h}^{T_h} i_{LH2}\right)\mathrm{d}t \\[4mm] \qquad = Ad_1 + \dfrac{(A + I_{E1})(\mathrm{e}^{-Dd_1 T_h} - 1)}{DT_h} + B(1 - d_1) + \dfrac{B(\mathrm{e}^{-D(1-d_1)T_h} - 1)}{DT_h} \\[4mm] \overline{i_{LL}} = \dfrac{n}{T_h}\left(-\displaystyle\int_0^{d_1 T_h} i_{LH1} + \int_{d_1 T_h}^{T_h} i_{LH2}\right)\mathrm{d}t \\[4mm] \qquad = \left[-Ad_1 - \dfrac{(A + I_{E1})(\mathrm{e}^{-Dd_1 T_h} - 1)}{DT_h} + B(1 - d_1) + \dfrac{B(\mathrm{e}^{-D(1-d_1)T_h} - 1)}{DT_h}\right]\cdot n \end{cases}$$

$$(9\text{-}19)$$

由以上对 4 种工况的理论推导可知，$\overline{i_{LH}}$、$\overline{i_{LL}}$ 的值仅与 DAB 两端电容电压 U_{Ci} 和 U_o、移相占比 m 和死区占比 d_z 有关。在对 DAB 等效处理时，可使用等效 受控电流源 $\overline{i_{LH}}$、$\overline{i_{LL}}$ 代替两个全桥换流单元及高频变压器，构建 DAB 平均值模 型如图 9-4 所示。

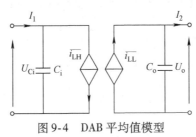

图 9-4 DAB 平均值模型

9.2 CHB – DAB 平均值建模

本节以 ISOP 型 CHB – DAB 型 PET 拓扑为例，给出平均值模型的求解流程。

9.2.1 H 桥整流单元建模

CHB 由多个全桥单元级联而成，故从一个全桥单元出发进行平均值建模。 本节采用状态空间平均法，即确定拓扑的所有工况后通过加权平均法将各工况整 合为统一的模型，其权重为各工况在一段时间内的占比[3]。

若采用单极倍频调制方式，一个全桥整流单元包括如图 9-5 所示的 4 种工 况，其中图 9-5c、d 两种工况的交直流端口特性一致，可合并为一种工况。

选取交流电网侧电感电流 i_{LS} 与 DAB 高压侧直流电容电压 U_{Ci} 为状态变量， 列写 3 种工况的状态方程，形如 $\mathrm{d}X/\mathrm{d}t = AX + B$，见表 9-2。

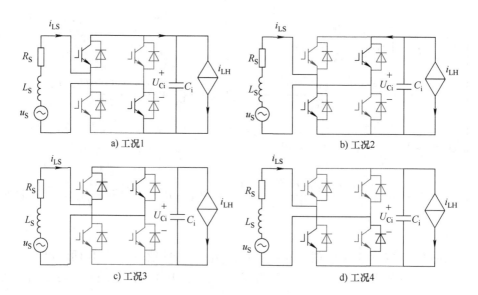

a) 工况1

b) 工况2

c) 工况3

d) 工况4

图 9-5　全桥单元各工况示意图

表 9-2　各工况下全桥单元的状态方程

工况	状态方程
1	$$\begin{bmatrix} \dfrac{di_{LS}}{dt} \\ \dfrac{dU_{Ci}}{dt} \end{bmatrix} = \begin{bmatrix} -\dfrac{R_S}{L_S} & -\dfrac{1}{L_S} \\ \dfrac{1}{C_i} & 0 \end{bmatrix} \begin{bmatrix} i_{LS} \\ U_{Ci} \end{bmatrix} + \begin{bmatrix} \dfrac{u_S}{L_S} \\ -\dfrac{i_{LH}}{C_i} \end{bmatrix}$$
2	$$\begin{bmatrix} \dfrac{di_{LS}}{dt} \\ \dfrac{dU_{Ci}}{dt} \end{bmatrix} = \begin{bmatrix} -\dfrac{R_S}{L_S} & \dfrac{1}{L_S} \\ -\dfrac{1}{C_i} & 0 \end{bmatrix} \begin{bmatrix} i_{LS} \\ U_{Ci} \end{bmatrix} + \begin{bmatrix} \dfrac{u_S}{L_S} \\ -\dfrac{i_{LH}}{C_i} \end{bmatrix}$$
3	$$\begin{bmatrix} \dfrac{di_{LS}}{dt} \\ \dfrac{dU_{Ci}}{dt} \end{bmatrix} = \begin{bmatrix} -\dfrac{R_S}{L_S} & 0 \\ 0 & 0 \end{bmatrix} \begin{bmatrix} i_{LS} \\ U_{Ci} \end{bmatrix} + \begin{bmatrix} \dfrac{U_S}{L_S} \\ -\dfrac{i_{LH}}{C_i} \end{bmatrix}$$

设各工况的占空比分别为 $\overline{G}_1$、$\overline{G}_2$、$\overline{G}_3$，对各工况的系数矩阵进行加权平均得到总状态方程为

$$\begin{bmatrix} \dfrac{di_{LS}}{dt} \\ \dfrac{dU_{Ci}}{dt} \end{bmatrix} = \begin{bmatrix} -\dfrac{R_S}{L_S} & -\dfrac{\overline{G}_1 - \overline{G}_2}{L_S} \\ \dfrac{\overline{G}_1 - \overline{G}_2}{C_i} & 0 \end{bmatrix} \begin{bmatrix} i_{LS} \\ U_{Ci} \end{bmatrix} + \begin{bmatrix} \dfrac{u_S}{L_S} \\ -\dfrac{i_{LH}}{C_i} \end{bmatrix} \tag{9-20}$$

由式（9-20）可知，全桥单元与交流电网的接口电路可用受控电压源 u_{eq} 等效，与 DAB 的接口电路可用受控电流源 i_{eq} 等效[4]，如下所示：

$$\begin{cases} u_{eq} = (\overline{G}_1 - \overline{G}_2) U_{Ci} \\ i_{eq} = (\overline{G}_1 - \overline{G}_2) i_{LS} \end{cases} \tag{9-21}$$

9.2.2　CHB – DAB 型 PET 平均值建模

假设 CHB – DAB 型 PET 每相模块数为 N 个，其输出侧为并联的形式，因此需将各个 DAB 二次侧等效电流源 $\overline{i}_{LLi}$（$i = 1$，$\cdots$，N）求和得到总的等效电流源 $\overline{i}_{LLS}$。其输入侧为串联形式，故 CHB 与交流电网的接口电路可用受控电压源 u_{eqS} 等效，即 $u_{eqi}(i=1,\cdots,N)$ 的求和，与各个 DAB 模块的接口电路可用受控电流源 i_{eqi}（$i = 1$，$\cdots$，N）等效，如下所示：

$$\begin{cases} u_{eqS} = \sum_{i=1}^{N} (\overline{G}_{1i} - \overline{G}_{2i}) U_{Ci} \\ i_{eqi} = (\overline{G}_{1i} - \overline{G}_{2i}) i_{LS} \quad i = 1,2,\cdots,N \end{cases} \tag{9-22}$$

因此，ISOP 型 CHB – DAB 型 PET 可等效为由受控源构成的电路，如图 9-6 所示。

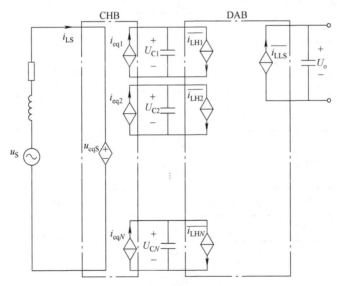

图 9-6　CHB – DAB 型 PET 平均值模型

平均值模型的求解过程分为正向求解和反向求解两部分。正解时，首先读取上一步长外部电路相关参数，即占空比 $\overline{G}_{1i}$ 和 $\overline{G}_{2i}$（$i = 1$，$\cdots$，N）、电容电压 U_{Ci}

($i = 1$，…，N）和 U_o、移相占比 m 和死区占比 d_z。进而判断各 DAB 当前的死区工况并计算等效受控源 $\overline{i}_{LHi}$（$i = 1$，…，N）、$\overline{i}_{LLS}$、u_{eqS}、i_{eqi}（$i = 1$，…，N）的值。反解时，首先将等效受控源与电磁暂态仿真软件中的外部电路联立，进而求解得到当前步长的外部电路参数，提供给下一步长的正向求解。综上所述，通过循环往复的正、反解，平均值建模求解得以完成，其计算流程如图 9-7 所示。

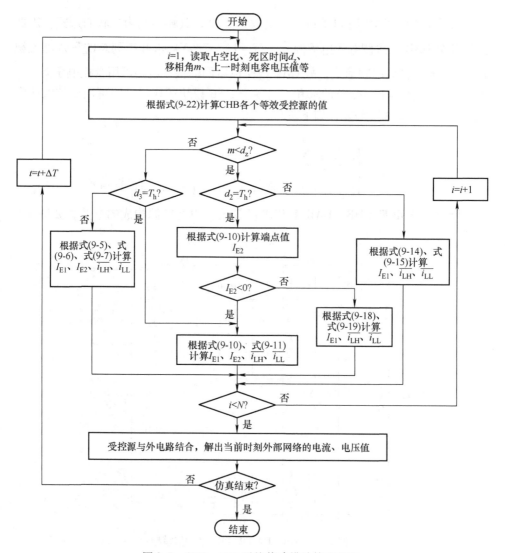

图 9-7 CHB – PET 平均值建模计算流程图

9.3　仿真验证

在 PSCAD/EMTDC 中分别搭建 CHB – DAB 型 PET 的电磁暂态详细模型（detailed model，DM）与本章提出的平均值模型（average model，AVM），以测试 AVM 的精度与加速比。

在控制环节中，DAB 采用定低压直流电压控制，CHB 采用经典的双闭环矢量控制，有功类控制量为系统高压侧直流电容电压，无功类控制量为 0。在调制环节中，CHB 采用载波移相单极倍频调制方式，DAB 采用单移相调制方式。系统参数见表 9-3。

表 9-3　CHB – PET 系统参数

参数	数值	参数	数值
高压交流母线电压 u_S/V	130	高频变压器一/二次侧漏阻/Ω	0.8/0.2
低压直流母线电压参考值 U_{oref}/V	20	高频变压器一/二次侧漏感/μH	6/1.5
高压直流母线电压参考值 U_{Cref}/V	40	IGBT 导通电阻/Ω	0.01
开关频率 f/kHz	25	附加电感 L/μH	50
输入侧电容 C_i/μF	300	模块数 N	3
输出侧电容 C_o/μF	100	电阻负载/Ω	1.6
高频变压器变比 n	0.04/0.02		

设置系统工况：

1) 0 ~ 0.3s：系统启动。

2) 0.3 ~ 0.4s：启动过程结束，进入稳态运行。

3) 0.4s：系统低压直流母线发生双极金属性短路，过渡电阻为 0.001Ω。

4) 0.4002s：断路器重合闸，系统从故障中恢复。

5) 0.6s：改变低压直流负载为原负载的 1/2，系统进入低电压调节过渡阶段。

6) 0.8s：仿真结束。

9.3.1　仿真精度测试

图 9-8 为 CHB – DAB 型 PET 传输功率波形图。平均值模型在整个过程的平均相对误差为 0.97%。启动、双极金属性短路和负载突变 3 个阶段的最大相对误差分别为 4.74%、0.89% 和 0.08%。故障阶段的最大误差均不超过 1%，表明平均值模型可满足故障工况下的仿真精度要求。

图 9-9a 为 PET 低压侧直流电压整体波形图，图 9-9b、c 分别为双极金属性

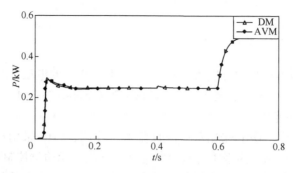

图 9-8   传输功率波形对比图

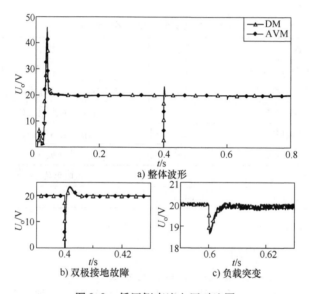

a) 整体波形

b) 双极接地故障

c) 负载突变

图 9-9   低压侧直流电压对比图

短路和负载突变调节过程的局部放大图。

在图 9-9 中，平均值模型稳态平均相对误差为 0.14%，3 个暂态过程的最大误差分别为 6.70%、0.54% 和 0.24%。误差的主要原因为详细模型的电压波形含有二倍频纹波[5]，而在平均值建模时忽略了纹波，模型的电压波形近似为直线。为分析这一近似计算的影响，对详细模型稳态时的电压进行频谱分析，如图 9-10 所示。

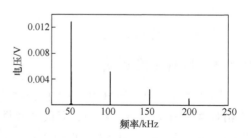

图 9-10   低压侧直流电压频谱分析图

由图 9-10 可知，二倍频纹波的幅值仅为 0.012V，因此进行平均值建模时忽略该纹波是合理的，以极小的误差带来计算负荷的大幅降低。

9.3.2　加速比测试

为测试平均值模型的加速比，本节分别搭建了每相 3、6、15 模块的三相 CHB – DAB 型 PET 开环详细模型与平均值模型，设置仿真时长为 2s，仿真步长为 4μs。设置画图步长为 500μs，以减少画图环节对加速比测试的影响。表 9-4 为详细模型与平均值模型的仿真用时对比及加速比，DM 为详细模型，AVM 为本章所提出的平均值模型，EM 为第 4 章提出的 DAB 端口解耦等效模型。测试机配置为 AMD Ryzen 7 5800H CPU，16GB RAM。

表 9-4　详细模型与等效模型仿真用时对比

每相模块数	DM 仿真用时/s	AVM 仿真用时/s	加速比 1	EM 仿真用时/s	加速比 2
3	1095.03	6.02	181.90	16.297	67.19
6	2728.45	9.36	291.50	20.078	135.89
15	24841.00	17.56	1414.64	32.062	774.78

由表 9-4 可知，当每相模块数相同时，AVM 和 EM 的仿真用时均远小于 DM，并且以模块数为横坐标，AVM 和 EM 的加速比分别为纵坐标，绘制的曲线如图 9-11 所示。可见，AVM 的加速比相较于 EM，有两倍以上的提升，加速效果非常显著。

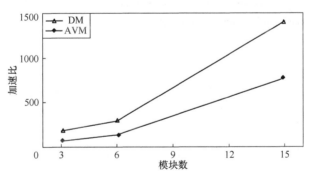

图 9-11　两种等效模型的加速比对比图

9.4　本章小结

本章提出一种考虑死区效应的 PET 平均值建模方法：针对 DAB 环节，考虑高频变压器的漏阻抗参数，建立 DAB 线性等效电路。对死区各工况进行分类并求解出各工况下的电流平均化表达式，实现用受控电流源代替全桥和高频变压器的平均值建模；针对 CHB 环节，基于状态空间平均法，使用受控电压源代替 CHB 与交流电网的接口，使用受控电流源代替 CHB 与 DAB 的接口；最终得到 ISOP 型 CHB – DAB 型 PET 的平均值模型，其通过正解得到各受控源的值，反解以初始化下一个仿真步长的电气网络。经过测试，所提出的平均值模型在稳态和暂态工况下具有较高精度的同时，具有显著的效率方面的提升。另外，本章所提出的平均值建模方法对其他结构的 PET 建模也具有一定的借鉴意义。

参 考 文 献

[1] 徐婉莹，郑聪慧，许建中，等. 级联 H 桥型电力电子变压器平均值模型 [J/OL]. 电力自动化设备：1 – 14 [2023 – 04 – 29]. DOI：10. 16081/j. epae. 202211009.

[2] ZHAO B, SONG Q, LIU W H, et al. Dead – time effect of the high – frequency isolated bidirectional full – bridge DC – DC converter：Comprehensive theoretical analysis and experimental verification [J]. IEEE Transactions on Power Electronics, 2014, 29 (8)：1667 – 1680.

[3] SRIRAM V B, SENGUPTA S, PATRA A. Indirect current control of a single – phase voltage – sourced boost – type bridge converter operated in the rectifier mode [J]. IEEE Transactions on Power Electronics, 2003, 18 (5)：1130 – 1137.

[4] ZHAO T F, JIE Z, BHATTACHARYA S, et al. An average model of solid – state transformer for dynamic system simulation [C]. 2009 IEEE Power & Energy Society General Meeting, 2009.

[5] GOHIL G, WANG H, LISERRE M, et al. Reduction of DC – link capacitor in case of cascade multilevel converters by means of reactive power control [C]. 2014 IEEE Applied Power Electronics Conference and Exposition (APEC 2014), 2014.

第10章

PET 电磁暂态实时低耗等效建模方法

本书前文所提基于参数转换和高频链端口解耦的 PET 等效建模方法，在 PET 等效电路获取过程中，高频链端口解耦方法更为简单，在仿真步长较小时，二者精度近似；在模块等效参数计算与内部信息更新时，两类模型具有相同的效果，但基于参数转换的 PET 等效建模方法的参数表述更为简洁。因此，本章以 DAB 型 PET 为例，将参数转换方法中的模块等效电路获取、模块内部信息更新过程和高频链端口解耦过程中的 PET 等效电路获取 3 个部分相结合，提出一种 PET 电磁暂态实时低耗等效建模方法。

10.1 实时低耗等效建模方法

基于 4.2 节 CHB – DAB 模块高频链端口解耦模型思路，首先提出 DAB 模块高频链端口解耦等效模型。

利用梯形积分法对图 3-4 中 DAB 模块电容元件进行离散化处理，IGBT/二极管开关组用二值电阻等效，可得 DAB 模块伴随电路如图 10-1 所示。

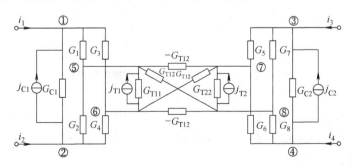

图 10-1 DAB 模块伴随电路

169

由于隔离变压器的存在，DAB 为严格二端口网络，可设其短路导纳参数方程为

$$\begin{bmatrix} i_{\mathrm{IN}} \\ i_{\mathrm{OUT}} \end{bmatrix} = \begin{bmatrix} y_{11} & y_{12} \\ y_{21} & y_{22} \end{bmatrix} \cdot \begin{bmatrix} u_{\mathrm{IN}} \\ u_{\mathrm{OUT}} \end{bmatrix} + \begin{bmatrix} j_{\mathrm{S1}} \\ j_{\mathrm{S2}} \end{bmatrix} \triangleq \boldsymbol{Y} \cdot \begin{bmatrix} u_{\mathrm{IN}} \\ u_{\mathrm{OUT}} \end{bmatrix} + \begin{bmatrix} j_{\mathrm{S1}} \\ j_{\mathrm{S2}} \end{bmatrix} \quad (10\text{-}1)$$

式中，u_{IN} 和 u_{OUT}，i_{IN} 和 i_{OUT} 分别为输入、输出端口的电压和电流；y_{11} 和 y_{22} 为两个端口的输入阻抗；y_{12} 和 y_{21} 为转移阻抗；$\boldsymbol{Y}$ 为短路导纳参数矩阵；j_{S1} 和 j_{S2} 为端口独立电流源。

利用 DAB 模块高频链端口电容电压不突变性质，对式（10-1）所示 DAB 短路导纳参数方程进行约等，得到

$$\begin{bmatrix} i_{\mathrm{IN}}(t) \\ i_{\mathrm{OUT}}(t) \end{bmatrix} = \begin{bmatrix} y_{11} & y_{12} \\ y_{12} & y_{22} \end{bmatrix} \cdot \begin{bmatrix} u_{\mathrm{IN}}(t) \\ u_{\mathrm{OUT}}(t) \end{bmatrix} + \begin{bmatrix} j_{\mathrm{S1}}(t) \\ j_{\mathrm{S2}}(t) \end{bmatrix}$$

$$\approx \begin{bmatrix} y_{11} & 0 \\ 0 & y_{22} \end{bmatrix} \cdot \begin{bmatrix} u_{\mathrm{IN}}(t) \\ u_{\mathrm{OUT}}(t) \end{bmatrix} + \begin{bmatrix} 0 & y_{12} \\ y_{12} & 0 \end{bmatrix} \cdot \begin{bmatrix} u_{\mathrm{IN}}(t-\Delta t) \\ u_{\mathrm{OUT}}(t-\Delta t) \end{bmatrix} + \begin{bmatrix} j_{\mathrm{S1}}(t) \\ j_{\mathrm{S2}}(t) \end{bmatrix}$$

$$= \begin{bmatrix} y_{11} & 0 \\ 0 & y_{22} \end{bmatrix} \cdot \begin{bmatrix} u_{\mathrm{IN}}(t) \\ u_{\mathrm{OUT}}(t) \end{bmatrix} + \begin{bmatrix} j_{\mathrm{eq1}}(t) \\ j_{\mathrm{eq2}}(t) \end{bmatrix} \quad (10\text{-}2)$$

通过单步长高频链电容端口电压的约等，实现 DAB 模块串并联侧解耦。此时，图 10-1 中 DAB 模块等效电路的互导纳支路的耦合作用以电流源形式在 j_{eq1} 和 j_{eq2} 中体现，如图 10-2 所示。

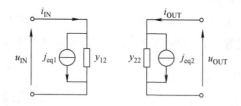

图 10-2 DAB 模块高频链端口解耦等效模型

DAB 模块高频链端口解耦等效模型为两个单端口电路，因此可分别根据输入、输出侧的拓扑连接方式进行模块级联，所得 DAB 型 PET 高频链端口解耦等效模型如图 10-3 所示。

其中

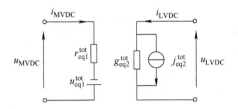

图 10-3　DAB 型 PET 高频链端口解耦等效模型

$$\begin{cases} r_{eq1}^{tot} = \sum_{i=1}^{N} r_{eq1}^{i} = \sum_{i=1}^{N}\left(\frac{1}{y_{11}^{i}}\right), \; u_{eq1}^{tot} = \sum_{i=1}^{N} u_{eq1}^{i} = \sum_{i=1}^{N}\left(\frac{j_{eq1}^{i}}{y_{11}^{i}}\right) \\ g_{eq2}^{tot} = \sum_{i=1}^{N} y_{22}^{i}, \; j_{eq2}^{tot} = \sum_{i=1}^{N} j_{eq2}^{i} \end{cases} \tag{10-3}$$

式中，N 为 DAB 模块数；i 为 DAB 模块编号。

利用图 10-3 所示电路，即可进行 EMT 解算。在求得 PET 外部端口电压电流后，仅需进行各模块端口电压更新。其中，DAB 模块输入输出侧电容电压分别为 u_{IN} 和 u_{OUT}。由于输出侧并联，则 $u_{OUT} = u_{LVDC}$，对于输入侧，由图 10-2 和图 10-3 可知

$$u_{IN}^{i} = (i_{MVDC} - j_{eq1}^{i})/y_{11}^{i} \tag{10-4}$$

最后，利用式（10-4）反解更新每个 DAB 模块内部变压器端口电压，完成一个仿真步长的求解。

为便于读者阅读，本节梳理出了 DAB 模块等效电路获取、PET 等效电路获取以及内部信息更新 3 个步骤所涉及的主要计算式，见表 10-1。

表 10-1　DAB 等效模型主要计算式

步骤	功能	表达式	来源
DAB 模块 等效电路获取	DAB 模块 Y 参数方程	$\begin{bmatrix} i_{IN} \\ i_{OUT} \end{bmatrix} = \begin{bmatrix} Y_{11}^{DAB} & Y_{12}^{DAB} \\ Y_{12}^{DAB} & Y_{22}^{DAB} \end{bmatrix} \begin{bmatrix} u_{IN} \\ u_{OUT} \end{bmatrix} + \begin{bmatrix} i_{SC1} \\ i_{SC2} \end{bmatrix}$	式（3-42）
	Y 参数矩阵计算	$\begin{cases} Y_{11}^{DAB} = K_{DAB}^{1} \cdot \left(-\dfrac{T_{11}^{DAB}}{T_{12}^{DAB}}\right) + \overline{K_{DAB}^{1}} \cdot \left(G_{C1} + \dfrac{2G_{ON}G_{OFF}}{G_{ON}+G_{OFF}}\right) \\ Y_{12}^{DAB} = Y_{21}^{DAB} = K_{DAB}^{2} \cdot \dfrac{1}{T_{12}^{DAB}} \\ Y_{22}^{DAB} = K_{DAB}^{3} \cdot \left(-\dfrac{T_{22}^{DAB}}{T_{12}^{DAB}}\right) + \overline{K_{DAB}^{3}} \cdot \left(G_{C2} + \dfrac{2G_{ON}G_{OFF}}{G_{ON}+G_{OFF}}\right) \end{cases}$	式（3-30）
	短路电流 列向量计算	$\begin{bmatrix} i_{SC1} \\ i_{SC2} \end{bmatrix} = -\begin{bmatrix} j_{C1} \\ j_{C2} \end{bmatrix} + \begin{bmatrix} K_{C\_H} & 0 \\ 0 & K_{C\_L} \end{bmatrix} \cdot \boldsymbol{M}_3 \cdot \begin{bmatrix} j_{T1} \\ j_{T2} \end{bmatrix}$	式（3-41）

（续）

步骤	功能	表达式	来源
PET 等效 电路获取	DAB 模块 高频链解耦	$$\begin{bmatrix} i_{IN}(t) \\ i_{OUT}(t) \end{bmatrix} = \begin{bmatrix} y_{11} & y_{12} \\ y_{12} & y_{22} \end{bmatrix} \cdot \begin{bmatrix} u_{IN}(t) \\ u_{OUT}(t) \end{bmatrix} + \begin{bmatrix} j_{S1}(t) \\ j_{S2}(t) \end{bmatrix}$$ $$\approx \begin{bmatrix} y_{11} & 0 \\ 0 & y_{22} \end{bmatrix} \cdot \begin{bmatrix} u_{IN}(t) \\ u_{OUT}(t) \end{bmatrix} + \begin{bmatrix} j_{eq1}(t) \\ j_{eq2}(t) \end{bmatrix}$$	式（10-2）
	PET 等效电路 参数求取	$$\begin{cases} r_{eq1}^{tot} = \sum_{i=1}^{N} r_{eq1}^{i} = \sum_{i=1}^{N} \left(\frac{1}{y_{11}^i} \right), u_{eq1}^{tot} = \sum_{i=1}^{N} u_{eq1}^{i} = \sum_{i=1}^{N} \left(\frac{j_{eq1}^i}{y_{11}^i} \right) \\ g_{eq2}^{tot} = \sum_{i=1}^{N} y_{22}^i, j_{eq2}^{tot} = \sum_{i=1}^{N} j_{eq2}^i \end{cases}$$	式（10-3）
内部信息更新	DAB 端口电压 更新	$$u_{IN}^i = (i_{MVDC} - j_{eq1}^i)/y_{11}^i$$	式（10-4）
	变压器端口电压 更新	$$\begin{bmatrix} u_{T1} \\ u_{T2} \end{bmatrix} = M_1 \begin{bmatrix} j_{T1} \\ j_{T2} \end{bmatrix} - M_3 \begin{bmatrix} K_{C\_H} & 0 \\ 0 & K_{C\_L} \end{bmatrix} \begin{bmatrix} u_{C1} \\ u_{C2} \end{bmatrix}$$	式（3-51）

10.1.1 基于有限导纳存储的低内存占用 EMT 解算

二值电阻开关模型由于节点导纳矩阵的时变问题，在现有方案中，常通过预先计算并存储节点导纳矩阵的逆矩阵来减少实时仿真的计算[1]。由 2.3.2 节分析可知，随着节点数和开关器件的增加，实时仿真所需存储内存将大幅增加，无法直接适用于 DAB 型 PET 的仿真。本节通过对 DAB 型 PET 等效模型参数特性的分析，提出一种基于有限导纳存储的低内存占用 EMT 解算方案。

为便于 EMT 解算描述，考虑到功率模块在 DAB 型 PET 中的 ISOP 级联结构，将输入侧等效电路转换为方便串联的戴维南形式，等效参数分别为 r_{EX1}、u_{EX1}、g_{EX2}、i_{EX2}，结合图 10-3 所示 DAB 型 PET 高频链端口解耦模型，可得其 EMT 解算电路如图 10-4 所示。

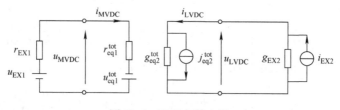

图 10-4　EMT 解算电路

求解该电路可得

$$
\begin{bmatrix} u_{\mathrm{MVDC}}(t) \\ i_{\mathrm{MVDC}}(t) \end{bmatrix} = \begin{bmatrix} \dfrac{r_{\mathrm{eq1}}^{\mathrm{tot}}}{r_{\mathrm{EX1}} + r_{\mathrm{eq1}}^{\mathrm{tot}}} & \dfrac{-r_{\mathrm{EX1}}}{r_{\mathrm{EX1}} + r_{\mathrm{eq1}}^{\mathrm{tot}}} \\ \dfrac{1}{r_{\mathrm{EX1}} + r_{\mathrm{eq1}}^{\mathrm{tot}}} & \dfrac{1}{r_{\mathrm{EX1}} + r_{\mathrm{eq1}}^{\mathrm{tot}}} \end{bmatrix} \begin{bmatrix} u_{\mathrm{EX1}}(t) \\ u_{\mathrm{eq1}}^{\mathrm{tot}}(t) \end{bmatrix} \tag{10-5}
$$

$$
\begin{bmatrix} u_{\mathrm{LVDC}}(t) \\ i_{\mathrm{LVDC}}(t) \end{bmatrix} = \begin{bmatrix} \dfrac{1}{g_{\mathrm{EX2}} + g_{\mathrm{eq2}}^{\mathrm{tot}}} & \dfrac{-1}{g_{\mathrm{EX2}} + g_{\mathrm{eq2}}^{\mathrm{tot}}} \\ \dfrac{g_{\mathrm{eq2}}^{\mathrm{tot}}}{g_{\mathrm{EX2}} + g_{\mathrm{eq2}}^{\mathrm{tot}}} & \dfrac{g_{\mathrm{EX2}}}{g_{\mathrm{EX2}} + g_{\mathrm{eq2}}^{\mathrm{tot}}} \end{bmatrix} \begin{bmatrix} i_{\mathrm{EX2}}(t) \\ j_{\mathrm{eq2}}^{\mathrm{tot}}(t) \end{bmatrix} \tag{10-6}
$$

由式（3-30）和式（3-31）可知，每个 DAB 模块的端口输入导纳，即诺顿等效电导，由其相邻 H 桥控制信号决定，且仅有两种可能取值。将式（3-30）代入式（10-3）可得

$$
\begin{cases} r_{\mathrm{eq1}}^{\mathrm{tot}} = \displaystyle\sum_{i=1}^{N} 1/(Y_{11}^{\mathrm{DAB}})^i = \dfrac{n_1}{\left(-\dfrac{T_{11}^{\mathrm{DAB}}}{T_{12}^{\mathrm{DAB}}}\right)} + \dfrac{(N-n_1)}{\left(G_{\mathrm{C1}} + \dfrac{2G_{\mathrm{ON}}G_{\mathrm{OFF}}}{G_{\mathrm{ON}} + G_{\mathrm{OFF}}}\right)} \\ g_{\mathrm{eq2}}^{\mathrm{tot}} = \displaystyle\sum_{i=1}^{N} (Y_{22}^{\mathrm{DAB}})^i = n_2 \cdot \left(-\dfrac{T_{22}^{\mathrm{DAB}}}{T_{12}^{\mathrm{DAB}}}\right) + (N-n_2) \cdot \left(G_{\mathrm{C2}} + \dfrac{2G_{\mathrm{ON}}G_{\mathrm{OFF}}}{G_{\mathrm{ON}} + G_{\mathrm{OFF}}}\right) \end{cases}
$$
$$
\tag{10-7}
$$

式中，n_1 和 n_2 分别表示满足 $T_{\mathrm{H1}} \neq T_{\mathrm{H3}}$ 和 $T_{\mathrm{L1}} \neq T_{\mathrm{L3}}$ 的 DAB 模块数，$n_1, n_2 \in [0, 1, \cdots, N]$，即 $r_{\mathrm{eq1}}^{\mathrm{tot}}$ 和 $g_{\mathrm{eq2}}^{\mathrm{tot}}$ 均仅有（$N+1$）种可能取值。

因此，$r_{\mathrm{eq1}}^{\mathrm{tot}}$ 和 $g_{\mathrm{eq2}}^{\mathrm{tot}}$ 可通过参数存储和对触发信号的逻辑判断直接获取，式（10-3）中 PET 等效参数的求解，仅需对各模块等效历史电流源进行求和。同样，式（10-5）和式（10-6）中系数矩阵也可通过有限的（$6N+6$）个参数存储来避免除法运算。当系统外电路复杂后，其 EMT 解算系数矩阵仍可用少量内存占用实现节点导纳逆矩阵的存储，从而使得二值电阻开关模型可以用于大容量 DAB 型 PET 系统的实时仿真中。

10.1.2　电磁暂态等效算法的矩阵表达

为方便所提实时低耗等效建模方法的实现与简洁表示，本节分别对等效电路参数求解、EMT 解算以及内部信息更新 3 个过程进行处理，建立其矩阵表达形式。

1. 等效电路参数求解

为减小实时仿真的计算量，对电容与隔离变压器进行离散化处理，可得图 3-6 所示 DAB 模块伴随电路，其各导纳与历史电流源如式（3-9）所示。

由 10.1.1 节可知，DAB 模块等效参数计算只需求解串联侧的等效历史电压

源和并联侧的等效历史电流源，记为 u_{eq1} 和 j_{eq2}。将式（3-41）代入式（10-6）可得

$$
\begin{aligned}
\begin{bmatrix} u_{\mathrm{eq1}(t)} \\ j_{\mathrm{eq2}}(t) \end{bmatrix} &= \begin{bmatrix} 1/Y_{11}^{\mathrm{DAB}} & 0 \\ 0 & 1 \end{bmatrix} \begin{bmatrix} j_{\mathrm{eq1}}(t) \\ j_{\mathrm{eq2}}(t) \end{bmatrix} \\
&= \begin{bmatrix} 1/Y_{11}^{\mathrm{DAB}} & 0 \\ 0 & 1 \end{bmatrix} \begin{bmatrix} -G_{\mathrm{C1}} & Y_{12}^{\mathrm{DAB}} \\ Y_{12}^{\mathrm{DAB}} & -G_{\mathrm{C2}} \end{bmatrix} \begin{bmatrix} u_{\mathrm{C1}}(t-\Delta t) \\ u_{\mathrm{C2}}(t-\Delta t) \end{bmatrix} - \\
&\quad \begin{bmatrix} 1/Y_{11}^{\mathrm{DAB}} & 0 \\ 0 & 1 \end{bmatrix} \begin{bmatrix} K_{\mathrm{C\_H}} & 0 \\ 0 & K_{\mathrm{C\_L}} \end{bmatrix} \boldsymbol{M}_3 \begin{bmatrix} i_{\mathrm{T1}}(t-\Delta t) \\ i_{\mathrm{T2}}(t-\Delta t) \end{bmatrix}
\end{aligned} \quad (10\text{-}8)
$$

记为

$$
\boldsymbol{S}_{\mathrm{eq}}(t) = \boldsymbol{P}_1 \boldsymbol{u}_{\mathrm{C}}(t-\Delta t) + \boldsymbol{P}_2 \boldsymbol{i}_{\mathrm{T}}(t-\Delta t) \quad (10\text{-}9)
$$

式中，$\boldsymbol{S}_{\mathrm{eq}} = [u_{\mathrm{eq1}}, j_{\mathrm{eq2}}]^{\mathrm{T}}$ 为 DAB 模块等效历史源列向量；$\boldsymbol{u}_{\mathrm{C}}$ 和 $\boldsymbol{i}_{\mathrm{T}}$ 为电容电压和变压器电流列向量；$\boldsymbol{P}_1$ 和 $\boldsymbol{P}_2$ 为由常数与符号函数决定的系数矩阵。

之后，通过对式（10-9）所得各模块等效历史电压/电流源求和，获得 PET 的等效电路参数。

2. EMT 解算

为方便表述，记式（10-5）和式（10-6）所示 EMT 解算过程为

$$
\begin{cases} \boldsymbol{S}_{\mathrm{MVDC}}(t) = \boldsymbol{P}_3 \boldsymbol{u}_{\mathrm{S\_EQ}}(t) \\ \boldsymbol{S}_{\mathrm{LVDC}}(t) = \boldsymbol{P}_4 \boldsymbol{i}_{\mathrm{S\_EQ}}(t) \end{cases} \quad (10\text{-}10)
$$

式中，$\boldsymbol{S}_{\mathrm{MVDC}} = [u_{\mathrm{MVDC}}, i_{\mathrm{MVDC}}]^{\mathrm{T}}$ 和 $\boldsymbol{S}_{\mathrm{LVDC}} = [u_{\mathrm{LVDC}}, i_{\mathrm{LVDC}}]^{\mathrm{T}}$ 分别为 PET 输入和输出端口电压电流信息；$\boldsymbol{u}_{\mathrm{S\_EQ}}$ 和 $\boldsymbol{i}_{\mathrm{S\_EQ}}$ 为电压电流源；$\boldsymbol{P}_3$ 和 $\boldsymbol{P}_4$ 为 2 阶系数矩阵。

3. 内部信息更新

本章所研究的 PET 拓扑中各 DAB 模块采用 ISOP 形式连接，各模块共用输入侧电流 i_{IN}（即 i_{MVDC}）和输出侧电压 u_{OUT}（即 u_{LVDC}），由式（10-4）可得，各模块端口电压（即电容电压）表达式为

$$
\begin{bmatrix} u_{\mathrm{C1}}(t) \\ u_{\mathrm{C2}}(t) \end{bmatrix} = \begin{bmatrix} 1/Y_{11}^{\mathrm{DAB}} & 0 \\ 0 & 1 \end{bmatrix} \cdot \begin{bmatrix} i_{\mathrm{IN}}(t) \\ u_{\mathrm{OUT}}(t) \end{bmatrix} + \begin{bmatrix} -1 \\ 0 \end{bmatrix} \cdot u_{\mathrm{eq1}}(t) \quad (10\text{-}11)
$$

记为

$$
\boldsymbol{u}_{\mathrm{C}}(t) = \boldsymbol{P}_5 \boldsymbol{S}_{\mathrm{IO}}(t) + \boldsymbol{P}_6 u_{\mathrm{eq1}}(t) \quad (10\text{-}12)
$$

式中，$\boldsymbol{S}_{\mathrm{IO}} = [i_{\mathrm{IN}}, u_{\mathrm{OUT}}]^{\mathrm{T}} = [i_{\mathrm{MVDC}}, u_{\mathrm{LVDC}}]^{\mathrm{T}}$，可由式（10-10）获得。

变压器端口电压的更新式如式（3-51）所示，将式（3-9）和式（10-12）代入式（3-51），可得

$$\boldsymbol{u}_{\mathrm{T}}(t) = \boldsymbol{M}_1 \boldsymbol{j}_{\mathrm{T}}(t) - \boldsymbol{M}_3 \begin{bmatrix} K_{\mathrm{C\_H}} & 0 \\ 0 & K_{\mathrm{C\_L}} \end{bmatrix} \cdot \boldsymbol{u}_{\mathrm{C}}(t)$$

$$= -\boldsymbol{M}_1 \boldsymbol{i}_{\mathrm{T}}(t - \Delta t) - \boldsymbol{M}_3 \begin{bmatrix} K_{\mathrm{C\_H}} & 0 \\ 0 & K_{\mathrm{C\_L}} \end{bmatrix} \cdot \left[\boldsymbol{P}_5 \boldsymbol{S}_{\mathrm{IO}}(t) + \boldsymbol{P}_6 u_{\mathrm{eq1}}(t) \right]$$

$$\triangleq \boldsymbol{P}_7 \boldsymbol{i}_{\mathrm{T}}(t - \Delta t) + \boldsymbol{P}_8 \boldsymbol{S}_{\mathrm{IO}}(t) + \boldsymbol{P}_9 u_{\mathrm{eq1}}(t)$$

$$(10\text{-}13)$$

变压器电流表达式为

$$\boldsymbol{i}_{\mathrm{T}}(t) = \boldsymbol{G}_{\mathrm{T}} u_{\mathrm{T}}(t) - \boldsymbol{j}_{\mathrm{T}}(t - \Delta t)$$

$$= \boldsymbol{G}_{\mathrm{T}} \boldsymbol{P}_8 \boldsymbol{S}_{\mathrm{IO}}(t) + (\boldsymbol{G}_{\mathrm{T}} \boldsymbol{P}_7 + \boldsymbol{E}) \boldsymbol{i}_{\mathrm{T}}(t - \Delta t) + \boldsymbol{G}_{\mathrm{T}} \boldsymbol{P}_9 u_{\mathrm{eq1}}(t)$$

$$\triangleq \boldsymbol{P}_{10} \boldsymbol{S}_{\mathrm{IO}}(t) + \boldsymbol{P}_{11} \boldsymbol{i}_{\mathrm{T}}(t - \Delta t) + \boldsymbol{P}_{12} u_{\mathrm{eq1}}(t)$$

$$(10\text{-}14)$$

综合式（10-12）~式（10-14），可列写内部电气信息反演矩阵表达式为

$$\begin{bmatrix} \boldsymbol{u}_{\mathrm{C}}(t) \\ \boldsymbol{u}_{\mathrm{T}}(t) \\ \boldsymbol{i}_{\mathrm{T}}(t) \end{bmatrix} = \begin{bmatrix} \boldsymbol{P}_5 & \boldsymbol{0} & \boldsymbol{P}_6 \\ \boldsymbol{P}_8 & \boldsymbol{P}_7 & \boldsymbol{P}_9 \\ \boldsymbol{P}_{10} & \boldsymbol{P}_{11} & \boldsymbol{P}_{12} \end{bmatrix}_{6 \times 5} \begin{bmatrix} \boldsymbol{S}_{\mathrm{IO}}(t) \\ \boldsymbol{i}_{\mathrm{T}}(t - \Delta t) \\ u_{\mathrm{eq1}}(t) \end{bmatrix} \qquad (10\text{-}15)$$

式中，系数矩阵 $\boldsymbol{P}_i$ 各元素均可通过常数与符号函数的逻辑运算得到。

10.1.3　基于紧凑型计算逻辑的低延时仿真框架

按 10.1.2 节中 3 个步骤绘制数据流图，如图 10-5a 所示，其中 $\boldsymbol{T}_{\mathrm{K}} = \{T_{\mathrm{H1}}, T_{\mathrm{H3}}, T_{\mathrm{L1}}, T_{\mathrm{L3}}\}$ 为触发信号组，用于表征各模块控制信号。

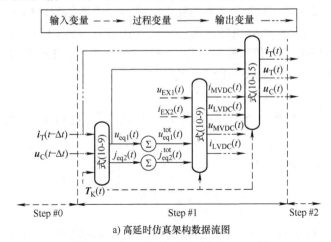

a) 高延时仿真架构数据流图

图 10-5　实时仿真数据流图

175

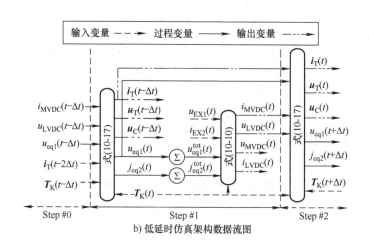

b) 低延时仿真架构数据流图

图 10-5　实时仿真数据流图（续）

其中，Σ 表示将各模块等效电压电流源逐个累加，如式（10-3）所示。

图 10-5a 所示的算法框架与离线仿真平台 PSCAD/EMTDC 类似，在每一步长仿真中均包含 3 个阶段：电力网络参数计算，如式（10-9）；电力网络求解，如式（10-10）；计算结果输出与内部电气信息更新，如式（10-15）。这 3 个步骤在 PSCAD 仿真流程中分别对应 DSDYN、EMTDC 解算、DSDOUT 3 个环节。

这 3 个阶段需串行执行，因此延时较长。为缩短实时仿真每步的时钟消耗，本节提出一种基于紧凑型计算逻辑的低延时仿真框架。

首先，考虑到 DAB 型 PET 外电路的复杂性，为增加程序的可扩展性，仍采用先获得戴维南/诺顿等效电路，再进行式（10-10）所示 EMT 解算的方案。其次，上一步的内部电气信息反演，为下一步的等效电压、电流源计算的输入，因此可将式（10-15）代入式（10-9）得

$$S_{eq}(t + \Delta t) = P_1 u_C(t) + P_2 i_T(t)$$
$$= [P_1 P_5 + P_2 P_{10}] \cdot S_{IO}(t) + P_2 P_{11} i_T(t - \Delta t) + [P_1 P_6 + P_2 P_{12}] u_{eq1}(t)$$
$$\triangleq [P_{13} \quad P_{14} \quad P_{15}]_{2 \times 5} \cdot \begin{bmatrix} S_{IO}(t) \\ i_T(t - \Delta t) \\ u_{eq1}(t) \end{bmatrix}$$

$$(10\text{-}16)$$

式（10-15）和式（10-16）共用输入变量，因此将两式合并可得

$$\begin{bmatrix} \boldsymbol{u}_{\mathrm{C}}(t) \\ \boldsymbol{u}_{\mathrm{T}}(t) \\ \boldsymbol{i}_{\mathrm{T}}(t) \\ \boldsymbol{S}_{\mathrm{eq}}(t+\Delta t) \end{bmatrix} = \begin{bmatrix} \boldsymbol{P}_5 & \boldsymbol{0} & \boldsymbol{P}_6 \\ \boldsymbol{P}_8 & \boldsymbol{P}_7 & \boldsymbol{P}_9 \\ \boldsymbol{P}_{10} & \boldsymbol{P}_{11} & \boldsymbol{P}_{12} \\ \boldsymbol{P}_{13} & \boldsymbol{P}_{14} & \boldsymbol{P}_{15} \end{bmatrix}_{8\times5} \begin{bmatrix} \boldsymbol{S}_{\mathrm{IO}}(t) \\ \boldsymbol{i}_{\mathrm{T}}(t-\Delta t) \\ u_{\mathrm{eq1}}(t) \end{bmatrix} \qquad (10\text{-}17)$$

所提低延时仿真架构的数据流图如图 10-5b 所示，上一步的内部电气信息更新与下一步的等效电压、电流源计算并行执行，在不损失仿真精度的同时，缩短了所需时钟。

10.2　实时仿真硬件实现

10.2.1　数据格式

浮点数和定点数为现场可编程逻辑阵列（field programmable gate array, FPGA）常用的两种数据格式，考虑到浮点数数据范围广、精度高、存储需求小，而定点数加法执行便捷、时钟消耗少，因此本章使用浮点数与定点数混合的数据表示方法。乘法运算使用 32 位 IEEE754 标准的浮点数实现，每个乘法器占用两个 DSP48E 资源；加减法运算使用 60 位定点数（24 位整数，36 位小数）实现，占用一定的逻辑片资源；数据的存储以浮点数格式完成，减少内存消耗。浮点数与定点数之间的相互转换，可通过 Xilinx 自带的 IP 核实现。

10.2.2　矩阵 - 向量乘法的实现

如图 10-5b 所示，本章所提实时低耗等效建模方法中仅包含式（10-17）所示的一个 8×5 阶矩阵乘法和式（10-10）所示的两个 2×2 阶矩阵乘法。经典的 FPGA 矩阵 - 向量乘法（matrix - vector multiplication, MVM）实现方式如图 10-6a 所示，可通过 m 个乘法器经 $(n+1)$ 个时钟实现 $(m\times n)$ 阶矩阵 $\boldsymbol{A}$ 与 $(n\times1)$ 维列向量 $\boldsymbol{b}$ 的乘法。

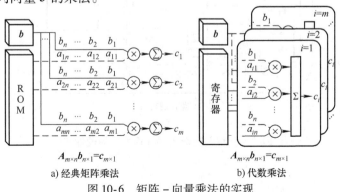

a) 经典矩阵乘法　　　　　　　b) 代数乘法

图 10-6　矩阵 - 向量乘法的实现

考虑到矩阵中的 0 元素无须执行乘法运算，P_5、P_6 中的 1、-1 元素的乘法可直接由逻辑运算获得，式（10-10）与式（10-17）所示低阶矩阵中仅分别包含 8 次和 31 次乘法运算。为节省时钟占用，采用如图 10-6b 所示的代数乘法方式，将矩阵 – 向量运算中的所有乘法运算在一个时钟直接完成。由于所需存储的矩阵元素很少，因此可直接使用寄存器代替 ROM 存储。

该方法增加了对 DSP48E 资源的消耗，但考虑乘法运算个数很少，并不会成为制约本章算法仿真规模的主要因素。

10.2.3 多模块分组并行的流水线设计

在获得各 DAB 模型输入侧的戴维南等效电压源和输出侧的诺顿等效电流源后，需要对其进行求和运算，如式（10-3）所示。综合考虑仿真资源与时钟需求，本章设计了如图 10-7a 所示的分组并行流水线计算方案。该方案包含 m 个等效参数计算模块（equivalent parameters calculation module，EP_CM）和 1 个 EMT 解算模块（EMT calculation module，EMT_CM），如图 10-7b、c 所示。

首先，FPGA 中的触发信号生成器接收上位机输入的移相控制信号，生成各 DAB 模块的触发信号组 T_K，并将其分为 m 组，记第 i 组信号为 $T_K^{i1} \sim T_K^{in}(i \in [1, m])$。其次，每组第 $1 \sim n$ 个 DAB 模块的 $T_K^{ij}(j \in [1,n])$ 按照时钟被依次并行送入对应的第 i 个 EP_CM 模块进行式（10-17）的计算，实现流水线作业。组内各 DAB 模块等效电压/电流源的求和分别在各自 EP_CM 模块内部完成。然后，各流水线所得求和结果经加法器合并，完成 DAB 型 PET 等效电路参数的求解。最后，由 EMT_CM 模块完成式（10-10）所示电路解算功能。

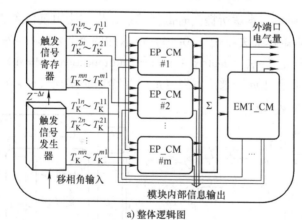

a) 整体逻辑图

图 10-7 分组并行流水线计算方法的硬件实现

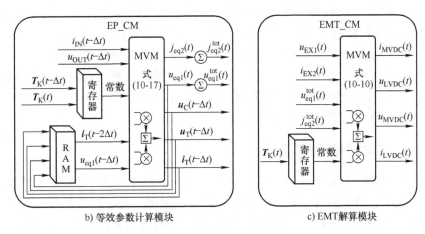

b) 等效参数计算模块　　　　　　　　c) EMT解算模块

图 10-7　分组并行流水线计算方法的硬件实现（续）

通过上述方案，包含 $N(N=m\times n)$ 个 DAB 模块的 PET 系统的单步仿真，可在（$17+n$）个时钟内完成，硬件资源占用量将随 m 线性增加。用户可以根据仿真步长与硬件资源的实际需求与限制，灵活调整 m 和 n 的取值，完成最优仿真方案的设计。

10.3　仿真验证

10.3.1　仿真环境

为验证所提 DAB 型 PET 实时低耗等效建模方法的有效性，本章在 RT – LAB 上完成了基于 Verilog 语言的实时模型开发，实时仿真平台架构如图 10-8 所示。

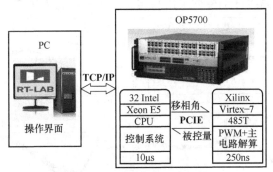

图 10-8　实时仿真平台架构

PC 上配置 RT – LAB 仿真软件，用于前期 bin 文件生成与实时控制监视，仿真机使用 OP5700，内含一台 32 Intel Xeon E5 CPU 处理器和一块 Xilinx Virtex – 7

FPGA, 485T 板卡, 時鐘頻率為 100MHz。其中, CPU 處理器上部署控制系統, 從 FPGA 接收被控信號, 生成移相角; FPGA 根據移相角, 完成 PWM 控制信號生成, 並完成主電路解算。PC 與 OP5700 之間通過 TCP/IP 協議通信, OP5700 內部的 CPU 與 FPGA 之間通過 PCIE 協議通信, 該通信功能已內嵌到 RT – LAB 仿真機中, 無須進行專門操作。為方便後續模型的擴展, 本章設置 CPU 控制系統步長 10μs, FPGA 側實時等效模型仿真步長 250ns。

10.3.2 仿真精度測試

本節搭建 DAB 型 PET 實時仿真模型, 與基於 PSCAD/EMTDC 詳細模型進行對比, DAB 型 PET 的高壓輸入側使用直流源串電阻, 輸出側採用恒定阻抗, 控制方式採用雙移相控制, 內移相角固定為 9°。實時仿真系統參數見表 10-2。

表 10-2 DAB 型 PET 實時仿真系統參數

參數	數值	參數	數值
中壓直流母線電壓 u_{MVDC}/kV	96	DAB 輸入側電容 C_1/mF	2
低壓直流母線電壓 u_{LVDC}/V	1	DAB 輸出側電容 C_2/mF	1
DAB 模塊數	48	DAB 輔助電感 L_T/μH	10
開關頻率 HF/kHz	1	高頻變壓器變比 n	2:1

設置系統工況如下:

1) 0~0.2s, 啟動並進入穩態, 額定負載運行, 輸出電壓參考值 1.0p. u. 。

2) 0.4s, 功率躍變, 輸出電壓參考值變為 0.8p. u. 。

3) 0.7s, 負載躍變, 負載電阻由 0.5Ω 變為 0.25Ω。

4) 1s, 仿真結束。

測試不同工況下 PSCAD 離線詳細模型與所建實時模型的低壓直流母線電壓如圖 10-9 所示, 離線詳細模型採用與實時模型相同的 250ns 仿真步長。

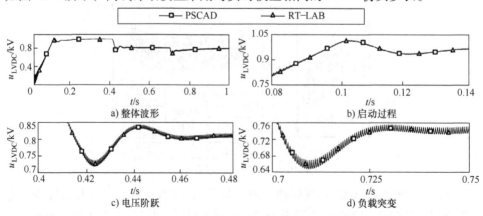

图 10-9 低壓直流母線電壓波形圖

在启动、电压阶跃和负载突变 3 种工况下，实时仿真模型最大相对误差分别为 1.2%、1.7% 和 1.5%，实现了对详细模型的精确拟合。

同时，测试 0.4s 电压阶跃时变压器电压电流，以反映所建实时模型对系统内部特性的拟合效果，如图 10-10 所示。

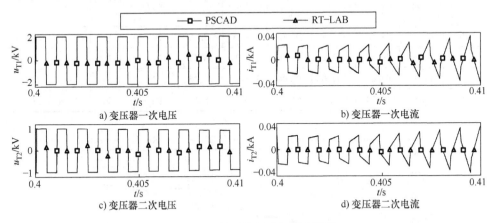

图 10-10　变压器电压电流波形图

由图 10-10 可知，0.4s 以后，变压器二次电压峰值下降，加之移相角的变化，使得变压器电流波形的幅值和斜率发生改变。实时仿真模型可实现对离线详细模型瞬态变化的精确拟合，最大相对误差小于 2%。同时，变压器电压为近似矩形波，不会出现 L/C 模型虚拟损耗导致的波形畸变。

10.3.3　硬件资源消耗测试

为测试本章所提实时低耗等效建模方法的资源占用率及其特征，本节建立不同模块数 DAB 型 PET 实时模型，测试其各类资源占用见表 10-3。绘制其各类资源占比图，如图 10-11 所示。

表 10-3　不同 DAB 模块数 PET 硬件资源占用表

模块数	Slice（总数：75900）		寄存器（总数：607200）		LUT（总数：303600）		RAM（总数：2060）		DSP48E（总数：2800）	
	个数	占比（%）	个数	占比（%）	个数	占比（%）	个数	占比（%）	个数	占比（%）
8	11996	15.81	10026	1.65	24392	8.03	6	0.29	78	2.79
16	15840	20.87	16256	2.68	42363	13.95	12	0.58	140	5.00
24	19229	25.33	22485	3.70	60352	19.88	18	0.87	202	7.21
32	21817	28.74	28834	4.75	78223	25.77	24	1.17	264	9.43

（续）

模块数	Slice（总数：75900）		寄存器（总数：607200）		LUT（总数：303600）		RAM（总数：2060）		DSP48E（总数：2800）	
	个数	占比（%）	个数	占比（%）	个数	占比（%）	个数	占比（%）	个数	占比（%）
40	26224	34.55	35588	5.86	97453	32.10	30	1.46	326	11.64
48	30036	39.57	41922	6.90	115690	38.11	36	1.75	388	13.86
96	48333	63.68	79206	13.04	225112	74.15	72	3.50	760	27.14
128	58624	77.24	104062	17.14	298060	98.18	96	4.66	1008	36.00

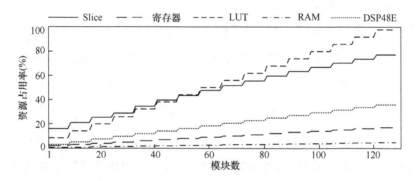

图 10-11　实时仿真资源占用率图

FPGA 主频为 100MHz，时钟周期为 10ns，当设置实时仿真系统步长为 250ns 时，要求一个步长的计算在 25 个时钟周期内完成。经测试，在本章所提分组并行解算模式下，单步长仿真消耗时钟为（17+n）。因此，如图 10-7 所示的每个等效参数计算模块在一个仿真步长内最多可串行执行 8 个模块的解算，即 $n \leqslant 8$。本章设置 $n=8$，以保证每个等效计算模块的串行计算能力被充分利用。

通过增加如图 10-7 所示等效计算模块数 m，可实现 FPGA 仿真 DAB 模块总数的提升。由表 10-3 和图 10-11 可知，随着模块数的上升，各类资源均呈现阶梯线性增加。将表 10-3 相邻行资源个数与占比作差可知，每增加 8 个 DAB 模块（即一个等效参数计算模块），资源增加量大致相同：Slice 资源约增加 3100 个（4.08%），寄存器资源约增加 6300 个（1.04%），查找表（look-up-table，LUT）资源约增加 18244 个（6.01%），RAM 资源增加 6 个（0.29%），乘法器 DSP48E 资源增加 62 个（2.21%）。

因此，RAM 资源与乘法器 DSP48E 资源占用很少，不是限制仿真规模的主要因素。LUT 资源与 Slice 资源增加较快，当模块数达到 128 时，LUT 资源占用达 98.18%，仿真规模无法继续增加。

相比于文献［2］中基于 RT – LAB 库元件搭建的 PET 详细实时仿真模型和文献［3］中基于改进 L/C 模型的 PET 实时等效建模方法，本章所提实时低耗等效建模方法，有效降低了对存储内存 RAM 和乘法器资源 DSP48E 的使用，实现了 DAB 型 PET 仿真规模从几个到上百个的提高。

10.4　本章小结

本章提出一种 DAB 型 PET 电磁暂态实时低耗等效算法。为降低对实时仿真存储内存、计算时钟、硬件资源的消耗，分别提出基于有限存储的低内存占用 EMT 解算方案、紧凑型低延时仿真框架，以及分组并行的流水线计算流程。将 RT – LAB 中搭建的基于 Verilog 语言 250ns 实时等效仿真模型与离线模型对比，本章所提实时低耗等效仿真模型可实现对 PSCAD/EMTDC 中离线详细模型的精确拟合，最大相对误差小于 2%。资源测试显示，所提实时低耗等效仿真模型各类资源均呈低比例阶梯线性递增，在 OP5700 仿真机中，最大可完成 128 模块 DAB 型 PET 实时仿真。

参 考 文 献

［1］ OULD – BACHIR T, BLANCHETTE H F, AL – HADDAD K. A network tearing technique for FPGA – based real – time simulation of power converters［J］. IEEE Transactions on Industrial Electronics, 2015, 62（6）: 3409 – 3418.

［2］ 孙谦浩, 宋强, 王裕, 等. 基于 RT – LAB 的高频链直流变压器实时仿真研究［J］. 电力系统保护与控制, 2017, 45（5）: 80 – 87.

［3］ XU J, WANG K Y, WU P, et al. FPGA – based submicrosecond – level real – time simulation of solid – state transformer with a switching frequency of 50 kHz［J］. IEEE Journal of Emerging and Selected Topics in Power Electronics, 2021, 9（4）: 4212 – 4224.

附　　录

附录 A　MMC 戴维南等效模型主要程序

参数与函数说明：CURR_C 为电容支路电流，CBR（$BRNR，$SS）为测量 BRNR 支路的电流值，K 为循环参数，CALL EMTDC_VARRLC10 是建立电压源串联 RLC 电路，CALL EMTDC_PESWITCH2 是建立 IGBT 支路。

代码流程说明：首先对电容进行离散化等效，求解其等效电阻与等效电压源，利用戴维南等效定理对此电路进行简化，得到子模块等值参数，根据子模块导通状态和瞬时电压信息得到桥臂戴维南等值参数。最后调用 EMT 解算，得到更新历史电压源，进行下一步迭代。

Step1：子模块内部电容电压的求解 对应正文式(2-1)、式（2-2）	CURR_C = - CBR($BRNR,$SS)　　　//IC 电流值 R_C = DELT/C_SM　　　　　　　　//$R_C = \Delta T/C$ DELT_V_SM = CURR_C * R_C　　//模块电压增量 DO K = 1,OLD_ON_SM_NUM　　//上一时刻子模块导通个数 　　J = ON_SM_SN(K)　　　　//导通模块的序号 　　U_SM_TEM(J) = U_SM_TEM(J) + DELT_V_SM　//更新模块电压 ENDDO

Step2：子模块和桥臂戴维南等值参数的求解
对应正文式(2-3)、式(2-4)
	INI_V_OLD = 0.0
	DO K = 1,ON_SM_NUM　　　　　//导通个数
	　J = ON_SM_SN(K)　　　　　//导通模块的序号
	　INI_V_OLD = INI_V_OLD + U_SM_TEM(J)
	　　//导通模块的电压之和
	ENDDO
	…
	SUM_R_ON = N_SM * R_ON　　//二值电阻导通等效电阻之和
	RVD1_1 = ON_SM_NUM * R_C　　//桥臂电容等效电阻
	RVD2_11 = INI_V_OLD　　//桥臂等效电压
	…
	CALL EMTDC_VARRLC10($BRNR, $SS, 0, VARR_I, SUM_R_ON + RVD1_1, RVD2_11)
	　//建立桥臂支路,SUM_R_ON + RVD1_1 为等效电阻,RVD2_11 为等效电压
	CALL EMTDC_PESWITCH2($SS, $BRND12, N_SM * R_ON, 1.0E15, 1, 0.0, 0, 0, 1.0E5, 1.0E5, 0.0, 0.0)
	　//建立 IGBT 支路,导通电阻是 N_SM * R_ON,关断电阻是 1e^{15}

Step3：子模块电容电压更新 对应正文式 (2-5)	DO K = 1,N_SM U_SM(K) = U_SM_TEM(K)　　　　//更新导通模块的电压 ENDDO …

附录 B　双半桥子模块 MMC 等效模型主要程序

参数与函数说明：C_SM 为电容值，K 为循环参数，U_{C_OLD} 为电压历史值，U_{C_NEW} 为电压更新值，I_{C_NEW} 为电流更新值，I_{port} 为端口电流值，读取值记为 I_{arm}；MATMUL 指矩阵相乘。

代码流程说明：首先根据伴随电路形成节点导纳方程，根据内外节点划分形成矩阵分块后，采用 Ward 等值方法形成外部节点等效电路，最后调用 EMT 解算，得到更新历史电压源，进行下一步迭代。

Step1：节点导纳方程的形成 对应正文式（4-1）、式（4-2）	$R = \Delta t/(2*C\_SM)$　//梯形积分法等效电阻值 $G_{on} = 100$　//开关赋值 $G_{off} = 1.0E-6$ $I_{arm} = I_{port}$　//读取历史电流源 … $Y_{EX}(1,1) = G_1 + G_3 + G_{C1}$　//节点导纳方程的矩阵分块及赋值 … $Y_{22}(4,4) = G_3 + G_4 + G_7 + G_8$ $J_{IN}(1,1) = 0$ …
Step2：Ward 等值 对应正文式（4-3）	$U\_EX(1,1) = (Iarm + J\_TSF(1,1))/Y\_EX(1,1)$　//外部节点方程关系式 $U_{IN} = MATMUL(Y_{22}, J\_IN - MATMUL(Y_{21}, U\_EX))$　//内部节点方程关系式 $U_{C\_NEW}(2*K-1) = U\_EX(1,1) - U_{IN}(1,1)$　//Ward 等值计算 $U_{C\_NEW}(2*K) = U_{IN}(2,1)$ $I_{C\_NEW}(2*K-1) = (U_{EX}(1,1) - U_{IN}(1,1))*G_C - I_{CEQ\_HIS1}$ $I_{C\_NEW}(2*K) = U_{IN}(2,1)*G_C - I_{CEQ\_HIS2}$ …
Step3：节点支路形成	$U_C(2*K-1) = U_{C\_NEW}(2*K-1)$　//赋值受控电压源 $U_C(2*K) = U_{C\_NEW}(2*K)$ $I_C(2*K-1) = I_{C\_NEW}(2*K-1)$　//赋值受控电流源 $I_C(2*K) = I_{C\_NEW}(2*K)$ … $A = MATMUL(MATMUL(Y_{12}, Y_{22}), Y_{21})$ $Y_{EX}(1,1) = Y_{11}(1,1) - A(1,1)$ $B = MATMUL(MATMUL(Y_{12}, Y_{22}), J_{IN})$ $J_{TSF}(1,1) = J_{EX}(1,1) - B(1,1)$ $R_{eq}(K) = 1/Y_{EX}(1,1)$　//电阻支路形成 $U_{eq}(K) = J_{TSF}(1,1)*R_{eq}(K)$　//戴维南等效电压
Step4：调用 PSCAD 的 EMT 解算，得到更新历史电压源 对应正文式（4-4）	DO K = 1,2*N_SM 　$U_{C\_OLD}(K) = \$U_C(K)$ ENDDO $U_{C\_NEW}(2*K-1) = U_{C\_OLD}(2*K-1) + R_C*I_{arm}$　//历史源更新 $U_{C\_NEW}(2*K) = U_{C\_OLD}(2*K) + R_C*I_{arm}$ …

附录 C CHB – DAB 功率模块等效参数计算过程

本附录提供 4.1.1 节矩阵 $\boldsymbol{G}_{22} - \boldsymbol{G}_{23}\boldsymbol{G}_{33}^{-1}\boldsymbol{G}_{32}$ 以及矩阵 $\boldsymbol{i}_{BD} - \boldsymbol{G}_{23}\boldsymbol{G}_{33}^{-1}\boldsymbol{i}_{IN}$ 的求解过程。需要说明的是，同一开关组 (S_i, S_{i+1}) 有 $(1, 0)$、$(0, 1)$、$(0, 0)$、$(1, 1)$ 四种开关状态，其中 "1" 表示对应 IGBT 导通，"0" 表示对应 IGBT 关断。$(1, 0)$ 和 $(0, 1)$ 为正常工作状态，$(0, 0)$ 为闭锁工作状态，$(1, 1)$ 为电容直通故障状态，一般通过设置死区时间的方式加以避免。此处的分析基于两种正常工作状态展开。由于只考虑 $(1, 0)$ 和 $(0, 1)$ 两种状态，故有 $G_i + G_{i+1} = G_{on} + G_{off}$ ($i = 1, 3, 5, 7, 9, 11$) 恒成立。

记 $G_x = G_{on} + G_{off}$，将 $\boldsymbol{G}_{33}^{-1}$ 分为 $\boldsymbol{A}$、$\boldsymbol{B}$、$\boldsymbol{C}$、$\boldsymbol{D}$ 4 块，由分块矩阵求逆公式可得

$$\boldsymbol{G}_{33}^{-1} = \begin{bmatrix} \boldsymbol{A} & \boldsymbol{B} \\ \boldsymbol{C} & \boldsymbol{D} \end{bmatrix}^{-1} = \begin{bmatrix} (\boldsymbol{A} - \boldsymbol{B}\boldsymbol{D}^{-1}\boldsymbol{C})^{-1} & -(\boldsymbol{A} - \boldsymbol{B}\boldsymbol{D}^{-1}\boldsymbol{C})^{-1}\boldsymbol{B}\boldsymbol{D}^{-1} \\ -\boldsymbol{D}^{-1}\boldsymbol{C}(\boldsymbol{A} - \boldsymbol{B}\boldsymbol{D}^{-1}\boldsymbol{C})^{-1} & \boldsymbol{D}^{-1} + \boldsymbol{D}^{-1}\boldsymbol{C}(\boldsymbol{A} - \boldsymbol{B}\boldsymbol{D}^{-1}\boldsymbol{C})^{-1}\boldsymbol{B}\boldsymbol{D}^{-1} \end{bmatrix}$$
(C-1)

将正文中式 (4-17) 中的元素代入 $\boldsymbol{A} - \boldsymbol{B}\boldsymbol{D}^{-1}\boldsymbol{C}$ 并求逆得

$$(\boldsymbol{A} - \boldsymbol{B}\boldsymbol{D}^{-1}\boldsymbol{C})^{-1} = \frac{1}{G_x\left[G_x + 2G_{11} - \dfrac{4G_{12}^2}{(G_x + 2G_{22})}\right]}$$

$$\begin{bmatrix} (G_x + G_{11}) - \dfrac{2G_{12}^2}{(G_x + 2G_{22})} & G_{11} - \dfrac{2G_{12}^2}{(G_x + 2G_{22})} \\ G_{11} - \dfrac{2G_{12}^2}{(G_x + 2G_{22})} & (G_x + G_{11}) - \dfrac{2G_{12}^2}{(G_x + 2G_{22})} \end{bmatrix}$$
(C-2)

$$\triangleq \begin{bmatrix} z_1 & z_2 \\ z_2 & z_1 \end{bmatrix}$$

式中

$$\begin{cases} z_1 = \dfrac{(G_x + G_{11})(G_x + 2G_{22}) - 2G_{12}^2}{G_x[(G_x + 2G_{11})(G_x + 2G_{22}) - 4G_{12}^2]} \\ z_2 = \dfrac{G_{11}(G_x + 2G_{22}) - 2G_{12}^2}{G_x[(G_x + 2G_{11})(G_x + 2G_{22}) - 4G_{12}^2]} \end{cases}$$
(C-3)

知 $z_1 + z_2 = \dfrac{1}{G_x}$，同样可以求得 $\boldsymbol{G}_{33}^{-1}$ 中其他分块的值

$$-(A - BD^{-1}C)^{-1}BD^{-1} = -\begin{bmatrix} z_1 & z_3 \\ z_2 & z_4 \end{bmatrix}\begin{bmatrix} G_{12} & -G_{12} \\ -G_{12} & G_{12} \end{bmatrix}$$

$$\frac{1}{G_x(G_x + 2G_{22})}\begin{bmatrix} G_x + G_{22} & G_{22} \\ G_{22} & G_x + G_{22} \end{bmatrix}$$

$$= -\frac{G_{12}}{[(G_x + 2G_{11})(G_x + 2G_{22}) - 4G_{12}^2]}$$

$$\begin{bmatrix} 1 & -1 \\ -1 & 1 \end{bmatrix} \triangleq z_3\begin{bmatrix} 1 & -1 \\ -1 & 1 \end{bmatrix} \tag{C-4}$$

式中

$$z_3 = -\frac{G_{12}}{[(G_x + 2G_{11})(G_x + 2G_{22}) - 4G_{12}^2]} \tag{C-5}$$

由对称性，可知

$$-D^{-1}C(A - BD^{-1}C)^{-1} = z_3\begin{bmatrix} 1 & -1 \\ -1 & 1 \end{bmatrix} \tag{C-6}$$

故得在矩阵 G_{33}^{-1} 中

$$D^{-1} + D^{-1}C(A - BD^{-1}C)^{-1}BD^{-1} = D^{-1} - z_3\frac{1}{G_x(G_x + 2G_{22})}$$

$$\begin{bmatrix} 1 & -1 \\ -1 & 1 \end{bmatrix}\begin{bmatrix} G_{12} & -G_{12} \\ -G_{12} & G_{12} \end{bmatrix}\begin{bmatrix} G_x + G_{22} & G_{22} \\ G_{22} & G_x + G_{22} \end{bmatrix}$$

$$= D^{-1} - \frac{2G_{12}^2}{(G_x + 2G_{22})[(G_x + 2G_{11})(G_x + 2G_{22}) - 4G_{12}^2]}\begin{bmatrix} 1 & -1 \\ -1 & 1 \end{bmatrix} \triangleq \begin{bmatrix} z_4 & z_5 \\ z_5 & z_4 \end{bmatrix}$$

$$\tag{C-7}$$

式中

$$\begin{cases} z_4 = \dfrac{(G_x + 2G_{11})(G_x + G_{22}) - 2G_{12}^2}{G_x[(G_x + 2G_{11})(G_x + 2G_{22}) - 4G_{12}^2]} \\[4mm] z_5 = \dfrac{G_{22}(G_x + 2G_{11}) - 2G_{12}^2}{G_x[(G_x + 2G_{11})(G_x + 2G_{22}) - 4G_{12}^2]} \end{cases} \tag{C-8}$$

综上，G_{33}^{-1} 的解析表达式为

$$G_{33}^{-1} = \begin{bmatrix} \begin{bmatrix} z_1 & z_2 \\ z_2 & z_1 \end{bmatrix} & z_3\begin{bmatrix} 1 & -1 \\ -1 & 1 \end{bmatrix} \\[5mm] z_3\begin{bmatrix} 1 & -1 \\ -1 & 1 \end{bmatrix} & \begin{bmatrix} z_4 & z_5 \\ z_5 & z_4 \end{bmatrix} \end{bmatrix} \tag{C-9}$$

继续计算 $G_{23}G_{33}^{-1}G_{32}$，代入式（C-9）中，考察第一行元素，由于 $G_i +$

$G_{i+1} = G_x$，因此

$$z_3(G_9 - G_{11})(G_7 - G_5) + z_3(G_{10} - G_{12})(G_7 - G_5) =$$
$$z_3(G_7 - G_5)(G_9 + G_{10} - G_{11} - G_{12}) = 0 \tag{C-10}$$

当 $G_5 = G_7$、$G_6 = G_8$ 时，与 $G_5 \neq G_7$、$G_6 \neq G_8$ 时，均有

$$(G_7^2 + G_5^2)z_1 + 2G_5G_7z_2 + (G_5G_6 + G_7G_8)z_1 + (G_5G_8 + G_6G_7)z_2 \equiv G_5 + G_7 \tag{C-11}$$

对于其他三行，也有相似的结论。据此可以写出 $\boldsymbol{G}_{22} - \boldsymbol{G}_{23}\boldsymbol{G}_{33}^{-1}\boldsymbol{G}_{32}$ 的表达式为

$$\boldsymbol{G}_{22} - \boldsymbol{G}_{23}\,\boldsymbol{G}_{33}^{-1}\boldsymbol{G}_{32} = \begin{bmatrix} G_1 + G_3 + y_1 & -y_1 & y_2 & -y_2 \\ -y_1 & G_2 + G_4 + y_1 & -y_2 & y_2 \\ y_2 & -y_2 & y_3 & -y_3 \\ -y_2 & y_2 & -y_3 & y_3 \end{bmatrix} \tag{C-12}$$

式中

$$\begin{cases} y_1 = (G_5G_6 + G_7G_8)z_1 + (G_5G_8 + G_6G_7)z_2 + G_{C1} \\ y_2 = z_3(G_{10} - G_{12})(G_7 - G_5) \\ y_3 = (G_9G_{10} + G_{11}G_{12})z_4 + (G_{10}G_{11} + G_9G_{12})z_5 + G_{C2} \end{cases} \tag{C-13}$$

接下来计算 $\boldsymbol{i}_{BD} - \boldsymbol{G}_{23}\boldsymbol{G}_{33}^{-1}\boldsymbol{i}_{IN}$，由前述计算的中间结果及正文式（4-18）中的电流参数可得

$$\boldsymbol{i}_{BD} - \boldsymbol{G}_{23}\,\boldsymbol{G}_{33}^{-1}\boldsymbol{i}_{IN} = \begin{bmatrix} -j_{C1\_HIS} \\ j_{C1\_HIS} \\ -j_{C2\_HIS} \\ j_{C2\_HIS} \end{bmatrix} -$$

$$\begin{bmatrix} -G_7z_1 - G_5z_2 & -G_7z_2 - G_5z_1 & -z_3(G_7 - G_5) & z_3(G_7 - G_5) \\ -G_8z_1 - G_6z_2 & -G_8z_2 - G_6z_1 & -z_3(G_8 - G_6) & z_3(G_8 - G_6) \\ -z_3(G_9 - G_{11}) & z_3(G_9 - G_{11}) & -G_9z_4 - G_{11}z_5 & -G_9z_5 - G_{11}z_4 \\ -z_3(G_{10} - G_{12}) & z_3(G_{10} - G_{12}) & -G_{10}z_4 - G_{12}z_5 & -G_{10}z_5 - G_{12}z_4 \end{bmatrix}\begin{bmatrix} -j_{T1} \\ j_{T1} \\ -j_{T2} \\ j_{T2} \end{bmatrix}$$

$$= \begin{bmatrix} -j_{C1} - (G_7 - G_5)[j_{T1}(z_1 - z_2) + 2j_{T2}z_3] \\ j_{C1} + (G_7 - G_5)[j_{T1}(z_1 - z_2) + 2j_{T2}z_3] \\ -j_{C2} - (G_9 - G_{11})[j_{T1}(z_4 - z_5) + 2j_{T2}z_3] \\ j_{C2} + (G_9 - G_{11})[j_{T1}(z_4 - z_5) + 2j_{T2}z_3] \end{bmatrix} \triangleq \begin{bmatrix} -i_{eq\_IN\_1} \\ i_{eq\_IN\_1} \\ -i_{eq\_IN\_2} \\ i_{eq\_IN\_2} \end{bmatrix}$$

$$\tag{C-14}$$

式中

$$\begin{cases} i_{\mathrm{eq\_IN\_1}} = j_{\mathrm{C1}} + (G_7 - G_5)[j_{\mathrm{T1}}(z_1 - z_2) + 2j_{\mathrm{T2}}z_3] \\ i_{\mathrm{eq\_IN\_2}} = j_{\mathrm{C2}} + (G_9 - G_{11})[j_{\mathrm{T1}}(z_4 - z_5) + 2j_{\mathrm{T2}}z_3] \end{cases} \quad (\mathrm{C}\text{-}15)$$

至此，对应正文第 4 章中式（4-11）与式（4-12），得到矩阵 $\boldsymbol{G}_{22} - \boldsymbol{G}_{23}\boldsymbol{G}_{33}^{-1}\boldsymbol{G}_{32}$ 以及矩阵 $\boldsymbol{i}_{\mathrm{BD}} - \boldsymbol{G}_{23}\boldsymbol{G}_{33}^{-1}\boldsymbol{i}_{\mathrm{IN}}$ 的详细表达式。